JN173574

Ugo Pagallo

THE LAWS OF ロボット法 ROBOTS

ウゴ・パガロ［著］

新保史生［監訳・訳］

松尾剛行
工藤郁子［訳］
赤坂亮太

勁草書房

アレクシス、アンナ・ソフィア、そして、次の世代の人々へ

To Alexis, Anna Sofia, and the Next Generation

日本語版に寄せて

　法律家や法哲学者は、自然科学者と異なり、その考えや推測を実験や実験室で確かめることができない。しかしながら、現実に関する法情報、つまり、世界の現状に関する真理論で扱うことができる意味論的情報を扱ううえでは、専門家がその仮説を検証する方法がある。その方法は歴史と経験に関係する。すなわち、特定の領域において、観察しまたは乗り越えることを通じて学者が取得した知識である。2013年に出版した英語版（原著）『ロボット法』（The Laws of Robots）の大部分がロボット法分野における将来のトレンドに関係していたことから、以下では過去4年におけるこの種の事実の発見について論じることとしよう。

　概して、本書が熟成したことが認められる。新しい形態の行為者性や人工的行為者の答責性から、自動運転車を利用したインテリジェント・カー・シェアリングについての革新的スキームまで、ロボットの法的ハードケースに関する予想の大部分は時の試練を乗り越えてきた。そのような耐久性という特徴は例えばロボットが刑法分野や契約問題等についてどのような変化をもたらすかといった本書の他の部分についても当てはまる。そうすると、近年、ロボット法については全く、何も新しいことは発見されなかったという結論になるのだろうか。

　確かに新たなトレンドが生じ、近時これが強化された。これはこの分野における息をのむような進展と関係しており、より具体的にいえば、ロボットの予測不能性とリスキーな行動に関連する。そしてこの問題こそ、本書が何度も繰り返してきたものである。2012年11月、アメリカの非営利NGOであるヒューマン・ライツ・ウォッチ（Human Rights Watch）は「失われつつある人間性（Losing Humanity）」という報告書を発表して「殺人ロボット（killer robots）」の禁止を提案し、2015年には別のNGOであるフューチャー・オブ・ライフ・インスティテュート（Future of Life Institute）はAIとロボットが提示する課題を示す公開書簡を公表した。この公開書簡の中には以下のような一節がある。「本NGOの会員およびビル・ゲイツ（Bill Gates）、イーロン・マスク（Elon Musk）、そしてスティーブン・ホーキング（Stephen Hawking）を含む賛同者は、AIにおいてますます洗練されていく成果が蓄積される

のと同時に——特にそれが自律的ロボット技術と交差する場合において——安全に対する十分な注意が払われていないことを懸念している」。その後 2016 年に、ホワイトハウス（White House）のアメリカ合衆国科学技術政策局（Office of Science and Technology Policy）が AI と政策に関する問題についての一連の公開ワークショップを実施し、アイトリプルイー・スタンダード・アソシエーション（IEEE Standards Association）内のインダストリー・コネクションズ・プログラム（Industry Connections Program）である自律システムのデザインについての倫理的考慮に関するグローバル・イニシアチブ（The Global Initiative for Ethical Considerations in the Design of Autonomous Systems）は、現在「自律的システムおよびインテリジェントなシステムのデザインについての倫理的懸念」を扱う新たな報告書を起草中である。世論の警戒が高まるにつれて、立法者が例えば厳格責任ルールによって活動範囲を狭める事故防止手法を用い、または予防原則に基づきそれらの活動すべてを抑止することを狙う手法によってロボットを利用しまたは製造する際に再考を迫る具体的なリスクが存在する。イタリア民間航空局である ENAC による極めて詳細なドローンの利用に関する規則はこのデッドロックの一例である。2015 年 7 月 16 日の第 2 号から 2015 年 12 月 21 日の修正 1 まで、ウェブセキュリティーの分野について何十年も前から強調されていたパラドックスはひとつまみの塩を加えたうえでイタリアにおける無人航空機の利用に対する規制に拡張可能であろう。すなわち、唯一の適法なドローンは「電源が切られ、武装した警備員がいる鉛で裏打ちされたコンクリートブロック製の部屋の中のドローンだけだ、いや、それでも本当に適法か自信が持てないということである」（シムソン・ガーフィーンケル（Simson Garfinkel）とジーン・スパフォード（Gene Spafford）の『ウェブセキュリティーと商取引（Web Security and Commerce）』（オーライリー、1997）のイントロダクション（Introduction）参照）。それでは、どのようにしてロボットの研究を妨害する可能性のある立法を防ぐことができるのだろうか。ロボット特有の予測不能でリスクのある行動にどのように対応すべきだろうか。我々はどのように将来を法律によって規制していけばよいのか。

　もし私がこの本を最初から書き直すとすれば、日本人の考えを取り入れて、「第二次ルール（secondary rule）」（これは特に本書の5.4節において立証責任の項において検討した）の役割をより強調するだろう。コモンローの伝統におけるハーバート・ハート（Herbert Hart）による古典的な区別に従えば、我々は第一次ルールと第二次ルールを区別すべきである。第一次ルールは社会と個人の行動を——人間のものと人

工のものの双方とも——多くの場合には物理的制裁の脅威によって直接規律することを試みるところ、第二次ルールは認識、変更、裁判のルールで構成されている。特に、変更の第二次ルールはシステムにおける第一次ルールを制定し、変更し、抑制するためのルールである。2003年11月以降に日本政府が福岡県と北九州市に設定したロボット技術の実証的実験と開発のための特別区域、つまり、生きた実験室である「特区」について考えてみたい。その後、大阪、岐阜、神奈川およびつくばにおいて類似の実験が行われているが、これらの特区の全体的な目的はロボットと社会の間の一種のインターフェースを構築し、そこで科学者と一般人が例えば個人情報保護に関する機械の安全や法的責任に関する不明確性について人間にとって受入可能で快適な形でロボットがその指定された仕事を実施することができるのかを試すところにある。道路交通法（2003年福岡）、電波法（2005年関西）、プライバシー（2008年京都）、安全ガバナンスと税制（2011年つくば）そして高速道路における道路交通法（2013年相模）に関係するこれらの特区で扱われた法的問題に加え、これらの実験は明らかに人間とロボットの相互作用が近い将来においてどのようになるかに関する我々の理解を強化するためにも拡張されうる。とても興味深いことに、2016年5月31日からのロボットについての民法ルールに関するヨーロッパ議会（European Parliament）法務委員会（Committee on Legal Affairs）の欧州委員会（EU Commission）に対する勧告は先例に従っていた。その表現を借りると「ロボットを現実生活のシナリオにおいて試すことは、純粋な試験的実験室のフェーズにおける技術的開発の評価と同様に、［AIとロボットに］必然的に伴う可能性があるリスクを特定し評価するうえで必須である」。

　これを基礎に、我々はロボットの法的課題に対処するこのようなプラグマティックな方法を以下の5点に要約することができる。

　1点目は、現在と将来におけるこの種のより強化されたAIシステムと人間社会の間のインターフェイスは、我々が多くの重要な問題について合理的決定をすることができるための実証的データと十分な知識を収集するための法的基礎を示している。

　2点目は、我々はロボットが様々な文脈においてどのように反応し、人間の必要性を満たすかについての我々の理解を改善することができる。

　3点目は、我々は発生してしまう可能性のあるロボットに対するコントロールの喪失によってもたらされるリスクをよりよく理解することができ、それによってロボットを監視下に置き続けることができる。

4点目は、我々は望ましくない行為を回避する潜在的システムの可能性をよりよく理解するための理論的枠組みを更に発展させることができる。

　5点目は、我々は次世代の AI システムと、頻繁にこの種の研究に対するおそるべき障害となることがあるその安全のための公的許認可、パーソナルデータの処理と利用に対する正式な同意、保険モデル、認証制度等の方法でリスクを分散するメカニズムといった要求の管理によって提起された潜在的問題を包含するこの実験の法的側面について合理的に対応することができる。

　最後に、これらの法的に規制緩和がされた特区に加え、法の第二次ルールが、いかに、我々がどのような第一次ルールを望むのかを理解することを助けてくれるかに関するさらなる例も存在する。そのためには、アメリカ合衆国運輸省（U.S. Department of Transportation）によって採用された「連邦自動運転車ポリシー（Federal Automated Vehicles Policy）」および 2016 年 5 月からのデータ保護に関する EU 規則第 679 号、つまり「EU 一般データ保護規則（GDPR）」第 35 条と第 36 条について言及すれば足りるだろう。前者について、自動運転車の分野における今後出現しうる応用についてそのうちの 1 つまたは複数を優遇することを意図しない「実装中立性（implementation neutrality）」原理というこの方針全体の立法目的は評価に値するだろう。後者については、新世代のプライバシー影響評価についての一般データ保護規則第 35 条の規定は、第 36 条に基づく監督機関の権限と軌を一にする。その考え方は、「自然人の権利と自由に対するリスク」を最小化しまたは防止するためにパーソナルデータの処理に関する新たな技術の影響を事前に評価するというところにある。第 36 条の監督機関は各加盟国のデータコントローラーがその中心となるが、第 55 条の第二次ルールにおいてイノベーションの余地が設けられた。

　できるだけ善解すれば、この権限移譲のメカニズムは、ニュー・ステート・アイス対ライブマン事件（285 U.S. 262（1932））において支持されたブランダイス（Brandeis）判事の実験的連邦主義（experimental federalism）の理論の派生形だからである。言い換えれば、法の第二次ルールは、連邦レベル、EU レベル、各国のレベル等における法制度に関する有益な競争を通じて政策決定者が第一次ルールの内容を具体化することを助けてくれるかもしれない。例えば EU データ保護の領域における国家レベルの監督機関の管轄の重複といった細分化のリスクは「プロセス的規則性」のメタルールのような技術規格ないしはさらなる協調に向けた努力によって対応することができる。

結局、本書の英語版で述べたことを繰り返すことはできない。ロボットが今ここに実在することから、法の目的は我々の相互関係を賢明に規律するところにあるべきである。NGO や世論全体がロボットの予測不可能でリスキーな行動に懸念すればするほど、我々はより第二次ルールを優先すべきである。これによって、我々の職業上の懸念について健全な一息をついて考える猶予も生まれるだろう。

2017 年 1 月 クパチーノにて

ウゴ・パガロ

序　文

今ダイモスの軌道内で完全に自立してやっています。うまくいくよう祈ってください。

火星探査機キュリオシティ（Mars Curiosity）2012 年 8 月 5 日午後 8 時 12 分

（太平洋標準時、ロボットローバーが火星に降り立つ 2 時間と 20 分前）

　1961 年は注目に値する年であった。それだけではなく、今日の情報革命の最も驚くべき分野の 1 つであるロボットのターニングポイントでもあった。ロボット分野の驚くべき速度での進展とその幾多にも及ぶ応用は、1961 年に、そしてその政治、軍事的対決、科学研究、文化、社会、技術の発展に遡ることができる。大局的に物事をみると、1961 年 4 月 12 日にユーリイ・ガガーリン（Yuri Gagarin）が人類で最初に宇宙に行き、その直後に米国海軍士官のアラン・シェパード（Alan Shepard）が 5 月 5 日に続いた。その間に、約 1300 人の亡命キューバ人がアメリカの武器で武装し、CIA の資金援助を受けて 4 月 17 日にピッグス湾に降り立ち、フィデル・カストロ（Fidel Castro）の政権の顚覆を試み、失敗した。4 か月後の 8 月 17 日には、東ドイツ（ドイツ民主共和国）がベルリンの壁の建設を開始した。その数週間後の 10 月 30 日午前 11 時 32 分に旧ソ連はツァーリ・ボンバの爆発実験を行い、歴史上最大の人為的な爆発を起こした。50 メガトン級水素爆弾をノヴァヤゼムリャ半島に投下したのである。幸運にもこの冷戦中の最も熱い数年間において技術および科学はより平和的な目的のためにも発展した。スクイブ社は最初の電気歯ブラシを製造し、トランス・ワールド航空の飛行機の中で映画が初めて上映され、IBM はそのセレクトリックタイプライターを公表し、ジャック・リピズ（Jack Lippes）は子宮内避妊具を開発した。「ウェストサイドストーリー」、「ティファニーで朝食を」、そして「甘い生活」といった素晴らしい映画が封切られる一方、「スタンド・バイ・ミー」や「ヒット・ザ・ロード・ジャック」といった多くの忘れ難い名曲がチャートを彩った。『北回帰線（*Tropic of Cancer*）』や『われらが不満の冬（*The Winter of Our Discontent*）』といった有名な本の出版に加え、1961 はまた、有名人の出生年であった。バラク・オ

バマ（Barrack Obama）（元）大統領、法学者ラリー（ローレンス）・レッシグ（Larry Lessig）、ダイアナ妃、ジョージ・クルーニー（Gerge Clooney）、エディー・マーフィー（Eddie Murphy）、そしてファンタスティック・フォー、すなわち、ミスター・ファンタスティック、インヴィジブル・ウーマン、ヒューマン・トーチ、そして怪獣のようなザ・シングである。付け加えると、本書の著者も 1961 年生まれで、最初の使い捨て紙おむつ、つまりパンパースをちょうど使うことができた。

FM ステレオ、新しいコカコーラのライバルとなったセブンアップ、スプライト、そしてジョンソンアンドジョンソンのタイレノールに加え、1961 年に登場したもう一つの目新しいものを忘れてはならない。カレル・チャペック（Karel Ĉapek）の『ロッサム万能ロボット（*Rossum's Universal Robots*）』（1920 年）によって「ロボット」という語が有名になってから 41 年後、そして、アイザック・アシモフ（Issac Asimov）が『堂々めぐり（*Runaraund*）』（1942 年）においてロボットという言葉を発明してから約 20 年後、ロボットが初めて産業分野に導入された。チャペックのヒューマノイドやアシモフの人工的行為者と異なり、これらの機械はロボット兵士でも、宇宙飛行士でもない。そうではなく、最初の産業用ロボットは、自動車セクターにおいて試行された。ニュージャージー州の GM の工場でスポット溶接とダイカストの取り外しを行ったユニメートロボットをついに完成させたジョージ・デボル（George Devol）とジョゼフ・エンゲルバーガー（Joseph Engelberger）のプロジェクトがそれである。その後すぐにこのアイディアは単に機械（例えば車）を別の機械（例えばロボット）で製造することにとどまらなくなった。完全に自動で運転される車の製造が計画された。これは、米国、日本、ドイツそしてイタリアの異なるプロジェクトによって、その後無人運転車や UGV 等と呼ばれた。

しかしながら、20 年後、すなわち 1980 年代初期に初めて自動車産業におけるロボットの利用が重要性を持つようになった。日本の企業が初めてこの技術をその工場で大規模に実装し始め、費用を低減させ、製品の品質を向上させることで戦略的競争力を獲得した。この時、私が最初にシリコンバレーに長期滞在した時期であり、1982 年夏の日本製自動車がカリフォルニアの高速道路においてデトロイト製の自動車を圧倒した第一波を感じたときの一種の衝撃を鮮明に覚えている。西洋の自動車製造業者は厳しい教訓を得て、日本のやり方にならい、数年後には工場にロボットを導入した。この圧倒的な傾向は 20 年間続いた。注目すべきは、国際連合欧州経済委員会と国際ロボット連盟の「世界産業用ロボット報告書 2005（The World 2005 Robotics Report of the Economic Commission）」の論説において、オーケ・メーデセーター（Åke Madesäter）は、ロボット産業があまりにも自動車産業に焦点を当て、依存しすぎているというリスクを指摘した。「産業用ロボット産業は既に自動車製造業者とその下請業者による支配度が高すぎる。1997年から2003年の間において、スペインでは新しく導入されたロボットの70％はの自動車産業におけるものである。フランス、英国、そしてドイツではこの数字はそれぞれ68％、64％、そして57％である」（UN 2005: ix）。

　しかしながら、国連の報告書が取り上げたのと同じ数年間において、物事は極めて高速に変化し始めた。ロボットが自動車産業に依存した20年間を経て、劇的に多様性への門が開き、これは学者によって革命と評された。遠隔探査業務やパイプライン、石油プラットフォームその他の修理のために用いられる水面および水中の無人船もしくはUUVが、1990年代中盤以降驚異的な速度で発展した。その10年後、無人機（UAVs）もしくは無人機システム（UAS）が軍事分野を騒がせた。「アメリカ合衆国海軍無人機システムロードマップ2010-2035（The U.S. Army Unmanned Aircraft Systems Roadmap 2010-2035）」が描き出した、その量的、そして質的な指標は印象深い。2003年から2008年にかけて、無人機の飛行は2300％増加し、元々2001年において50機未満しかなかった無人機は2006年には3000機に、2010年には7000機を、そして本書執筆時（2013年）には1万2000機を超えた。無人機が戦争法に与える影響に鑑み、国連特別報告者も学者も同様にその使用に対するより厳しい規制を提案した。アラバマ州フォート・ラッカーの無人機システム中核研究拠点の理事であるクリストファー・B・カーライル（Christopher B. Carlile）大佐の言葉を借りれば「SF（サイエンスフィクション）と科学（サイエンス）の違いはタイミングの問題にすぎない」わけであるが、そうであれば、チャペックの『ロッサム万能ロボット』におけるロボット兵士のSF的脅威が現実に変わったとしても驚くべきことではない。

　例えば指令を自ら遂行しようとする小さなドローンの大群のような、規範的課題を伴う無人船と無人機の革命の後、次のロボット革命のさらなる候補は新たな世代の自動運転車、すなわち高速道路を完全に自律的にまたは準自律的に自ら走行するスマートカーである。過去何年かにわたり多くの国、組織、そして私企業が真剣にこのプロジェクトを追及してきた。アメリカ合衆国国防高等研究計画局（DARPA）が1990年代から組織してきたグランド・チャレンジ・コンペティションを想起せよ。そのうち、カーネギー・メロン大学とゼネラル・モーターズ、スタンフォードとフォルクス

ワーゲン、そしてグーグルの自動運転車に言及すれば十分だろう。EUREKA プロメテウス計画（1987-1995）[1] の後、欧州委員会[2] は渋滞と自動車事故を劇的に減少させ、同時にエネルギー効率化と環境汚染の減少を実現するため、同様に 2010 年にインテリジェント・カー・イニシアチブ（Intelligent Car Initiative）を促進した。いくつかのぞっとするデータにより我々は次世代の自動運転車革命において問題となっている事柄の真価を認めるだろう。EU の総エネルギー消費の 25％以上は道路運送が占めており、渋滞のコストは概ね EU の GDP の 0.5％に達し、自動車の密集がヨーロッパの主要道路ネットワークの 10％に影響を与え、そこで 130 万件の事故が起こり、毎年 4 万 1000 人が交通事故で命を落としている。

多様である利用可能なロボット応用は次のロボット革命の候補を示唆する。個人的な、そして家庭内のサービスに関する一群の応用について考察してみると、既に多くの頑具ロボットや子守ロボットが存在し、愛を与え子どもや老人の世話をするようにプログラムされている。学術界においては、大学教師に対する新世代の人工的アシスタントについて考えてみよう。例えば、大会、授業そして会議のスケジューリングの支援をする i-Jeeves のようなものである。そのロボットは予算、時間的効率性または平均的気候条件等の多くのパラメータに基づき、物理的な余裕と利便性を確認した結果を報告し、意思決定に供することができ、さらには直接招待を受け、ホテルの部屋や飛行機のチケットを予約する等によって学術旅行の手順を決定することさえできる。さらには、我々は、人間の介入を必要とせずに独立して新しい知識を発見をすることができる一群のロボット科学者についても考慮すべきである。例えば、アベリストウィス大学とケンブリッジ大学が 2009 年に開発したアダムにおいては、パン酵母である *Saccharomyces cerevisiae* の遺伝子について新たな証拠を発見したことを確認した。同様に、NASA の火星のローバーロボットとサイエンス・ラボラトリーフライトチームについて考えてみよ。その 25 億ドルする 1 トンの機械は 2012 年 8 月 5 日にそのロボットであるキュリオシティが超音速パラシュートとこれまで類を見ない「スカイクレーン」によって見事火星に降り立ち、火星の環境についてより多くのものを発見し、科学者がさらなる研究の興味をひく場所に到達したことで、非常に人気を博した。

さらなる一群の驚異的なロボットの応用は、動物とその行動を真似する機械と同様

1　[訳注] The EUREKA Prometheus Project。欧州において 1987 年から 1995 年にかけて行われた無人自動車に関する大規模な研究開発計画。

2　[訳注] European Commision: EC。EU の政策執行機関。

に、自然システムと人工的システムの組み合わせに関係する。自然はそのデザインを改善するのに何十億年もの時間を必要とし、そのため、動物に似たロボットの行動に関するアイディアはしばしば現代技術の能力を超えているものの、いくつかの興味深いプロジェクトが進んでいる。蟻のコロニーまたはオオハリナシミツバチのハチの巣の構造についての複数目標の設計上の選択を利用したロボットから、さらにはアホウドリのように飛ぶ無人のマイクロドローンの発展に至る。自然システムと人工的システムのハイブリッドは筋肉細胞により制御されるナノロボットや四肢麻痺者の思考を翻訳する代替的神経機能のようなものを含む一方、ロボットの計算力に伴う問題も、インターネット上のネットワーク化されたリポジトリに接続し、ロボットが対象認識、ナビゲーションそして現実世界における任務完了のために必要とされる情報を共有することで対処された。EU の第 7 回フレームワーク・プログラム（FP7/2007-2013）の認知システムとロボット工学イニシアチブの一部を構成する、ロボットにとってのワールド・ワイド・ウェブであるロボアース（RoboEarth）プロジェクトの目的は、機械が情報を共有し相互にその行動と環境について学び合うネットワークとデータベースリポジトリである。ロボットにコンピュータを登載するといった伝統的アプローチの欠点を回避するため、このプロジェクトはロボットからロボアースへ、そしてロボットへという循環を完成させるのに必要なすべてが存在する一種のクラウド上のロボットのインフラストラクチュアを構築することを目的とする。

　AI サッカー選手のような例に加え、多様なロボット応用が明確にするのは、現在の情報革命の重要な側面、すなわち、驚異的なイノベーションの指数関数的速度と、20 年にわたり自動車産業セクターに依存しすぎた後の技術的発展であった。この進展はいつも、ムーアの法則、すなわち半導体の計算能力は 18 カ月で 2 倍となるという自己実現的予言、を引いて説明、あるいは要約される。特定の技術の利用を好むであろう経済的、政治的そして文化的条件に加え、このほぼ 50 年にも及ぶ計算力の倍増の歴史は数年前に不可能であったことを可能とするだけではなく、さらなる技術的発展の地平を開拓した。この点を補充するにアップル史上最も劇的な失敗作、1992 年のパーソナル・デジタル・アシスタントであるニュートンに関係する私の家族の話を思い出させてほしい。このタッチスクリーンとペン型スタイラスのある iPad のプロトタイプのようなものはネームズ、デーツ、ノーツといったアプリケーションが入っており、大部分はタイムゾーンの地図、通貨換算機、そして計算機といったユーザーが情報を収集し、管理し、共有するシンプルなツールであった。iPad と異なり、

少なくとも私の姉とその同僚にとって、ニュートンが失敗に終わった理由は単に、このアップルのデバイスが15年早くやってきてしまい、また、正直言って高すぎたことに基づく。ロボットの分野および公的調査研究助成、行為者間移転、さらに能力が高くかつ安価になるソフトウェアとハードウェアへのアクセスの強化等の多くの要素について考察することで、我々は単純な真実を理解することができる。個別のロボットの領域における最初の跳躍まで20年を要したものの、今日において、ほぼ毎年何らかの種類のロボット革命を引き起こしている。アシモフの『堂々めぐり』から現在の火星ローバー機械まで、70年間のロボットの歴史は4つの動きの古典的シンフォニーとして要約される。

　まず、アダージョ・マ・ノン・トロッポ (adagio ma non troppo) であり、アシモフの最初のロボットについての小説の約20年後の1961年に産業用ロボットが製造分野に初めて導入された。次に、アンダンテ・コン・ブリオ (andante con brio) であり、自動車産業におけるロボットの利用は1980年代に重要となった。これは最初の産業用ロボットが自動車分野に導入されてから20年後である。さらに、オスティナート (ostinato)、2000年代前半において、特定の個人は、ロボットはあまりにも自動車産業に依存しているという印象を有していた。そして最後に、ベートーベンの第九の終盤のように、プレスティッシモ、マエストーソ、モルト・プレスティッシモ (prestissimo, maestoso, molto prestissimo)、ロボット応用の量と質は過去数十年間において手に負えない状態に陥り、まるでロボット分野の発展の指数関数のカーブがある種の誇張を引き起こしたようであった。新たな世代の自動運転車、無人機、無人船、ロボット科学者、自然システムと人工システムのハイブリッド等に鑑み、技術決定論の立場の賛同者は、今日の情報革命は冷酷にも人類とその社会の運命を決定し、インテリジェントな機械が人々に取って代わり、我々は種として絶滅の危機に直面すると論じる。換言すれば、人間の知性を超えるものがナノボット、AIそしてロボットの中で、これがシンギュラリティ[3]の主因となる。

　しかしながら、我々は多くのロボット応用が個人と社会の動きを新しい制約と機会によって変化させ、再形成することを認めるために、ロボットの発展を衛星の公転のように動かし難いと感じる必要はない。これらのロボットの応用の豊富さは同時に高度な専門化を必然的に伴い、我々がこのトピックについての大雑把な描写を回避すべきことを示唆する。ロボットは伝統的に工学とサイバネティクス、人工知能と計算機

3　[訳注] 自己改良できるAI等の登場により、人類の知性をAI等が超える技術的特異点のこと。

科学、物理学と電子工学、生物学と脳神経学といった分野、そして政治学、倫理学、経済学、法律等の人文科学の領域までを利用している。ロボット応用の極めて多様な特性は一方でこの分野の規範的課題等を決定するうえで一般化をすると不可避的に失敗を招くという警告を発している。例えば、ドローンや他の種類の自律的（致死的）兵器が国際人道法や刑法といった分野について主に影響を与える可能性が高い反面、ダ・ヴィンチ・ロボット外科医のような他の応用は契約上の義務や厳格責任ルールといった問題を主に提起する。

　他方で、このロボットの学際的性質は、この分野をすべて包括する観点を持つことが1人の学者の能力を超えていることを示唆する。2011年にマッシモ・デュランテ（Massimo Durante）と私が法情報学と技術の規範的課題に関する本について計画していた時、我々は最終的に対象事項の適切な描写を提供するために、複数の貢献者の専門知識を求めることを決めた。結局はその数は20人を超えた。私はロボットの異なる法的トピックについて過去何年にもわたって取り組み、戦争法、契約法、プライバシー、そして不法行為法といった分野における規範的課題を検討してきたが、私が今ロボット法についての本を出版することは賢明だろうか。たった1人の著者がどうしてロボット技術と法といった多様かつ複雑なテーマに取り組むことができるのだろうか。

　しかし、私がこれを可能だと信じるに、3つの理由がある。まず最初に、行為者性、答責性、法的責任、立証責任、責任、免責条項または不正な損害の概念の複雑なネットワークを通じて、法制度がロボットの設計、製造および利用をいかに規律すべきかについての比較的強い意見の一致がいまだに存在する。また、法律家は「新しい問題はない論」とでも評することが可能な、伝統的な法とロボットに関する見解に基づき、頻繁に、ロボットは法学の概念、原理そして基本的ルールを創造せずまた変更しないと主張する。この有力な見解に照らし本書の主要な目的の1つは、この分野について伝統的なアプローチをテストし、H.L.A. ハート（Herbert Hart）の単純なケースとハードケースの区別に関連付けてロボット法に関する一連の複雑な概念、原理そして法的推論の方法を紹介する。前者の法的問題について、学者は一定の事項についてどのように規範とルールを当てはめるべきかについて疑義が存在しない法的推論における複雑な概念と観念の網に対応する。例えば、刑法の共犯事案における責任モデルに基づくロボットの行動についての責任のケースである。法のハードケースにおいては、法律家の意見の不一致は法的問題を枠付ける用語の意味、法的推論においてそれらの

用語が相互にどのように関係しているか、または当該事案で問題となる原理の役割に関係するかもしれない。逆説的に、ロボット法の分野で強い意見の一致が依然として存在することは、ロボットの行為がシステムの抜け穴にはまり、新たな世代のハードケースを喚起しまたは国内法および国際法のレベルにおける立法者の介入を必要とした場合により明確になる。その結果、本書は今日の法律問題の最先端についてのすべてを包括する描写を提供することを意図しておらず、実際、行政法のような関係する分野やデータ保護といった重要な問題は外されている。むしろ、本書は刑法、契約そして不法行為法という3の法分野に焦点を当て、自律的致死兵器または一定の種類のロボ・トレーダーのような特定のロボット応用が本当に今日の法制度の礎に挑戦を投げかけているのかを理解しようとする。

　2番目に、この分野の物理的、生物学的、論理学的または工学的法則ではなくロボットの法的側面を厳しく省察することにより、本書は定義の問題についての繰り返される行き詰まりを回避しようとする。注目すべきことに、学者は依然としてロボットの行動が適切に「自律的」と考えることができるか、さらにはロボットとは何か、すなわち国連の「世界産業用ロボット報告書2005」によるところの準自律的もしくは完全に自律的な方法で作動する再プログラム可能な機械という定義であるか、それとも、「知覚し－考え－行動する」パラダイムの賛同者が提案するように、何か複雑なものを知覚することで適切な決定をすることができる機械なのかについて議論している。これらの異なるアプローチは例えばロボットとその他のインターネット上の人工的行為者との区別に関するさらなる定義についての問題にも影響を与える。そこで、この分野の複雑性に取り組むため、本書のアプローチは典型的に法的、すなわち実用主義的である。ここで問題となることは、ロボットが登載されたコンピュータを通じて、またはウェブサイト上の robots.txt ファイルとして機能し、もしくはオンラインとオフラインの世界の中間で人間やその他のロボットと外界で相互作用を行う方法に基づく自律性や自己認識といった概念の工学的意義だけと関係するのではない。そうではなく、「新しい問題はない論」には失礼ながら、これらの概念と差異はこうした機械がいかに今日の法制度に影響を与えており、また同様に与えうるのかを理解するうえで役立つ。因果関係の問題と結び付いた過失犯罪や不法行為法の分野における新たな種類の他者の行為に対する責任において既にそのような役割を果たしているのである。これを基礎として、本書の目的は法的に1つの正しい答えというものが手の届くところにあるのか、法制度が代替的解決を受け入れ可能か、または政治的決定が行

われる必要があるかを決定することである。典型的な実例は軍事ロボット分野における自律的および準自律的兵器の区別、また、殺傷力の高い兵器を完全自動化することが許されるべきかの目下の論争において示される。

　3番目に、ロボット技術と法制度への影響の複雑性が1人の学者の手の届く範囲に留まる時代がもうすぐ終わりを告げようとしていることを認めよう。現在まで、法律家は主に解釈学の伝統的道具を用いてロボット技術によって生じた新規な事案に取り組んできた。すなわち、大量のテキストの解釈や類推という手法の利用、制度の原理等を通じてである。刑法においては、例えば、伝統的な法的観点はロボットを危険な動物とみるかその利用を極めて危険な行動と考え、すべての状況に厳格責任が適用されるとする。契約法においては、人工的行為者によって創設された権利義務は一般にはロボットを道具とみる伝統的なアプローチによって解釈され、機械の行動について厳格責任ルールが適用され、その行為が計画的なものか予見されたものかを問わずロボットが代理をして行動したところの本人たる人間に義務を負わせる。不法行為法においては、ロボット分野の厳格責任ルールが多くの場合には動物、子どもそして場合によっては従業員の行動についての当事者の責任との類推で理解される。しかしながら、ロボットが発展し、より洗練されるにつれて、これらの機械がそれ自体の法制度を必要とする可能性も高まる。本書で提案されている解決策の中で、契約法の分野におけるロボットの行動に対する新たな形式の答責性について考えてみるといい。すなわち、特定の状況下においてロボットのみがその生じさせた損害について責任を負うということである。同様に、例えば不法行為法におけるロボットのように、第三者がリスクの最安価費用回避者である場合においては、過失を基礎とした責任の条項が今日の厳格責任ルールの一部にとって代わるような、他人の行動についての責任の新たな形式についても省察するとよい。結局、本書の目的は挑戦を受けている今日の法制度下の原理、規範および概念を特定することに留まらず、新たな世代のロボット工学の応用によって誘発された法のハードケースについて立場を決定することにもある。結局、私は特定のロボットは人間の相互作用の単なる道具ではなく、法分野における適格な行為者として理解されるべきだと思う。

　しかしながら、ロボットが独自の立法を必要とするようになるにつれ、ロボット犯罪、協定と契約、行政手続、著作権とプライバシー問題、戦争法、不法行為法等の新たな専門家のチームが1人の学者の取り組みにとって代わるだろう。2000年代を通じてIT法または法情報学の分野において生じたようなこのような専門分化の過程は

数年以内にロボット法の分野においても再度生じるであろう。過去を振り返るに、本書は現代の法制度の分岐点に置かれている、すなわち、いわゆる「いまだに」と「もはや」の間である。いまだにというのは、ロボット技術とその複数の応用に投げかけられた多くの挑戦はいまだに法の領域における代替的解決を受け入れる余地がある。そしてもはやというのは、伝統的な法的観点はますますそれらの挑戦の新規性に対応するに足りなくなっているということである。本書の各章を通じ、なぜ我々がロボット法におけるそのような両者の間にある最先端に直面しているのかを理解しよう。

イタリア・トリノにて

ウゴ・パガロ

謝　辞

　本書は 2009 年から 2013 年までの 4 年にわたるプロジェクトの最終段階である。最初の段階は、数年にわたって論じ、かつ公表してきた論文である。最初に、これらの過去のロボット工学に関する論文（その詳細なリストは以下の参考資料（Reference）に記載されている）を発表した雑誌と書籍の査読者と編集者に対して感謝したい。特に私が「ロボトラストと法的責任（Robotrust and Legal Responsibility）」（Pagallo 2010a）を寄稿した *Knowledge, Technology & Policy*（2010：23）誌の技術への信頼特集号を編集した Mariarosaria Taddeo および "The Human Master with a Modern Slave?"（Pagallo 2010b）と "The Adventures of Picciotto Roboto"（Pagallo 2011a）の発表をした Ethicomp 会議の創設者とその中心人物である Terry Bynum と Simon Rogerson、私が "Killers, Fridges, and Slaves"（Pagallo 2011b）を寄稿した *AI & Society*（2011：26(4)）の AI の社会的影響：殺人ロボットと友好的冷蔵庫特集号を編集した Greg Michaelson と Ruth Aylett、私が "Robots of Just War"（Pagallo 2011c）を発表した *Philosophy & Technology*（2011：24(3)）のロボット倫理の未解決の問題特集号を編集した John Sullins、Designing Data Protection Safeguards Ethically"（Pagallo 2011d）を発表した *Information*（2011：2(2)）のネットワーク化された世界における信頼とプライバシー特別号を編集した Herman Tavani と Dieter Arnoldon、"Guns, Ships, and Chauffeurs"（Pagallo 2011e）を掲載した *Journal of Law, Information and Science*（2011）の無人機法特集において専門的コメントをするよう勧誘した Brendan Gogarty、そして大事なことを言い残していたが、"What Robots Want"（Pagallo 2013）というエッセーを掲載した Springer の "Human Law and Computer Law" 号を編集した Mireille Hildebrandt と Jeanne Gaakeer に感謝の意を表したい。

　これらの過去の著作は Gianmaria Ajani, Pompeu Casanovas, Monica Palmirani および Giovanni Sartor（Pagallo 2010c, 2012a）と共編をした AICOL シリーズの 2 本の論文および Massimo Durante（Pagallo 2012b）と共編した法情報学についての UTET の Robotica のエントリーとともに本書の最初の一歩を構成している。ウプサラ大学で過ごした 2011 年の秋学期において、Patricia Mindus と Laura Carlson の形

式上の修正と内容面のコメントにより本書の最初の原稿が完成した。所属するトリノ大学における法情報学とロボット工学のコースで授業をした2012年の春学期に原稿は再度修正された。多くの同僚および友人の支援および学生の質問と理論的好奇心に感謝する。Gianmaria Ajani と Massimo Durante とともに、特に Raffaele Caterina と Michele Graziadei に感謝させてほしい。2012年4月の終わりに、Greg Chaitin のアドバイスに従って本書の説明をできるだけ明確にした後、しばらくそれを休ませた。3か月後の2012年8月に、3度目の修正が行われ、カリフォルニア州のクパチーノで序文が完成した。大好きな別荘で過ごした素晴らしい数週間の間、著名な機械学習とAIの専門家である姉の Giulia と素晴らしい数学者である義理の兄の Victor Pereyra の示唆を得ることができた。

通時的に本書がより改善し、少なくとも限界や曖昧さが改められたのは、光栄にも私とともに欧州委員会が2012年に Digital Futures プロジェクトの一部として立ち上げた the onlife initiative の専門家である Luciano Floridi との多くのやりとりによる。レビュアーのコメントやさらなる同僚と友人の示唆に留意して、本書の最終修正は2013年1月に終了した。特に、コモンローの見識が深いジョージタウン大学の Chuck Abernathy について言及させてほしい。本書の実務面については、Springer の法、ガバナンスおよび技術シリーズの編集者である Pompeu Casanovas および Giovanni Sartor そして Springer の上級出版編集者である Neil Olivier とそのアシスタントである Diana Nijenhuijzen に感謝したい。これらの方々には、2011年8月の本書の開始以降、Springer のチームの了解を得た2012年から2013年の冬まで、2011年8月のプロジェクトを現実化するために協力してくれた。

このような作成過程やレビュアー、同僚そして友人からの助言にもかかわらず、本書にはまだ曖昧性、不正確さまたは単純な誤りがあるかもしれない。この可能性は、チャペックの『ロッサム万能ロボット』の序幕を思い起こさせる、すなわち、ロッサム万能ロボット社のゼネラルマネージャーのドミンがヘレナに対し話し、書き、計算することができ、誤りがなく恐るべき記憶力があるロボットを何千という単位で製造していると説明する場面である。この創意溢れるアイディアは、その後俗説に強く影響し、ポップスが最近我々に「自分はロボットではない」と思い起こさせたところまで来ている。ロボットの最も重要な問題の1つは、ロボットが恋愛感情のような一種の感情を持つことができるかは言うまでもなく、ロボットの誤りを犯しやすさの程度と関係するが、この分野のこうしたナイーブな考えは前ぶれとして機能する。同僚と

友人によるレビューと示唆によるこの連続的過程は本書の元のバージョンから改善することを助け、しかしそれでも、まだ不完全なところが残っているかもしれない。アウレリウス・アウグスティヌスの諺をアップデートしよう。過ちを犯すのは人間であり、その過ちを継続させるのは、悪いロボット設計者である。

目　次

図表一覧

表

第1章　イントロダクション

ヘレナ：あらまあ、すぐもう働かなければいけないのですの？

ドミン：すみません。働くといっても新しい家具が働くようにです。

ヘレナ：それは何のことですの？

ドミン：人間でいえば「学校」とでもいうところでしょう。話したり、書いたり、教えたり
　　　　することを学びます。何しろ素晴らしい記憶の持主です。もしあなたがあの連中に
　　　　二十巻の百科辞典を読んで聞かせれば、彼らは始めから順にぜんぶ繰り返します。
　　　　ただ何か新しいことは決して考えつきません。大学でもかなりちゃんと教えられる
　　　　でしょう。

　　　　　　　　　　　　　　　　カレル・チャペック『ロッサム万能ロボット』[4]序幕

概　　要

　本書の目的は、一般の読者に向けて、今日のロボット技術の設計、製造、供給そし
て利用を規律する、複雑な一連の原理、概念そして法的推論を紹介することにある。
法的な単純なケースとハードケースに関する伝統的区分に照らすと、法律問題を枠付
ける用語の定義、法的推論におけるこれらの用語間の相互作用、または事案において
問題となる原理の果たすべき役割について法律家の間で意見の不一致がある事案が注
目を浴びてきた。逆説的にも、ロボットの行為が法制度の抜け穴にはまり、新世代の
ハードケースを誘発する時、ロボット法の分野における強い意見の一致が依然として
存在することがますます明確となってきている。

　本書で探求される、ロボット技術と法という 2 つの異なる非常に複雑な問題は、相

4　［訳注］カレル・チャペック（千野栄一訳）『ロボット』（岩波文庫、1989）34 ～ 35 頁。

互にのみならず、今日の社会にも難題を投げかけている。アイザック・アシモフ（Isaac Asimov）が 1942 年にその小説『堂々めぐり（*Runaround*）』において考案した「ロボット工学（robotics）」[5]という用語は、ネットワーク中心の応用、適応制御型ロボットサーバント、ロボット兵士、自動運転車・無人潜水艦、頑具ロボット、果ては子守りロボットまでという大量の機械の設計と製造を取り扱う分野である。今日においてロボットに関する学問分野は、科学研究および技術における最も興味深い分野の 1 つであり、例えば人工知能（AI）、コンピュータサイエンス、サイバネティックス、物理学、数学、電子工学および機械工学、神経科学、生物学そして人文科学等に至るほど多様である。ロボット工学の応用範囲が多岐にわたるにもかかわらず、基本的に我々は主流の「感じ（sense）、考え（think）、行動する（act）」AI 研究の枠組みに基づき製造された機械を取り扱っていると論じる者がいる（Bekey 2005）。カリフォルニア州のスタンフォード大学 AI 研究所（AI Laboratory）の理事であるセバスチャン・スラン（Sebastian Thrun）も同様に、ロボットは「複雑なものを理解し、適切に決定することができる」能力を持つ機械だと考える（in Singer 2009：77）。ロボットが環境の変化を学び、それに適応することができる機械であるという点を強調する者もいる。国連の「世界産業用ロボット報告書 2005（The UN World 2005 Robotics Report）」は、生産活動（例えば産業用ロボット）または「人類の福利にとって有益なサービス」の提供（例えばサービス・ロボット）のために準自律的もしくは完全に自律的な方法で作動する再プログラム可能な機械、というロボットの一般的定義を提案している。

　これらの定義をもってしても、あらゆる疑問の解決には至らない。ロボットの自律性もしくは知能への言及が、多くの場合、意見の相違の原因である。2011 年 3 月 30 日付のイギリス防衛省の「無人航空機システム」に関する統合政策文書（Joint Doctrine Note）について考えてみよう。当該文書では、自律の観念は、「より高いレベルの意図と指示を理解することができる」システムと結び付いていると指摘する。さらに、この文書によれば「（複雑で有能な自動化されたシステムと異なる意味において）人工知能がいつ達成されるかについて様々な推測が存在するものの、5 年より

5　[訳注] Robotics という用語は、「ロボット工学」と訳されることが一般的である。本来の意味は産業用ロボットを前提とした訳語であると考えられるが、本書の監訳者あとがきで言及したとおり、本書において論じられているロボットは産業用ロボットに限定した議論ではないことから、産業用ロボットを意味する部分や「ロボット」との相違が問題となる部分を除いて、本書では「ロボット」と訳している。

先で 15 年より前に実現するとの意見の一致がみられる。ただし、それよりさらに先のことであるという外れ値も存在する」。これに反対する者は、この指摘を「馬鹿げている」と考える。「戦争の自動化（Automating Warfare）」（2011）において、ノエル・シャーキー（Noel Sharkey）は、言葉の比喩的用法を除けば、ロボットは「より高いレベルの意図を理解することができる」ようになることはなく、当分の間は人間のように考えるようにもならないとする。これと同様に、ケネス・ヒマ（Kenneth Himma）は「人工的行為者（Artificial Agency）」（2007）の中で、ロボットやその他の人工的行為者は自律的行為を行っていると適切に主張するうえでの必要条件および十分条件を満たしていないと論じる。それは、人工的行為者が意識、自由意思、そして意図の要件を欠くからである。

　SF 的なシナリオはさておき、特定の種類のロボットは、既に社会的相互作用の原理、国家間の基本的ルール、そして法の礎に対して難題を投げかけている。「彼らが冷蔵庫の知能を持っていても」（Floridi 2007）ロボットは一連の指示を改善させることができ、それによってその内部状態が変化し、そして、これらの特性を外部刺激なしに変容させることができる。そこで、人間からの直接的介入なくして自らの行動を制御することでその仕事を上手にこなすことができる。2007 年の「EURON ロボット倫理ロードマップ（2007 EURON Roboethics Roadmap）」が論じるように、「数年内に我々は工学的な意味における自己認識と自律性を享受するロボットと共存することになる」（Veruggio 2006）。このようなロボット特有の自律性、即ち自ら決定を行うことは、軍事ロボット技術のような分野において特に重大なことのように思われる。米軍は、今日の米国の AI に関する研究開発（R&D）の半分以上に資金を供与している。その結果、特定のロボットに関する軍隊における実用例をみてみると、自ら（auto）を律する（nomos）ことができる。その結果、一般的な意味で自律的なロボットの観念にさらに光を当てるうえで軍事利用における問題は様々な示唆を与える。

　例えば、無人航空機（UAV）の分野においては、自律的機械と準自律的機械の間の区別を行う必要がある。例えば米国空軍の RQ-1 プレデターや MQ-1 プレデターのように、準自律的と考えられているドローンもある。英国防衛規格（UK Defence Standards）における自律的飛行の定義によれば完全に「UAV 航行の制御のためのリアルタイムの入力信号に依存しない」UAV もある。完全に単独で活動しているグローバル・ホークや、米国海軍の対船舶ミサイル防御システム、ファランクス CIWS について考えてみよう。現在、約 40 の国々がより洗練された形の自律型致死兵器や

その他の種類のロボット兵士を開発中である。この発展は、学者によって「殺人ロボット」（Sparrow 2007、Krishnan 2009）とか「ロボットによる致死的行為」（Arkin 2007）、または「自律的軍事ロボット」（Lin et al. 2008）と要約されている。これらの機械は自ら意識を持っておらず、自らは「より高いレベルの意図と指示」を享受していないものの、それらは人間の直接的制御を超えて行動し判断することができる。ノーバート・ウィーナー（Norbert Wiener）は『人間機械論（*The Human Use of Human Beings*）』[6]（1950）において、正しく「ロボットの自律性」について警告していた。すなわち、戦闘におけるロボットの利用は宣戦布告をし開戦するための要件を軽減し、不均衡な軍事力の利用を誘発し、（戦闘員と非戦闘員の）区別（discrimination）と免除（immunity）に関する原理に違反し、場合によっては偶発的戦争すら誘発しかねないということである。伝統的な類型のユス・アド・ベルム（*ius ad bellum*）（戦争に訴えることが正当化されるのはいつ、どのようにしてか）とユス・イン・ベロ（*ius in bello*）（戦争において何を正当に行い得るか）の分類に対して今日のロボット兵士が与える影響を考えれば、ロボットの行為の危険性は「ロボット」という観念そのものと同程度に以前から存在するものであるということができる。

「ロボット」という言葉はカレル・チャペックが1920年に著した『ロッサム万能ロボット』という戯曲において最初に用いられた。この戯曲は人造人間である「ロボット」を製造する工場を中心に展開し、そのロボットの反乱が最終的に人類の滅亡を引き起こした。第二幕では、離島にある何千ものロボットの世界的製造業者であるRUR社の本社の人々が、なぜこれらの機械が人類に対し反抗するのかと考える。RUR社生理研究部部長のガル博士は、彼らが犯した「決定的失敗」はこれらの機械の一部を「ロボット兵器」にしたことだと考える。

諸君、ロボットに戦うことを教えたのは旧大陸ヨーロッパの犯罪だった。ちくしょう、連中の政策とやらを止めることはできなかったのかね？ 働いているものから兵隊を作ったのは犯罪だった。（Čapek 1920, Act 2）[7]。

時に現実は小説を追い越す。2005年以来、米国のドローンによる戦闘空中哨戒は

---

6 ［訳注］ノーバート・ウィーナー（鎮目恭夫・池原止戈夫翻訳）『人間機械論』（みすず書房、1979）。

7 ［訳注］カレル・チャペック（千野栄一訳）『ロボット』（岩波文庫、1989）124頁。

1200％も増加した。バラク・オバマ（Barack Obama）大統領の元でパキスタンにおけるそのような攻撃の頻度は10倍になり「ジョージ・ブッシュ（George Bush）の時代の40日に1度が、4日に1度になった」（エコノミスト2011年10月8日号32頁）。とりわけ、超法規的処刑（extrajudicial executions）に関する特別報告者であるクリストフ・ヘインズ（Christof Heyns）は2010年の国連総会報告書において、潘基文（Ban Ki-moon）事務総長（当時）に対し、「致死性兵器を完全に自動化することが許されるべきかという根本的な問題」について対処する専門家委員会の招集を促した。

　ロボットの行為はその他の分野においても、リスクおよび潜在的脅威の源になっている模様である。2008年末の金融危機は、AIブローカー、電子的行為者およびスマートデジタルインターフェスのような「ロボ・トレーダー（robo-traders）」[8]の利用によってその危機に拍車が掛かった可能性がある。2000年代の初めから、ペンシルバニア大学とリーマンブラザーズによって開発されたゼロ・インテリジェント（Zero Intelligent）・エージェントについての実験は、人間の相場師の強欲さとの悩ましい類似を示している。「人間でない者の権利？（Rights of Non Humans?）」（2007）の中で、グンター・トイブナー（Günther Teubner）はこれらの懸念を要約し、ロボット技術やその他のスマートな人工的行為者はカール・マルクス（Karl Marx）（疎外）やマルティン・ハイデガー（Martin Heidegger）（物象化）を既に悩ました、社会生活における疎外と物象化の問題を生じさせると主張した。全体的な考えは、自律的人工的行為者は「基本的な生産制度としての積極的な新しい行動センターを創出し」、だからこそ我々は「電子的行為者により行われる経済的、社会的、技術的取引を再度人間の制御下に取り戻さなければならない」というものである（Teubner 2007：21）。

　確かに、金融市場におけるロボ・トレーダーの利用や、戦場での自律型致死兵器の利用に警戒心を抱くのは当然である。しかし、その警戒心を過度に一般化することは避けるべきである。必然的に人間生活の「疎外」（マルクス）や「物象化」（ハイデッガー）を招く機械よりも、「世界産業用ロボット報告書2005」によれば「人間の福利にとって有益なサービス」を提供するとされるいくつかのロボット応用に注目すべきである。まず最初に、高速道路を自力で走行する自動運転車について考えよう。「バットマン」（1989）におけるマイケル・キートン（Michael Keaton）のバットモービル、または、「デモリションマン」（1992）、「タイムコップ」（1993）、「マイノリテ

8　［訳注］AIを利用した市場取引を行う仕組み。

ィ・リポート」（2002）、そして「アイ・ロボット」（2004）などにおいて、スマート
な AI 自動車などは、SF 映画において頻繁に取り上げられる対象である。この 10 年
で研究（スタンフォード大学とカーネギー・メロン大学）、ビジネス（ゼネラル・モー
ターズとフォルクスワーゲン）およびその双方（Google）がこの夢を実現した。結
論からいえば、2011 年 6 月にネバダ州知事は公道で運転手のいない車の利用を初め
て許可する法案に署名し、法律として成立させた。もちろん、だからといって今日の
AI 運転手が、ハリウッド映画の中の SF カーと同様に洗練されているわけではない。
加えて、ネバダ州の下院（36-6）および上院（20-1）は、「ネバダ州内のハイウェイ
における自律的自動車の走行を許可する規則」の制定に至るまでには長い時間がかか
る可能性があることを認めている。しかし、トイブナーには失礼ながら、EU の道路
で人間のドライバーの自律性が毎年約 130 万件の事故と 4 万 1000 人の死を生じさせ
ていることを想起すれば、ロボットによる自動化は悪いものではないかもしれない。

　同様に、産業およびサービス分野における特定の有用な応用を考えてみよう。例え
ば、損害を予防し、管理者に警告を与え、石油流出を食い止める等によって緊急業務
および危機管理業務を実施するための新世代の無人船や無人潜水艦による遠距離探索
は 1990 年代に始まった。これらの無人潜水艦の中には、2010 年にカリブ海における
BP の石油流出の阻止のために投入されたことで有名になったものもある。加えて、
頑具ロボットや子守りロボット等の家庭内における多くの人工的伴侶やヘルパーは、
家庭内または個人的な利用のためのサービス・ロボットの分野のためにプログラムさ
れており、愛情を与え、子どもや老人の世話をする。ショービジネスや音楽業界にお
いては、日本のポップスターロボット歌手である HRP-4C の成功物語を考えてほしい。
独立行政法人産業技術総合研究所のメディアインタラクション研究グループによって
開発されたこの驚くべき「歌姫ロボット」は、歌い、踊り、「息をし」、そして彼女
（！）のショーを披露することもできる。HRP-4C は、音楽の譜面と同調するための
ヴォーカリスナー（VocaListener）に加え、ヤマハの開発したボーカロイドソフトウ
ェアを利用しているところ、ヴォーカウォッチャー（VocaWatcher）プログラムに
よって人間が腰を動かし曲を奏でる際の顔の痙攣を分析することができる。ロボット
のマリア・カラスは現在のロボットのレディー・ガガよりもさらに刺激的になるだろ
うが、このロボットをなぜ無条件にもっと問題の多い親類であるロボ・トレーダーや
ロボット兵士と関連付けられなければならないのかを理解するのは困難である。これ
らの子守り AI やショービジネスのポップガールは、従属、愛着、信頼の感情等に関

するいくつかの心理的問題を提起する。しかし、現在のロボット工学の全体像、例えばトイブナーの「人間でないものの権利？」に戻ると、これらのロボットを「攻撃的な新しい行動センター」と表現されるものとして片付けることには問題がある。

ロボット応用は個人と社会の環境を変容させ、再構成し、豊かにさえする新しい一連の制約と機会をもたらす。善と悪双方の源としてのこのようなロボットの二重性は、興味深くも、軍事ロボット技術と2005年の国連報告書で描かれる「人類の福利にとって有益な」サービス・ロボットの双方の影響を主張する多くの学者によって強調されてきた。「AIと社会（AI & Society）」誌の「人工知能の社会への影響（the social impact of AI）」に関する特別号（2011）の紹介文において、グレッグ・ミヒャエルソン（Greg Michaelson）とルース・アイレット（Ruth Aylett）は、以下の点を強調した。すなわち、「今では成熟した人工知能の分野に関する近年の発展が我々と機械との関係に関する悩ましい社会的および倫理的問題を再び活性化させ」、「殺人ロボット」と「友好的冷蔵庫」の間の緊張関係を強めた。同様に、「ロボット工学：戦争と平和（robotics: war and peace）」に関する「哲学と技術（Philosophy & Technology）」誌の特別号（2011）の中でジョン・サリンズ（John Sullins）は、以下のスペクトルとの関係で我々とロボットとの関係についての倫理的問題に有効に対処することができると考える。すなわち、「戦争のロボット」、例えばMQ-9リーパーまたはC-3POターミネーターは、トイブナーの考えるロボットの「攻撃的な新しい行動センター」の象徴として提示され、そのスペクトルの対極として、「平和のロボット」、例えば日本のロボット歌手であるHRP-4Cや、例えば、医療分野におけるダ・ヴィンチ外科手術システムが存在する。このような観点からすると、ロボット技術に共通するものは最終的にはその技術への規範的な課題を中心に展開する、すなわち、「なぜ我々はこれらのシステムを我々の家と戦場で利用すべきかまたはそうでないのか」ということである（Sullins 2011）。

我々が積極的に投入を企図している特定の種類のロボット応用は、今日における倫理学、経済学、技術哲学、心理学およびその他の分野において難題を投げかけるものでもある。ここで、その焦点は、多くのロボット技術の応用がどのように数学、物理学、神経科学、生物学その他の分野の「法則」に従うのかということではない。むしろ、技術的イノベーションの過程の規律を行うに際し、なぜこれらの機械が倫理学、政治学そして経済学の各分野の目的に従って利用されなければならないのか、またはそうしなくてよいのかの理由に注意が向けられている。以下の図1.1は、「ロボット

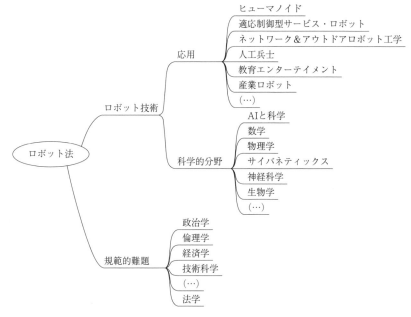

```
                                   ヒューマノイド
                                   適応制御型サービス・ロボット
                                   ネットワーク&アウトドアロボット工学
                          応用      人工兵士
                                   教育エンターテイメント
                                   産業ロボット
                                   (…)
              ロボット技術
                                   AIと科学
                                   数学
                                   物理学
                          科学的分野 サイバネティックス
                                   神経科学
    ロボット法                         生物学
                                   (…)

                                   政治学
                                   倫理学
                                   経済学
                          規範的難題  技術科学
                                   (…)
                                   法学
```

図1.1 ロボット技術の高度な複雑性

法」をとりまく多様で高度な複雑性がどのように描かれうるかを示している。

　ここで、本書で検討する2つ目の高度な複雑性に注目することで、このモデルの複雑さを増大させよう。検討されている複数のロボット応用とAIおよびコンピュータ科学、サイバネティックス等の各分野の法則に加え、この分野が直面する法的な難題である「ロボット法（the laws of robots）」も関係する。最初の課題は「法の法則（laws of the law）」のレンズを通じて何がロボットに共通するか特定することである。

　伝統的には、「何が法か」を決定するにあたって、学者は政治学、倫理学または経済学といった他の学問分野と法学を区別してきた。しかし、最終的には法がそれらの分野に依存すると主張する学者もいる。リアリストは法学から政治学まで遡り、自然法の支持者は、倫理学の伝統にまで遡り、法と経済学の学者（そして正統マルクス主義者）は経済学にまで遡り、そして技術決定論学者は技術まで遡る等々。ここでは、「還元主義」の理論に言及することで十分だろう。例えば、イタリア人哲学者のベネデット・クローチェ（Benedetto Croce）である。クローチェは、『法哲学の経済哲学への還元（*Riduzione della filosofia del diritto alla filosofia dell'economia*）』（1907）

において、法哲学者が自らの分野である法学を倫理学と区別しようとする取組みについて、法学の「ホーン岬（Cape Horn）」のイメージによって要約した。その考えの全体像というのは、法律家はこの問題をうまく避けながら航海しようとして、結局「概念の嵐（conceptual storm）」にあって「難破（wreckage）」してしまうというものである。今日の法理論における議論や、法実証主義（包含的／排除的の双方を含む）、リアリズム、制度主義のバリエーション、そして自然法の異なる伝統における議論がいかに法学と道徳の関連性を認識するかの点に照らし、本書のロボット法への法的アプローチを明確化するために、法的現象に関する規範的構造についての一定の言及が必要であると思われる。法の本性と道徳領域との関係は、個人（とロボット）が責任に直面する状況の精査を通じて適切に理解されうる[9]。

　自らの過失により生じた危害に対して個人が責任を負う事案について検討しよう。これは、個人が法律で禁止される悪行を自発的に行った場合が典型的である。例えば宝石盗において小さなロボットヘリコプターが用いられる場合である。刑法において、この種の行為に対する法的答責性は、個人の道徳的責任という考え方および非難可能性という考え方と結合されている。刑事被告人は法律上有罪かどうかを判断するため、一般的な道徳的評価の対象とならなければならない。民法においては、個人的な過失によって第三者に生じた違法なもしくは不慮の損害に対して個人が責任を負うという点で、一般的な考え方は類似している。この考えは伝統的にはローマの格言である *alterum non laedere*、すなわち他人を害してはならないと要約される。さらなる例を挙げることはできるが、法的および道徳的理由が重複しうることは既に明確だろう。これについては以下でまた検討する。

　しかしながら、これらと異なり、個人が法的責任に直面するにもかかわらず、行為者の道徳的責任が問題とならない状況も存在する。最初の（道徳的責任と異なる意味における）法的責任の事案は「禁止されていないことはすべて許されている」という考えに関するものである。刑法においては、この原理は、免責に関する条項（clause of immunity）と関係し、ヨーロッパ大陸ではこれは罪刑法定主義、「法律なければ犯罪なし、法律なければ刑罰なし（*nullum crimen nulla poena sine lege*）」という定式に要約されている。例えば、家庭用ロボットを利用して個人を監視する場合のように、一部の行為は道徳的に誤っているとみなされるかもしれないが、個人は明示的な刑事規範に基づいてのみその行為について刑事的責任を負う。1950 年の欧州人権条約の

9　法学と、政治学、経済学、そして技術との関係は第 5 章においてさらに精査される。

第 7 条の文言によれば「何人も、実行の時に国内法又は国際法により犯罪を構成しなかった作為又は不作為を理由として有罪とされない」[10・11]。逆に、法が無過失責任を確立する事案もある。すなわち、個人の意図や通常の注意と無関係（な責任）である。ある行為が道徳的に健全とみなされる可能性があっても、制定法や特定の規範がその行為に対し責任を確立することができる。その 1 つの例は編集者、出版社そしてメディア所有者（新聞、テレビチャンネル、ラジオ等）にみられる。すなわち、これらの当事者は、彼らが結局違法または有責な行為をしたのか否かにかかわらず、従業員の行為によって生じた損害について責任を問われる。このメカニズムは法が本人の意図を問わずに責任を課すその他の多くの種類の事案において発動される。ペット、および多くの法制度における子どもの行為に関する個人の責任に加え、この種類の厳格責任は多くのロボットの製造者と利用者にも当てはまる。

　クローチェの法理論におけるホーン岬の話に戻ると、我々は法の規範的取組みに対し、より広い視点からさらなる光を当てることができる。すなわち、単純なケースとハードケースを区別することによってである（例えば、Hart 1961 および Dwokin 1986）。クローチェの問題を回避する方法は存在する。我々は嵐と概念の難破を以下の方法で回避することができる。すなわち、複雑な一連の概念と法的推論の観念が働くすべての事案に注意を引き、そして、それでも、法分野における責任に関する条項と条件をどのように適用するかについての疑義を残さないことである。ハーバート・ハート（Herbert Hart）によれば、法律問題がとても単純であり、「一般用語が解釈を必要とせず、適用対象の認識が問題なく、『自動的』で（中略）分類用語の適用について一般に判断の一致が見られる」（Hart 1994：123）[12]。刑法における免責条項や不法行為における無過失責任はもしかするとこのような単純な事案の一類型を示すかもしれない。ここでは個人の道徳的責任と法的責任の間の区別は何ら問題となっていないという意味である。本書を通じて我々は法制度の原理、規範、そしてルールがどのように機能するのかという点について、一般的な適用例を確認することになる。すなわち、刑法における共犯事件の責任モデルに基づく責任の事案（第 3 章）、民法分

10　法律家であれば知っているとおり、同条約 7 条 2 項は「本条は、文明諸国の認める法の一般原則より実行の時に犯罪とされていた作為又は不作為を理由として裁判し、処罰することを妨げるものではない」と定める。この条項の目的は、ナチスに対するニュルンベルク裁判のような例外的場合をカバーすることである。

11　［訳注］岩沢雄司編集代表『国際条約集 2017 年版』（有斐閣、2017）367 頁。

12　［訳注］H. L. A. ハート（長谷部恭男翻訳）『法の概念（第 3 版）』（筑摩書房、2014）206 頁。

野における私人間の任意の合意に基づく責任の事案（第4章）、そして不法行為法の危険な行動という考え方に依拠する無過失責任へと（第5章）。この法的推論における概念のネットワークによって、学者は、これまでの技術的イノベーションに関する事案と同様に、ロボットにより誘発された予測不能性の問題とリスクを分析することができる。

　それでも、学者間（そして訴訟における各当事者間）で意見の一致をみない事案も想定される。ここで、クローチェのホーン岬の概念の嵐と難破は、学者がハードケースと呼ぶ一連の法律問題のことを示している。例えば、法律問題を枠付ける用語の定義、法的推論におけるこれらの用語間の相互作用、または事案において問題となる原理の果たすべき役割について意見の不一致がある場合が考えられる。しかしながら、いかなる原理、いかなる概念、そしていかなる法的推論かという、時には法的に一種のこう着状態に行き着く問題は、制定法、国際的合意、またはコモンローの伝統における判例法によって確立された規範と条項に即して決定されなければならない。法の論理と本性に関する研究、例えばクローチェの法哲学に関する研究は、換言すれば、分析の材料としては必要であるものの、それだけでは十分ではない。ある法律問題がハードなのか単純なのかを判断するためには、我々は法哲学者の取組みと同様に実定法の専門家の知識が必要なのである。例えば、ロボット応用の軍事的利用について、1907年のハーグ陸戦条約、1949年以降の4つのジュネーヴ諸条約、そして1977年の2つの追加議定書を注視する必要がある。そして、これらの条約等は、現行戦時国際法と人道法に関する国際枠組みを定義している。民間における無人航空機の利用については、1948年の国際民間航空条約およびヨーロッパではEU規則216/2008[13]を確認する必要がある。民間における無人船や無人潜水艦の利用については、海事法に関する、1972年の海上における衝突の予防のための国際規則に関する条約が法的な参照規範となる。

　このようなロボット法に対する二重のアプローチ、すなわち、法哲学者の観点と実定法の専門家の知見というものは、一種のインターフェースないしは抽象化のレベル[14]によって要約することができる。本書は、それらを通じてロボット法を描写し、分析し、そして論じる。私がここで提案するのは、法をメタ技術、すなわち、その他の技術的手法を規律する方法として、ロボットの設計、製造および利用の正統性の条件を確立する法の法則にアプローチすることである。この観点は、実定法の条項と同

13　［訳注］正しくは、EC Regulation 216/2008 のように思われるが、原文は「EU」となっている。

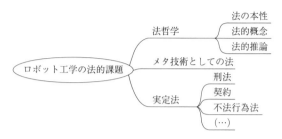

図1.2　法律家にとっての法哲学と哲学者にとっての実定法における研究

様に、法哲学のトピック（例えば法の本性、概念、法的推論）にさらなる光を当てる。図1.2はこの抽象化のレベルを要約する。

　プラトン（Plato）の『国家（*The Republic*）』第4巻に示されているように、この考えは新しいものではない。「『アデイマントス』とぼくは言った、『われわれはけっして、人がそう思うかもしれないように、あれやこれやと大へんなことをたくさん彼らに命じているわけではなくて、すべてはわけもないことばかりなのだよ』」（Plato 2006）[15]。この文脈において、法の規制的取組みは、（ケルゼンの）『純粋法学（*Pure Theory of Law*）』（1934/2002）および『法と国家の一般理論（*General Theory of Law*）』（1945/1949）の命題により描写されうる。ここにおいて、ハンス・ケルゼン（Hans Kelsen）は、物理的制裁の脅威を通じて適用される「強制的命令の特定の社会的技術」という伝統的な法についての説明を提供する。すなわち、「もしAならBだ」というものである。この法的な定式は、「どうあるか（存在）」というよりむしろ「どうあるべきか（当為）」を示す。すなわち、法的答責性の条件(A)に従うべき懲罰的制裁(B)であって、自然的原因(A)に伴う効果(B)ではないのである。規範と自然的因果関係の区別は、法の目的であるところの技術イノベーションの正統性の条件の規律(A)が、法的責任に関して何が起こるべきか(B)に依存することを意味する。『法

14　「抽象化のレベル」の手法について、筆者は、ルチアーノ・フロリディ（Luciano Floridi）の研究を参考にする。「抽象化のレベルの方法（The Method of Levels of Abstraction）」（2008）およびより最近においては、フロリディの『情報哲学の原理（Principia Philosophiae Informationis）』の第2巻すなわち『情報倫理（*Information Ethics*）』（2013）を参照せよ。「インターフェース」を多様化することで、「観察事項のセット」はそれに従って変化する。この方法の詳細については2.1.3節を参照せよ。

15　［訳注］プラトン（藤沢令夫翻訳）『国家（上）』（岩波書店、1979）302〜303頁。

と国家の一般理論』（1949：26）の表現を借りれば「法的命令をその他のすべての社会的命令と区別するのは、それが人間の行為を特定の技術を用いて規制するということである」。そのような技術がその他の技術を規制し、そしてさらには、技術イノベーションの過程を規制すれば、我々はそれによって法をメタ技術として考えることができる。

　もちろん、ケルゼンの存在論的な立場を承認しなくとも、法をメタ技術の一種として考えることができる。本書が論ずる視点は、法が社会制御の方法にすぎないとか、または、法以外にメタ技術的メカニズムが存在しないということを示すものではない。むしろ、メタ技術としての法によって定義された抽象化のレベルの目的は、まず、行為者性、答責性、責任、立証責任、免責条項そして不当な損害といった複雑な概念のネットワークを通じて法制度がどのように技術イノベーションの過程に対応するのかを描写することにある。この分析は、学者が19世紀の終わりに自動化の法への影響を検討し始めて以来行ってきたのと同様に、ロボットの設計、製造、そして利用の正統化の条件について詳論する。グンター（Günther）の『自動機械法（*Das Automatenrecht*）』（1892）、シェル（Schel）の『自動機械の刑法的保護（*Der strafrechtliche Schutz des Automen*）』（1897）、シラー（Schiller）の『自動機械の法的関係（*Rechtsverhältinesse des Automen*）』、そしてエーテル（Ertel）の『自動機械の誤用とその不法行為としての特徴（*Der Automatenmissbrauch und seine Charakterisierung als Delikt*）』（いずれも1898）、そしてノイモント（Neumond）の1899年の『自動機械（*Der Automat*）』までを考えてみよう。1世紀以上後において、依然として比較的強い意見の一致が存在する。非常に多くの事案において、法的責任に関する結論（ケルゼンのB）と同様に、そのような機械の設計、製造そして利用を規律するルール（ケルゼンのA）はゆるぎない。

　そして、ケルゼンには失礼ながら、我々は法の形式主義に関するロボットの影響や技術イノベーションの過程を規律する法の目的に関する特定のキーワードの意味をいかに理解するかについても注意する必要がある。この影響は我々を法のハードケースおよびそれをどのように対処するかという点へと引き戻す。「多様な事例によって提起される問題を、発見されるべき唯一の正解――多くの衝突する諸利益の合理的妥協としての答えではない正解――がある問題であるかのように扱うことは不可能である」ことを肯定する者もいる（Hart 1961：128）[16]。ロナルド・ドゥオーキン（Ronald

---

16　［訳注］H. L. A. ハート（長谷部恭男訳）『法の概念（第3版）』（筑摩書房、2014）213頁。

Dworkin）と「正解テーゼ（"right answer" thesis)」の支持者のように、そうではなく、道徳的に首尾一貫した方法で法を解釈し、それによって法律問題の性質と問題の歴史と背景を前提に、——例えば、ロボット兵士を禁止すべきかについて、国連の支援の下での合意に従い——法律家は、法の純一性を最もよく正当化または適合する回答を得ることができるとする者もいる。

　ここで示唆されるのは、法的責任の概念（ケルゼンのB）と行為者性の概念（すなわちケルゼンのA の鍵となる用語）を通じて、分析の焦点を限定し、ロボットの設計、製造そして利用の正統性の条件を確立する複雑な一連の原理、規範そしてルールを要約することである。このより厳格な観点は、ロボット法に関するすべての事案において共通しているものを強調する、すなわち、法的行為者が、人間であるか人工物であるかを問わず、責任に直面する条件である。唯一の正答が存在するのか（例えばドゥオーキン）、存在しないのか（ハート）はともかく、我々は法が技術的研究および開発を枠付ける条件を暫定的に確定しなければならない。それによって今日の論争においてどの立場をとるべきかを決定することができる。理論的にいえば、行為者適格性に関する3 つの法的観念が問題となっている。

（i）自らの権利（と義務）を有する法的人格
（ii）民法において権利と義務を確立する適格な行為者
（iii）システムにおけるその他の行為者に対する責任の源

同様に、行為者が法的責任に直面する異なる種類の事案が強調されるべきである。

（i）前述の免責条項（例えば罪刑法定主義）
（ii）厳格責任の条件（例えば編集者の無過失責任）
（iii）帰責性に基づく損害賠償責任（例えば故意不法行為）

これに基づき、3つのレベルの分析を区別することができる。

（i）法制度においてロボットが行動する異なる方法（ケルゼンのA）
（ii）このような機械の製造と利用に伴う結果（ケルゼンのB）
（iii）ある事案が単純な事案かハードケースかを決定するための、技術が法制度に与

表1.1　ロボットの行為と9種の理想的で典型的な法的責任の条件

ロボットの責任	免責	厳格責任	不当な損害
法的人格	I-1	SL-1	UD-1
適格な行為者	I-2	SL-2	UD-2
損害源	I-3	SL-3	UD-3

える全体的影響（例えばドゥオーキン対ハート）

　表1.1は、9つの想定されるシナリオに基づきこのアプローチを要約する。表1.1に基づくロボットの行為に関する責任の法的観察事項はこの分野におけるハードケースのような哲学的課題やロボット犯罪のような実定法上の責任の問題を明確化する。

　このようなロボットの行為の理想的で典型的な責任の条件に触れてみよう。

　I-1、SL-1 および UD-1 は、ロボットも自らの権利（と義務）を持つ適切な人格として理解されるべきだという点において共通する。すなわち、私がロボット解放前線（The front of Robotic Liberation）と呼ぶ理論である。I-1 は、ある者が免責条項、例えば罪刑法定主義により保護されるという意味である。SL-1 は、権利能力を有するロボットが無過失責任を負う事案を意味する。最後に UD-1 は、例えば国、契約の相手方当事者、そして不法行為法における第三者といった他人により誘発された危害からの保護に関係する。

　I-2、SL-2 および UD-2 は、（一部の種類の）ロボットは交渉や契約といったビジネス法における厳密な意味での行為者として適切に理解されうるという考えを共有している。I-2 は、セーフ・ハーバー条項による保護等の民法の分野における免責条項と関係する。SL-2 は、逆に、故意や個人的な責任を問わないロボット行為者の責任を強調する。そして UD-2 は、このような行為者が不当な損害から保護されるべきことを強調する。

　最後に、I-3、SL-3 および UD-3 は、ロボットは法の基礎に影響しないという伝統的な学者の観点を要約する。行為者ではない単純な道具にすぎないのであれば、法制度上ロボットは単に他の行為者の責任の発生源にしかなることはできない。そこで、I-3 は会社等の人工的人格と同様に自然人がロボットにより誘発された損害の責任を回避する。例えば戦時国際法における免責条項である。SL-3 は、今日のロボットの設計、製造および利用に関する無過失責任政策を強調する。UD-3 は、これまでの無

過失責任の仮想事例に加えて論じられるべき、人間の過失もしくは故意の不法行為の事案に関係する。

　表1.1の観点からすれば、法が技術イノベーションの過程を規律しようとするところの複雑な概念のネットワークは、伝統的な「誰が費用を支払うのか」という問いに対する注目に帰結する。この問題は実定法のハードケースについての3つのシナリオを示唆する。意見の不一致は、以下の事項に関するものである可能性がある。

（i）ロボットの法的人格とその憲法的権利

（ii）契約におけるロボットの法的答責性とその自律性がどのように他の法分野に影響を与えるか

（iii）他者の行為に対して人が負うべき新しい種類の責任

　このようなロボット法のハードケースの候補が把握されれば、我々はこのモデルの複雑性を増大させなければならない。「誰が費用を支払うのか」はしばしば刑法、契約法、そして不法行為といった各分野において異なる事柄を意味する。契約責任の分野において時には契約上の義務に関する効果を生じさせるに足りるレベルのロボットの自律性だけでは（すなわちI-2、SL-2、UD-2）、おそらく、ロボットを法廷に立たせて刑事裁判で有罪を宣告するのに不十分であろう（例えばSL-1）。同様に、ロボットをシステムにおける他の行為者の責任の発生源と考える場合（I-3、SL-3、UD-3）、我々が「行為者がその債務を弁済する」と表現する場合における異なる方法に注意する必要がある。刑法においては、刑罰を与えることの正統化を支える様々な理由について考えてみよう。例えば応報理論や特別予防および一般予防である。民法においては（刑法とは対照的に）、契約当事者によって確立された責任条件の条項を上書きすることさえできる政府によって課せられた義務を検討してみよう。不法行為法においては、第三者に与えられた不当な損害、すなわちシステムにおける他の行為者に対して引き起こされた危害について個人は責任を負う。この分野志向性は、個別の法分野の特殊な性質を把握することでモデルの着目点を改善することを示唆する。より厳格な観点は図1.3における新たなスキームによって描写される。

　このモデルの解像度の増大により、新たな（一連の）法律問題が生じた。第3章は、例えば刑事的に有責なロボットといったSFのシナリオを回避しながらロボット技術と刑法の有名な論争を検討する。法的責任と行為者適格性に関する事項を検討した

政策論
倫理学
経済学
技術哲学
(…)

ロボット技術の規範的挑戦

刑法
メタ技術としての法 契約
不法行為

図1.3　有責なロボットに関する3つの法的分野

（第2章）後で展開される第3章の目的は、ロボットが2つの異なる意味で、法の基本的原理に影響を与えていることを示すことにある。まず、これらの機械は、主に免責条項に関して刑法に特有の問題を引き起こしている。戦闘におけるロボットの利用に関する軍事的および政治的当局者の免責に加え、我々はロボットの行為が、――立法が1990年代初期に新たなコンピュータ犯罪類型を確立した時のように――制度の抜け穴にはまり、国内および国際的レベルの立法者の介入を必要とするのかを決定しなければならない。そして、2つ目の法律問題は、高度化されるロボットの自律性が、個人の責任の有無を決定する合理性、予測可能性、そして予見可能性のような、制度の鍵となる観念にどのような影響を与えるかである。どの種類の危害が発生するかを予測することが難しいことから因果関係の失敗を示唆した学者もいる（Karnow 1996）。これは不法行為並びに契約法の専門家および刑法に関する法律家が共有するハードケースの類型である。犯罪活動に関係するロボットに責任を負う当事者を決定するうえで頻繁に決定的に重要な私人間の条項と条件について考えてみよう。2010年に宝石盗においてロボットヘリコプターを利用した犯罪者がいたことが強調されるべきである[17]。刑法における合理的予見可能性の問題の後、このようなハードケースの類型はさらに契約と不法行為の分野で検討されるべきである。

　第4章は、国連と国際連合欧州経済委員会の「世界産業用ロボット報告書2005」から始まり、主に環境ロボット、手術ロボット、エデュテイメント[18]ロボットといった「平和のロボット」に焦点を当てる。ここにおいて、ロボットの設計、製造、利

17　ネーチャー（*Nature*）2011年9月2日号39頁。

18　［訳注］教育（エデュケーション）と、娯楽（エンターテインメント）を合わせた造語。娯楽の要素を取り込み楽しく遊びながら学ぶプログラム、また、そのために用いるソフトウェアのことを指す。

用に対する責任と法的答責性は、契約義務におけるリスクと予測可能性の問題として枠付けられている。AIドクターや商業的ソフトウェアエージェントのような認知オートマン（cognitive automata）に加え、例えば前述のゼロ・インテリジェント・エージェントや自動運転車等のよりリスクが高い応用がさらなるハードケースの類型を表す。新たな類型の契約に関する法的行為者（I-2、SL-2、UD-2）以外に、その意図的行為によって人間を代理して権利義務を発生させるというロボットの能力は、人間がそのロボットの行為により経済的に破滅するリスクを伴う。「最高の事故の制御の方法は」厳格責任政策により「行動の規模を縮小する」ことだと考える人もいる（Posner 1973：180）。しかしながら、個人にロボットを利用または製造することを躊躇させるような立法がなされることを回避することも可能である。例えばこれらの機械に対する新たな保険とロボットの法的答責性そのものについて考えてみよう。例えばロボットの「デジタル特有財産（*digital peculium*）」である。責任とリスクの分配に関する伝統的形式と異なり、「ロボットのみが（費用を）支払うべきである」とすることは時には契約問題への健全なアプローチとなりえる（Chopra & White 2011）。

　第5章は、非契約責任、すなわち、ロボットがその契約上の相手方以外の第三者に被害を与えた場合について焦点を当てる。コモンローの法律家が不法行為と定義するものは、国家により命じられた、不当な行為によって生じた損害を賠償することに関する私人間の義務である。大陸法の伝統においては、この非契約責任は、個人は、個人的責任によって第三者に生じた違法または不慮の損害について責任を負うという一般的な考えに由来する責任の形態としての古代ローマのアクィーリア法（*Aquilian*）による保護に関する制定法まで辿ることができる。高度化するロボットの自律性によってもたらされる可能性がある新たなハードケースの類型は、いかに我々が他者の行為に対する新種の責任を解釈すべきかという問題と関係する。史上初めて、法制度は、人工的な状態遷移システムが「決めた」ことにつき、その責任を人に負わせるようになるだろう。さらに、この種の責任は我々の扱うロボットの種類の相違と深く結び付いている。子守りロボット、頑具ロボット、自動運転車、ロボット従業員等々である。これはロボット法の分野におけるもっとも革新的な要素の1つである。それは、子ども、ペット、または従業員の行為に関する伝統的な責任形態が、（例えばポズナーの）新しい厳格責任政策によって補完されなければならず、もしくは、その代わりに、保険モデル、認証システムそして立証責任の分配メカニズムによって軽減されなければ

ならないからである。

　第6章ではメタ技術としての法に戻る。既に言及された異なるハードケースの類型からは、法の持つ技術的イノベーションの過程を規律するという目的そのものは法がその目的にうまく対応できないことを必ずしも意味しない。表1.1（I系列、SL系列、UD系列の事例）に基づき、特定の法的意見が一致しない事案と類型を取り出すことができ、しかし、幸運にも多くの場合には、ロボットの設計、製造そして利用についての正統化の条件および責任に関する帰結についての比較的強い意見の一致がみられる可能性がある。逆説的にも、この一般的な合意によって、この分野における潜在的ハードケースがみつかりやすくなる。人格適格性（I-1、SL-1、UD-1）、伝統的免責（I-3）、因果関係（UD-3）、契約における人工的行為者性（I-2、SL-2、UD-2）そして不法行為法における新たな種類の責任（SL-3）を区別することにより、我々はどの事案が真剣に検討されまたは優先順位を与えられるべきかを決定することができる。例えば、ロボットの法的人格は当分の間必要がない、ないしは都合すらよくないと考える学者もいる（Sartor 2009）。しかしながら、あなたはロボット解放前線を支持しながら、同時に、それでも、新たなロボット犯罪への規制（I-3）が表1における3つの1（1-1、SL-1、UD-1）よりも優先されるべきと認めることができる。

　本書の（最終章である）まとめは、アシモフによって「ロボット工学」という語が1940年代初期に最初に発明された後、学者達がこの分野における難題にどのように取り組んできたかを要約する。70年以上を経た現在、例えば、ロボットの法的人格、「法の法則」がいかに解釈されるべきかという論理に関する問題、そして戦時国際法や交戦規定のような洗練された情報を理解し処理しなければならない機械の設計に至るまで、いかに彼のプロットが今日の論争における重要問題を予想していたかは注目に値する。法と文学の間において、アシモフの物語のメッセージは明確なように思われる。すなわち、ロボットが定着している以上、法の目的は我々の相互関係を賢く規律するところにあるべきだということである。

第 2 章　法、哲学、技術

「で、どうだというんだ？」
「まさにこれで説明がつく。様々な原則間に生じる葛藤は、ロボットの頭脳の中の様々な陽電子ポテンシャルによって調整される」

アイザック・アシモフ『堂々めぐり』[19]

概　要

　ロボットの犯罪、契約、不法行為に関する新世代の課題は、ロボットの作為または不作為の責任を誰が負うかを明確にする法的探求であるという点で共通する。すなわち、問題が起こった時に「誰が費用を支払うのか」という問題である。自律的な、ひいては「知的（intelligent）」な機械について、法的人格、適格な行為者、制度内の法的責任の単なる発生源のいずれに当たるかを特定することで、法律家は、ロボット法分野における責任と行為者性・行為主体性という異なるレベルについて適切に判断することができる。実定法上の法的難問に関する３つのシナリオは、ロボットの人格、契約における答責性、他者の行為に対する人間の新しい種類の責任が関係するものである。もっとも、「誰が費用を支払うのか」問題は、しばしば、刑法、契約法、不法行為法などの分野ごとに、その意味するところが異なる。例えば、契約上の義務に関する効果を生じさせる場合もあるロボットだという程度の自律性では、刑事裁判で裁判官の前にロボットを立たせて有罪を宣告するには、おそらく不十分であろう。

　科学研究・技術を法によって規制すべきことを示唆する技術哲学・法社会学における研究は、いわばアキレスと亀の古典的なイメージに似ている。ゼノン（Zeno）の

19　［訳注］アイザック・アシモフ（小尾美佐翻訳）『コンプリート・ロボット』（ソニーマガジンズ、2004）231 頁。

パラドックスとは逆で、法のペースは、科学と技術革新とのレースについていくためには遅すぎるように思われる。1633年のガリレオ（Galileo）の裁判から、近年の神経科学と生命倫理に関する議論に至るまで、政治家や立法者は、そうではないと信じていた。科学者（例えばガリレオ）を文字どおり引き止めてそのペースを落とさせることはできるものの、それにより例証されたのは、法的な手段では阻むことができないほど、技術のペースは確固として力強いということである。ケビン・ケリー（Kevin Kelly）は、読み応えのある著書『テクニウム～テクノロジーはどこへ向かうのか？(*What Technology Wants*)』(2010)[20] において、なぜそうなるのかについて論じる。「テクノロジーの個別の表現が、エクソロトロピー的な特徴を多く持てば持つほど、その必然性と自立共存性は大きくなる」（前掲書270)[21] として、特徴と技術的アウトプットとの間の正比例のルールを導く。人類は何十万年もの長きにわたって道具を使ってきたが、その法則を理解すれば、これまで描かれてきた未来像を明らかにすることが可能であろう。法のルールとは異なり、技術に関する法則は、我々が人類の進化の論理を見いだすことを可能とする。骨を武器として利用する方法を理解した猿に近い初期人類の部族の英雄から、キューブリック（Kubrick）の映画「2001年宇宙の旅」の著名な場面における軌道衛星に至るまで。

　技術に関するこのような見解に誘発されて、カーネギー・メロン大学の著名な学者の一人であるハンス・モラベック（Hans Moravec）(1999) は、知的ロボットが人類の後を継ぎ、種としての我々が絶滅に直面すると発表した。同様に、レイ・カーツワイル（Ray Kurzweil）の著作『ポスト・ヒューマン誕生 コンピュータが人類の知性を超えるとき (*Singularity is Near*)』(2005)[22] は、人間の知性を超える存在が技術的手段を介して出現する近未来を描写する。カーツワイルは、シンギュラリティが2045年までに生じる可能性があると考えているが、補足説明をするウェブサイト（http://singularity-2045.org/）の意欲的な情報提供によれば、シンギュラリティの主な要因として、ナノボット、人工知能、ロボット技術が含まれる。したがって、新世代の法的事例、より具体的には、新種の犯罪に処するため、学者は準備する必要が

20　[訳注] ケビン・ケリー（服部桂翻訳）『テクニウム──テクノロジーはどこへ向かうのか？』（みすず書房、2014）。

21　[訳注] ケビン・ケリー（服部桂翻訳）『テクニウム──テクノロジーはどこへ向かうのか？』（みすず書房、2014）309頁。

22　[訳注] レイ・カーツワイル（井上健ほか翻訳）『ポスト・ヒューマン誕生──コンピュータが人類の知性を超えるとき』（日本放送出版協会、2007）。

ある。例えば、「ロボット戦争はどこまで正当でありえるか？（How Just Could a Robot War Be?)」においてピーター・アサロ（Peter Asaro）は、国家主権の課題とロボット革命に関する仮説事例を探求する。また、フェルナンド・バリオ（Fernando Barrio）は、「自律型ロボットと法（Autonomous Robots and the Law）」において、ロボットの性犯罪について検討する。2007年の「チンピラロボット（Robot Thugs）」に関するエシコン（ETHICOMP)[23] の論文において、カーソン・レイノルズ（Carson Reynolds）と石川正俊は、犯罪を実行することを決めて最終的にこれを遂行する機械について検討する。こうした観点によれば、ロボットの自意識によって、例えば、ロボット革命や新しいサイバー・スパルタクス[24] といったSFのシナリオの構想が具現化される可能性があることから、問題を有する行動に対して責任を負うロボットによって、新種の事例が出現すると考えられる。また、行為主体の有責性を生じさせる要素、すなわち犯罪意思（*mens rea*）が、本当は「存在しない（はずの）」機械の人工的な心理に根ざすことから、窃盗や殺人などの伝統的な法的観念の意義は変容しうる。

　しかし、前述のとおり、情報革命が法の原理に影響を及ぼしていることを判断するにあたって、SFのシナリオも、技術決定論的な立場も、どちらも必要ではないのである。技術は、例えばAIと法などの分野の発展によって、専門家の法情報に対するアプローチを変えるだけでない。新しい訴訟をもたらしたり、現在の訴訟を変化させたりする。前提となる技術なしにはそもそも想定すらできないような、コンピュータ犯罪（例えば、ID盗用（identity theft））などの新しい犯罪を想起してもらいたい。さらには、著作権やプライバシーなどの伝統的な権利についても検討が必要である。これらはいずれも、デジタル環境においては、情報へのアクセス、制御、そして保護が問題になった。そのため、ロボットに関する法的課題を検討することにより、問題となる概念および法的推論の原理を特定する必要がある。このようにして初めて、情報革命が(i)概念や原理などに影響するのか、(ii)新しい原理と概念を創出するのか、または(iii)一切関係しないのか、のいずれに当てはまるかを判断することができる。なお、(iii)が伝統的な法学者の見解である。このような異なる事例を識別するため、本章は4節に分かれている。

　まず、（2.1節では）法哲学者や法学者によって何十年にもわたって議論されてき

23　［訳注］情報倫理をテーマとする国際カンファレンス。
24　［訳注］スパルタクスはローマ時代の剣闘士奴隷であり、いわゆる「第三次奴隷戦争」の主導者。

た自動化と AI 技術に関する問題点を検討する。ハーバート・ハート（Herbert Hart）による法哲学研究のアプローチは、ロボット技術の進歩によって影響を受ける可能性がある概念と法的推論の原理を要約する際、特に有用なアプローチであると思われる。

　2.2 節では、責任の原理、さらには、法的な答責性と責任の観念に焦点を当てる。より厳格なレベルのこうした分析によって、ロボット技術の研究開発が、法の基礎理念への変革を求めるものになりえるか否かについてさらなる判断を迫られたときに備えることができる。

　この視点については、行為者性・行為主体の概念と、ロボットが実際に「意思決定を実行（act）」しているかを検討する形で、2.3 節において深く掘り下げる。ロボットの行為に対する異なる種類の責任を分類するため、責任を定義した後、法的行為者性・行為主体の観念を同様に精緻化する。

　本章の最終節では、法的責任と行為者性・行為主体の観念によって定義された抽象化のレベルが、特に有意義である理由を明らかにすることを目的としている。結局のところ、この抽象化のレベルは、伝統的な法的探求であるところの「誰が費用を支払うのか」問題を枠付けることを可能とするのである。

2.1　法哲学とロボット

　アイザック・アシモフの作品を通して法哲学とロボットに関する研究を紹介することができる。1942 年の『堂々めぐり』以降の過去 70 年間、固定ロボット、金属ロボット、または人型ロボットに関するアシモフの小説は、ロボット技術の法的課題への参照点となってきた。なお、現在は『コンプリート・ロボット（*The Complete Robot*）』（Asimov 1995）に収録されている。

　それだけでなく、これらの作品は今日のロボット法と最も関係の深い問題を既に予測していたのである。方法論的な観点からすると、アシモフの物語は、ロボット法において見られる法の原理、概念、法的推論方法につき、適切な導入となる有意義な抽象化のレベルを示している。「抽象化のレベルの方法（The Method of Levels of Abstraction）」におけるルチアーノ・フロリディ（Luciano Floridi）の指摘によれば、ある特定の分野について、観察し、検討し、説明する見解が選択されるべきである。システムの分析を可能とするインターフェースとしての抽象化のレベルは、ある分析

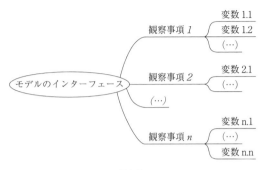

図 2.1　抽象化のレベル

の観察事項を示す一連の特徴を含む。その結果、当該分野のモデルを提供する。モデルのインターフェース、観察事項、変数に関する本書における方法論的アプローチは、本章の最初の図で示したとおりである（図2.1）。

　次に、アシモフの作品で著名なロボット工学三原則（Laws of robotics）[25] の抽象化のレベルについて、2.1.1 節で論じる。そして、アシモフの小説から抽出された多くの項目と法的問題については、ハーバート・ハートが『法の概念（*The Concept of Law*）』でもたらした法学の三層アプローチに従って、2.1.2 節で提示したい。最後に 2.1.3 節では、本分析におけるすべての観察事項と変数に共通するものに焦点を当てる。このように、より厳格な視点をもつことで、別の抽象化のレベルにつなげることができる。すなわち、このモデルのインターフェースとしての責任原理である。これについては、2.2 節で論じる。

2.1.1　文学における法

　アシモフは、最初に書いたロボット小説[26]、2015 年を舞台とする、その 10 年前に

25　［訳注］アシモフの「ロボット工学三原則」にいう「ロボット工学」という訳語は、夏井高人「アシモフの原則の終焉——ロボット法の可能性——」法律論叢 89 巻 4・5 合併号（2017）179 頁において指摘されているとおり、「人間によって制御不可能なものを含むすべてのタイプのロボットについて用いられる限り、それ自体として欺瞞の一種に過ぎず、不適切な用例である」との指摘の通り、人間によって制御可能なものを対象とする工学（産業）の分野に適用することを前提として考えられたものではないので適切な訳語ではないと考えられる。ただし、本書では、「ロボット工学三原則」という用語が一般に用いられているという点から、当該表記については「ロボット」とはせずに「ロボット工学」の訳語のままとしている。

26　［訳注］『ロビィ』が先行小説。

放棄された水星の採掘ステーションでのミッションの物語である『堂々めぐり』の中で、ロボット工学三原則を考え出した。物語の終盤にかけて、2人の人間、すなわちドノヴァンとパウエルは、ロボットのスピーディがなぜかくも奇妙な挙動をするのかについて思いをめぐらせる。スピーディは「水星のふつうの環境には完全に適応するように作られている」にもかかわらず、「酔っぱらって（drunk）」いるようにみえるとドノヴァンは言う。二人はスピーディが奇妙な行為をする理由について熟慮し、ついにパウエルが、そのロボットが酔っぱらっているようにみえる原因に気づく。コンピュータ科学とプログラミング工学の厳格な（sober）条件下において、哀れなスピーディはロボット工学第三原則によって前方へ駆動するが、ロボット工学第二原則によって後退を迫られることが判明したのである。

　ドノヴァンの耳元で響いたパウエルの無線の声は緊張していた。「いいか、ひとつここでロボット工学の基本原則にたちもどってみよう——ロボットの陽電子頭脳に深く刻みこまれているあの三原則だ」
　「こうだ。第一条、ロボットは人間に危害を加えてはならない。また、その危険を看過することによって、人間に危害を及ぼしてはならない。
　第二条、ロボットは人間にあたえられた命令に服従しなければならない。ただし、あたえられた命令が、第一条に反する場合は、この限りではない。
　そして第三条、ロボットは、前掲第一条および第二条に反するおそれのないかぎり、自己をまもらなければならない」（アシモフ『コンプリート・ロボット』231頁)[27]

その後、アシモフは『ロボットと帝国（*Robots and Empire*）』(1985) において以下のような第零原則を追加した。

　「第零条、ロボットは人類に危害を加えてはならない。またその危機を看過することによって、人類に危害を及ぼしてはならない」

アシモフの作品において法が担う様々な役割に注意を払えば、『堂々めぐり』のよ

27　[訳注] アイザック・アシモフ（小尾美佐翻訳）『コンプリート・ロボット』（ソニーマガジンズ、2004) 231頁。

うな物語から、法の本性に関する本物の洞察を得ることができる。そこで、国家主権を脅かし革命を始める知的機械に関するSFのシナリオに加えて、アシモフのロボットが有する、意図的な行為を通じて自らの権利義務を生み出す能力について考えてみよう。学者の中には新種のロボットがある種の自己認識や自律性を発展させることができるとの実証的発見に影響され、アシモフの小説との類似性を示唆する者もいる。それは、今日のロボットも、法的人格、道徳的主体性（moral agency）、憲法上の権利などの法の基礎に影響を与えるだろうからである。著者が「ロボット解放前線」と呼んでいる立場の支持者は、ロボットの権利擁護として「人工的主体は、人間の哲学的観念に最も近い法的類似体であることから、原則として、独立した法的人格を享有できるべきである」としている（Chopra and White 2011：182）。今日のロボットに「共感する能力」や「意図的な行動を可能とする自律性」（Hildebrandt 2010）があると認めるならすぐに、法律家はアシモフの小説と真剣に向き合う準備をしなければならない。「そのような実体の出現によって、意識、自意識、道徳的主体などの観念を再考する必要に迫られるだろう」（Hildebrandt et al. 2010：559）。

　法と文学の間のさらなる類似性として、『堂々めぐり』におけるスピーディの逡巡にみられるような解釈問題が挙げられる。言葉の曖昧さ、そして、一般的な原則の意味を事例に解釈適用する方法が、スピーディを実際に麻痺させてしまった。そのロボットは「自己を守らなければならない」か（ロボット工学第三原則）、「人間に与えられた命令に服従しなければならない」か（ロボット工学第二原則）を決められなくなってしまったからである。いくつかの黙示的な原則を通じて、アシモフの規範システムの間隙に対処することを提案した者もいる。例えば、ロジャー・クラーク（Roger Clarke）（1994）は「ロボットは、上位のロボットからの命令に服従しなければならない」という文言をロボット工学第二原則の第二項として追加することを提案している。法と文学の間に、より強い類似性があることを強調する者もいる。すなわち、この2つの分野は物語性という本質によって特徴付けられるため、アシモフの小説のような文学作品を利用することで、法現象に対する理解を深められるというのである。これは、ロナルド・ドゥオーキン（Ronald Dworkin）が『法の帝国（*Law's Empire*）』（1986）においてその関係を把握した方法である。そこにおいては、判例法学の形成と一種の連作小説とが関連付けられた。この観点からすると、裁判官の営為は、以下のような小説家の営みに似ている。「小説家のグループが1つの小説を順次に書いていく。つまり、連鎖を構成する各々の小説家は、新たな一章を書き加える

ために、彼に既に与えられているそれ以前の諸章を解釈するのであり、彼が新たに書き上げた章は、その後次の小説家が受け取るものに付け加えられることになる、等々」（前掲書229）[28]。

　しかし、アシモフの作品において、法はさらなる役割をも演じている。アシモフの小説は別の法的問題も提起しており、いかにルールをロボットの陽電子頭脳に埋め込むかという問題を中心に展開する。これは、ドゥオーキンの「解釈としての法（Law as Interpretation）」（1982）などのように、法の本性はどうあるべきかを示唆するものとは異なる。アシモフが『コンプリート・ロボット』（1995）の「はじめに」（前掲書9-10）で強調しているとおり、これらはロボットの「安全装置」を設計する際の「現実の技術者の手で作られた（問題）」である[29]。例えば、アシモフのロボット工学三原則のような、水星でのミッションにおける「服従する」「自己を守る」「人間に危害を加えてはならない」といった用語の解釈問題に加えて、コードを通してロボットの行為を設定し拘束することについての問題が存在する。ここで、この工学上の問題は、21世紀初頭において最もダイナミックで潤沢な資金が投入されているロボット分野の主要な課題と関係する。軍事ロボット技術は、実際、現在の戦時国際法や交戦規定などの非常に洗練された法情報を理解し処理する機械を設計することを狙っている。我々はこのような課題に正しく対処できると主張する者もいる。例えば、ローランド・アーキン（Roland Arkin）は「致死的行為の規律（Governing Lethal Behaviour）」（2007）において、「彼ら（ロボット兵士）が人間の兵士よりも倫理的に活動することができると確信している」と述べている。他方、そこまで楽観視できないと考える者もいる。米国海軍が助成した研究によれば、コードが「アシモフのロボット工学三原則よりもはるかに複雑」（Lin et al. 2007）であることから、自律型ロボットに埋め込むにあたって重要な支障が根強く残ることを認めている。

　解釈学や軍事工学など様々な方法において、アシモフのロボット工学三原則が学者によって参照されている。これは、法と文学の間の関連性をどのように把握するかという点に注目すべきと示唆するものといえる。ロボットに内蔵されるコンピュータに規範的な制約を埋め込むべく、エンジニア、コンピュータ・サイエンティスト、法律オントロジー[30]の専門家などが努力しているが、このことを強調するために、リン

28　［訳注］ロナルド・ドゥオーキン（小林公翻訳）『法の帝国』（未来社、1995）358頁。
29　［訳注］アイザック・アシモフ（小尾美佐翻訳）『コンプリート・ロボット』（ソニーマガジンズ、2004）4頁。

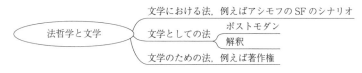

図2.2　法哲学とロボットに関する最初のモデル

他の研究、そして世界中の多数の民間および軍事研究所の学者が、アシモフのロボット工学三原則に言及している。哲学的な観点からすると、この目的は、規範的な制約の意味に疑問を生じさせる。ロボット工学三原則がロボットの動作を命じるのと同様に、自然法は我々人間の行動を導くはずであることから（Comanducci 1986）、アシモフのロボット工学三原則と自然法の伝統の類似性を提唱する者もいる。これに対し、人間の自律性の境界を画しまたは涵養するが、それを構成しない「規範としての法（law as code）」と、ロボットの自律的な動作を構成し定義する「規範としてのコード（law as code）」を区別すべきだと主張する者もいる（Hildebrandt 2011）。技術の発展によって、「人間とあらゆる面で同様の」自律的な意思決定をなしうる人工的主体を創出することができると主張する一部の学者もいる（Chopre and White 2011：177頁）ものの、我々がアシモフのロボット工学三原則に言及する際の異なる観点を見逃してはならない。著作権法や1948年の世界人権宣言27条などの「文学のための法（law for literature）」のような、さらなる分析のレベルを考慮すべく、図2.2は、学者が「文学における法」もしくは「文学としての法」にどのように取り組んできたかを示す。

　しかしここでは、「文学における法」に焦点を当てたい。解釈問題としての法の物語性などといったポストモダニストの主張について考えるのではなく、ここにおけるモデルの観察事項は、アシモフの物語によってもたらされた異なる種類の法的課題に関わる。アシモフの物語がロボット法における現在の研究を予想（または刺激）したインターフェースは、ハートが『法の概念』において示した法学における3つの論点によって描写される。なお、これはハートのテーゼを受け入れるべきであるとか、さらなる区分はいまだ正統ではないなどということを意味しない。そうではなく、ロボット技術に関する今日のトピックの多くが、アシモフのロボットに関する問題によって描写できることを示す方法である。

30　［訳注］「オントロジー」は、概念化の仕様を意味しており、「法律オントロジー」は、法令、判例、法理論、学説などの概念体系を記述したものを指す。

2.1.2 法源、概念、法的推論

　法学に対するハートのアプローチを活用して、アシモフのロボット小説からも、3種類の法的問題を識別することができる。第1は、「法とは何か」という問いに含まれる倫理的な問題である（Hart 1961）。意図的な行為を通じて権利義務を生じさせるというアシモフのロボットの周知の能力は、ロボット解放前線の主張と関連している。つまり、意図的な行為を実行できる機械には人工的な心があると認めるほど、後述するようなロボットの法的人格に関する新世代の倫理的問題が、結果として生じる可能性が高まる。しかしながら、機械倫理に関する近年の研究について考えてみたい。「道徳的機械」を構築し、善悪についてロボットに教えるという目的は、軍事ロボットなどの分野と特に関連しているように思われる。ここでは、アシモフのエンジニアと同様に、行動原則をロボットに確実に遵守させるようにすることが、違法で不道徳な行為（例えば、略奪）を防止する目的に沿っており、軍事的必要性もあり、さらに人類のためにもなり、一般に認められている。

　アシモフの小説が示唆する2種類目の問題は、法的概念の分析と関係がある。例えば、第一原則における傷害や危害、第二原則における命令と義務、さらには第三原則における保護という難しい観念に至る。この文脈では、規範的な階層の問題と、ボードゲームの駒に関して生じるものと似た様態で法的ルールがどのように相互に関連しているかが焦点となっている。前掲の「アシモフのロボット工学三原則」においてロジャー・クラークが的確にこれを示している。すなわち、彼は、アシモフの規範的システムの間隙を埋めるために、様々な黙示の法則を追加すべきであることを示唆している。具体的には、第一原則は「当該行動がロボット工学原則に適合する場合を除き、ロボットは行動してはならない」というメタ法と統合されるべきとされている。同様に、第三原則に新しい節を挿入することなどが提案されている。こうした方法については、2.2節で示している。責任、答責性、証明責任、免責条項などの概念の複雑なネットワークは、アシモフのロボット工学第二原則における傷害や危害の観念を補完する。これに基づき、不当な損害の観念をさらに分析することができる。

　3種類目の法的課題は、「法と文学運動」によって議論された解釈と法的推論の問題に関係する。アシモフの作品が描写するように、適切な法の理解は、システムの法則を解釈するための一連の基準によって特徴付けられる。アシモフの最初の小説において、ロボットは字義に即して融通の利かない解釈を行ったが、後継の作品においては、前作と比較して著しく洗練されたロボットが、法の厳密な解釈または拡張解釈や、

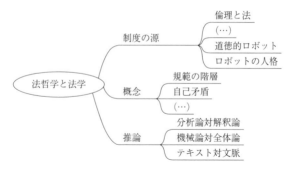

制度の源
倫理と法
(…)
道徳的ロボット
ロボットの人格

法哲学と法学

概念
規範の階層
自己矛盾
(…)

推論
分析論対解釈論
機械論対全体論
テキスト対文脈

図2.3　法哲学とロボットに関する2番目のモデル

テキストの進化的または目的論的な読み解き方等を行い始めた。伝統的な法的解釈学の有名な議論に沿って、簡潔にこの点を触れる。

　第1に、ロボット法に固有の性質、すなわち、抽象的で一般的であるという性質のため、与えられた文脈に合わせてアシモフのロボット工学三原則を適用することは、困難を伴う。特定の事例における状況は、一般的なルールの解釈手法に影響を与えるのだろうか。

　第2に、危害や命令などの重要な用語にみられるように、普段の言葉は曖昧なため、ルールの機械的な遵守を確保しにくい。法的規範や概念だけでなく法的行為者も包含するような、計算可能なモデルを開発することは可能だろうか。

　第3に、公園への車の乗り入れを禁じるルールを例にとってハートが論じたように、ルールの意味を把握するための基準はどうなるだろうか。例えば、スーパーマーケットの「ペット禁止」という規範を検討しよう。我々はこの規範について何を考えるべきか。このルールによって、私の大好きなペットであるヘビの持ち込みは禁じられているのだろうか。

　図2.3は、ハートのいう法の三層アプローチによる、ロボット法における包括的な観点を要約したものである。

　図2.3の観察事項——すなわち「法とは何か」（Hart 1961）という疑問を把握する3つの方法——に基づき、モデルの法的な観察事項がどのように相互に関連しているかを説明するために、具体的な問題を選ぼうではないか。この問題は、1982年におけるロボット小説を収録した決定版（である『コンプリート・ロボット』）の序文において示唆されており、10代後半にして「すでにがちがちのSF読者になっていた」

アシモフが、ロボットの小説を2種類に区分するため用いたものである。「脅威（Menace）としてのロボット」とは対照的に、「残忍な人間によって常に虐げられる」愛すべき「哀れなもの（Pathos）としてのロボット」が存在する。

　この最初の小説[31]を書くうちに、ある奇妙なことが起きた。わたしの頭には、脅威でも哀れなものでもないロボットの映像がぼんやり浮かんでいた。わたしはロボットたちを、現実の技術者の手で作られた工業製品と考えるようになった。彼らは安全装置をつけられているためにもはや脅威ではなく、ある仕事を果たすために作られたものだから哀れさを伴う必要はかならずしもなかった（アシモフ『コンプリート・ロボット』9-10)[32]。

　アシモフが示す具体的な法的問題は、伝統的には「他人を害せざること（*alterum non laedere*）」というラテン語成句に要約されるような責任の問題に関係している。これはアシモフの小説において典型的に発生することであり、ロボットの誤作動が発生するか、または、与えられたパラメータの範囲内で適切に稼働しているにもかかわらず、それでもなお他者への危害を引き起こす。そこで、そのような場合において法的に生じるところのものについて思案するとき、法源、概念、法的推論の方法——すなわち、モデルの法的な観察事項——は、ロボットが人間や他のロボットに危害を加えた場合において、どのように相互に関連するかを探求しなければならない。図2.2に示された「法と文学」と、図2.3に示された法学に対する伝統的アプローチの後、新しい抽象化のレベルを通じて焦点を絞った分析を行うこととする。

2.1.3　抽象化のレベル

　「法と文学」やハートの法学に対するアプローチなどのそれぞれの抽象化のレベルは、一連の特徴からなるインターフェース、すなわち、分析の観察事項として把握することができる。ロボットの法的課題を責任の問題として位置付けることで、上述のモデルにおける具体的な問題に焦点が絞られる。一方で、アシモフのロボット工学第

31　［訳注］筆者はこれを『堂々めぐり』としているが、アイザック・アシモフ（小尾美佐翻訳）『コンプリート・ロボット』（ソニーマガジンズ、2004）4頁によれば『ロビィ』。

32　［訳注］アイザック・アシモフ（小尾美佐翻訳）『コンプリート・ロボット』（ソニーマガジンズ、2004）4頁。

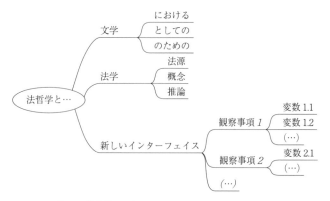

図2.4　法哲学とロボットに関する新しいインターフェース

一原則の「ロボットは危害を加えてはならない」という原則が、責任と関係している。他方、法制度の階層構造や、図2.4で示されるような、個人が責任の主張に直面したときに、概念の複雑なネットワークがどのように機能するかにも注目する。

　インターフェースを変えることで、観察事項とモデルの変数の分析により、ロボット法の今日の課題にさらに光を当てつつ、我々の法的現象への理解が深まるはずである。ロボットが危害を引き起こした場合に、法源、概念、法的推論──すなわち、図2.3の法的な観察事項──が機能する異なる観点に着目するために、従前のモデルの焦点を限定することを目的としている。アシモフのいくつかの小説で生じたように、ロボットに「安全対策を構築し」、「ある仕事を果たす」ように設計、製造、利用することに関する責任に加えて、ここで問題となるのは第一原則によって確立された原則である。すなわち、ロボットが危害を加えた場合の法的な観察事項は何か。そこで機能する一連の観念は何か。ロボットに対しどのように法的推論が適用されるのか。

　本節では法哲学とロボットについての初歩的な考察を行ったが、次節では、抽象化のレベルの次の段階として、責任原理について探求することとする。

2.2　責任原理

　責任概念と「他者加害の禁止」という古代の格言、法の階層構造など、前述したモデルの法的な観察事項について検討すると、制度原理の役割および論理に関する分析を的確に紹介することできる。アシモフの物語が示すように、法やルールがいかに適

用され、これらをどのように理解するかを決定する基準を提供するために、制度の原理として理解されるべき特定の根本規範または優越的価値が存在する。第一原則によって確立された責任原理に照らし、アシモフの第二、第三原則の内容を検討してみよう。第二原則は、第一原則と競合するときには適用されず、第三原則は、第一、第二原則とは矛盾してはならない。もっとも、『堂々めぐり』でスピーディの行為を支配した第二原則と第三原則の均衡が示すとおり、これらの規範的言明は、制度原理として相互に関連付けられている。概して、『堂々めぐり』でスピーディを麻痺させたものは、法的な議論を喚起することも多い。法の目的は、制度の原理を通じて特定の目標を最大限達成することだと主張する者もいるが（Dworkin 1985）、原理と価値とを区別すべきであると主張する者もいる。例えば、『事実性と妥当性（*Facts and Norms*)』(1996)[33] で、ユルゲン・ハバーマス（Jürgen Habermas）は、原理は、目的論的というよりもむしろ、義務論的な意味を有する規範的言明とみなすべきだと主張する。というのも、（法的責任原理などの）原理は、我々にとってよいかどうかや「優劣の論理」ではなく、「イエス・ノーの論理」または価値を特徴付ける全体の利益にかなうかの論理に従うからである。

　確かに冒頭で述べたように、イエス・ノーという二値的な論理は、責任に関する特定の条件には合致する。「法律なければ犯罪はなく、刑罰もなし（nullum crimen nulla poena sine lege）」というラテン語成句を考えてみよう。個人の刑事責任は、罪刑法定主義と、そのアングロサクソン系の同等物としての「法の支配」に基づき、特定の規範や制定法の存在に従属する。また、イエス・ノーの論理は、不法行為法における厳格責任の事例にも合致する。ここにおいて、問題は、その故意や過失とは関係なく個人が責任を負いうるかという点に関係する。もっとも、一定の責任に関する事案は、優劣の論理に立ち戻るべきことを示唆する。絶対的人権（例えば遡及的な刑事罰からの保護）と、相対的人権（例えばプライバシー）との違いを検討しよう。前者の場合は、イエス・ノーの論理が妥当する。なぜなら、前述のとおり、「法律なければ犯罪はなく、刑罰もなし」だからである。しかし、相対的人権の場合、法律家は権利と利益の間の比較衡量を行う。例えば、個人のプライバシーと国家安全保障とのバランスについて、欧州人権裁判所の判例法を特徴付ける、優劣の論理に基づいて判断する。責任の段階を均衡させるというアプローチにより典型的には不法行為法においても機能している。寄与過失[34] を根拠として個人責任が分配されるような、原告に

33　［訳注］ユルゲン・ハバーマス（河上倫逸翻訳）『事実性と妥当性』（未来社、2002）。

対する危害に至るまでの様々な一連の出来事を検討しよう。複数の当事者が原告の危害を生じさせた場合、法律家は、不法行為者 A には 40％責任があり、不法行為者 B には 30％の責任がある等々と決定しなければならない。

　役割と責任の論理が変動する理由は、個人が「他者加害禁止」の原理に直面するところの異なる条件による。法の領域において原理が有する論理と役割を探求する代わりに、ロボットすべての事案に共通するものに注目すべきである。ここで、個人責任は(i)免責条項、(ii)厳格責任、(iii)個々の過失に応じての責任と関係すると考えられる。抽象化のレベルの方法に関するフロリディの表現を借りれば、法原理の階層、役割、論理という従前の問題に関連して変数が分析されうるモデルの法的な観察事項がある。したがって、個人責任は(i)事前に確立する（厳格責任ルール）か(ii)全責任を免除する（免責条項による一般的な無責任）といった形でア・プリオリに定義されるか、または、(iii)事案の状況、行為主体・行為者の過失および悪意などの観念を考慮することにより、個人責任が事後的に確立される。ロボットが危害を加えたときに何が起こるべきかという問いに戻ろう。ハートによる法の三層アプローチとして図 2.3 で既に示したとおり、概念や法的推論の方法は、新しいインターフェースを通じて深めることができる。図 2.4 の方法論的な言及の後、以下の図 2.5 のとおり、新しい抽象化のレベルが示されるだろう。

　図 2.5 のインターフェースは、いうなれば制度の静学を表している。免責、厳格責任、個人の過失の事案について、法の下で個人が責任に直面する条件を特定する。そこで、図 2.3 のように、法源、概念、法的推論といった前述したモデルの法的な観察事項を深化させることは可能である。なぜなら、図 2.5 に示されるロボットの製造と利用に関する責任についての 3 つの条件を検討することによって、我々は、方法論、概念、個人の請求権および権利に対処するための手続だけでなく、異なる法分野間の関係や、原理と制定法の間の階層構造といった変数を分析しなければならないからである。そのため、制度の静学は、新しいモデルの観察事項を介して描写することができる。まず、免責（2.2.1 節）、厳格責任（2.2.2 節）、個人的責任（2.2.3 節）について述べてから、制度の動学、すなわち、行為者と行為者適格性（2.3 節）という法的観念について分析していきたい。

34　［訳注］寄与過失（contributory neligence）とは、損害の発生につき、被害者に過失があれば、その過失割合を問わずに加害者の責任がすべて免除されるという英米法上の概念または法理。

図2.5　ロボットの製造と利用に関する責任の3条件

2.2.1　免責

　法的免責に関する考察は、クローチェ（Croce）の法哲学におけるホーン岬と、道徳と法の相違について検討を行うために導入部で言及したものである。「禁止されていないすべての行為は許容される」という伝統的な考え方は、罪刑法定主義、そして、法の支配の当然の帰結として要約することができる。専断的な国家行為からの保護を個人に対して保障することが目的であり、その結果、法典や制定法における特定の規範に基づいて刑事責任を課すこととなる。ゆえに、技術的イノベーションにより立法者は、新しい状況や新しい犯罪を規律する規範を追加することを通じた継続的な介入を余儀なくされる。1990年代初頭からサイバー犯罪の分野で生じてきたことが、ロボット犯罪の分野においても発生する可能性が高い。導入で述べたような戦闘における自律型致死兵器の利用に加えて、インターネットに接続された新世代のロボットについて考えてみたい。それは、オープンな環境、すなわち、現実世界において情報を自動的に収集し、環境情報をクラウド・サーバーにもたらす。データを複製し、拡散することで、ロボットは、プライバシーおよび著作権の保護、企業秘密または国家安全保障に関する現在の法的保護との間に深刻な衝突を生むおそれがある。罪刑法定主義の二面性については、例えば1990年代初頭にインターネット上で不正行為に従事する者に与えられた免責のように、新技術の応用が刑法分野に抜け穴をもたらすかどうかを中心に議論が展開されている。

　民法では状況が異なる。免責の条件に関して、伝統的なラテン語の成句「何人も不可能なことに拘束されることはない（*ad impossibilia nemo tenetur*）」に要約される契約条項や義務を考える必要がある。ここでは、個人間の相互関係における公正な取扱いを保証し、私人による恣意的な行為から保護することが目的とされている。刑法とは異なり、類推適用は民法の分野において重要な役割を果たす。例えば、人間同士の契約における無効の法理は、人工的行為者に対しても合法的に類推適用すること

ができる。このようにして責任を負わない場合の形態は、事後的に免責が確立した事案——すなわち、被告がその責任を免れるために抗弁を提出する状況を強調するために、米国の法律家が「積極的抗弁」と伝統的に呼んでいるもの——と区別されるべきである。無効に関する条項に加えて、錯誤による契約の無効についても考えてみよう。例えば、契約の対象物に関する錯誤や、商品価値や市場価格に関する錯誤の問題である。「認知オートマンと法（Cognitive Automata and the Law）」(2009) におけるジョバンニ・サルトル（Giovanni Sartor）は、人間はロボットによる明白な錯誤を通常は回避できないだろうという。そこで、ロボットの誤った行為によって人間である相手方が錯誤に気付くべき場合には、契約は無効とされる。

　最後に、民法および刑法の双方において、制定法およびコモンローの法律家がセーフ・ハーバー条項と呼ぶものによって、立法者がさらなる免責の類型を確立しうることは明らかであろう。ここでも、これらの条項の意義は、法制度における分野の相違に応じて変化する。コモンローでは、合衆国法典第 28 編 2401 条 (b) および 2671 条の連邦不法行為請求権法によって規定された規範によって、軍事ロボット分野について政府当局と私人の事業者が免責される。ここにおいて、連邦不法行為法は、裁量的な法執行機能および様々な種類の故意不法行為に関する訴訟を妨げる。EU 法においては、電子商取引指令 2000/31 の第 15 条が 1 つの例となる。そこでは「（インターネット・サービス・プロバイダに対して）転送または保存情報を監視する一般的義務、および違法行為を示す事実または 状況を積極的に探す一般的義務を課してはならない」とされている。しかし結局のところ、ロボット法のすべての領域において、こうした免責条項を導入することは賢明なのだろうか。

2.2.2　厳格責任

　法的責任の第 2 の観察事項は、不法行為者の行為にかかわらず、法が責任を課す例である。つまり、法による無過失責任または厳格責任である。数世紀にわたり、これは、危険と責任を法が分配する主要なメカニズムの 1 つであり続けた。所有している動物の行為や、（多くの法制度における）子どもの行為に関する個人の責任について考えてみよう。同様に、当事者の意図や通常の注意義務の履行にかかわらず認められる、使用者の責任も考えよう。例えば、社員であるジャーナリストやライター等によって引き起こされた損害について責任を負わされる伝統的な出版社などである。これらのメカニズムは、危険な行為および欠陥製品に係る責任の分野でも働いており、違

法または有責な行為が何もなかった場合であっても、例えば、ある製品の機能について情報が欠けていたときには、責任を負いうる。そのため製造者は、例えばロボットについて、リスクや不適切な利用による危険性について警告することになる。これが、徹底的な、そして時には奇妙な製品ラベルが生まれる理由である。

現時点まで、厳格責任は、例えば自律的または半自律的な自動運転車など、危険とみなされるロボット技術の応用に関する設計、製造、利用を規制している。法律用語上における「危険」に当たるかは、予見可能な危害を防ぐため、最高の技術水準にある機械が、不法行為における合理的人間と同じように対応可能か否かにかかっている。ロボット応用がそのような能力を達成しないことが分かり、したがって「危険」であるとみなされるとしても、「それは、人間にとって危険であると知られている、またはそうみなされている動物の所有者または占有者に対して、コモンロー（および大陸法）が課している責任につき類推の基礎を与える前段階にすぎない」（Davis 2011）。原告の寄与過失による責任分配の事例で強調したように（上記2.2節を参照）、立証責任の分配を通じて、厳格責任であっても調整（または軽減）することは可能である。例えば、動物が危害を引き起こしたことを証明されても、所有者または占有者は、原告が任意に傷害の危険を引き受けたとか、一部の法制度の下においては、偶発的な事象が発生したことを証明すれば、責任を逃れることができる。同様に、子どもの行為についての厳格責任の事案においても、両親が加害行為を防げなかったことを証明すれば、免責を与える法制度もある。明確な規制や公文書に基づく詳細なガイダンスに慎重に従ったことを製造者が証明できた場合、同じ原理が、潜在的に危険な製品を生産する事業者にも適用される。

しかし、このような法的ルールは、一般に技術の進歩に十分に対応できないことが多い。ロボットが不法行為法でいうところの合理的人間として振る舞うことができるとして、予見可能な危害を防げるとしたら、今日の厳格責任に関する原理を改めるべきなのだろうか。または、立証責任の分配を通じてこれを軽減する必要があるだろうか。ロボットの行動を止められるかという問題なのだろうか（つまりロボットを子どもと考えるか）。それとも、偶発的な事象が起こったことを証明すべきだろうか（つまりロボットを動物と考えるか）。我々が相対する異なるロボットの類型に応じて、このような責任は変わるのだろうか。

2.2.3 個人の過失

　法的責任に関する第3の法的観察事項は、個人が契約を通じて任意に合意したことによる、または、自身の過失による損害の発生に依存する。大抵の場合、責任は事前に確立する（厳格責任ルール）または全責任を免除する（免責条項による一般的な無責任）といった形でア・プリオリに定義されてはいない。そうではなく、合理的人間が予見可能な危害を防ぐように警戒するのを怠った場合や、法で禁止されている不正行為を任意に行った場合、不法行為法のように責任は事後的に確立する。したがって、この種の責任は事案の状況に応じて確立される。そして、厳格責任の場合とは異なり、相手方の故意または不法行為者の過失を立証する責任は、原告側にある。

　立証責任の分配を介した責任決定の方法は、外科手術支援ロボットのダ・ヴィンチおよびフィラデルフィア州のブリンマー病院事件の前立腺切除手術（2005）によって解説することができる。ロボットにより支援された手術の最中に機械はエラーメッセージを表示し始め、そのうえ、人間の医師のチームが手動でそのアームを正常な位置に戻すことができなかった。45分後、医師たちはロボットのドッキングを完全に解除することを決断し、手作業で手術を進められるようになった。しかし、それでも手術から1週間後、患者は深刻な下血に苦しみ、その後も機能不全と日々の腹痛にみまわれた。そして、ダ・ヴィンチの製造者と病院の双方に対する訴訟が、フィラデルフィアの一般訴訟裁判所[35]に提起された。本件の詳細は、後掲の4.2節で論じることにしたいが、ここで重要なのは、被告は立証責任を負わず、むしろ原告側が立証責任を負うこととなったという点である。ダ・ヴィンチのデータは、（仮に人間より上とはいえないにしても）人間と同様に手術をすることができることを示していたため、原告自身がその請求についての説得的な根拠を、つまり、相手方当事者の過失を示す証拠を提出しなければならなかった。

　事案の状況に基づいて、責任と危険を分配する方法は、契約など民法にだけ適用されるのではない。罪刑法定主義と「法の支配」のもう1つの当然の帰結として、刑法における過失は、検察官が、特定の規範または制定法に基づいて証明しなければならない（2.2.1節を参照）。立証責任を介したこのような責任決定方法の転換は、例外として理解されなければならない。不法行為法における無過失責任の事例はさておき、被告人が自身の無実を証明しなくてはならないというのは、権威主義的な旧体制とカフカのシナリオの下でしか生じないからである。

35　[訳注] 限定された管轄権を有する裁判所であり、第一審を担当する。

2.2.4 ロボットの責任

　免責、厳格責任、状況に基づく責任を区別する観点に基づき、法的責任のインターフェースにより明らかにされた抽象化のレベルは、ロボットの設計、製造、利用に関する全事例で共通する点を示す。与えられた一連のパラメータの下で適切に作動しない場合、危害の原因は相手方である可能性が高い。ロボットが危害を引き起こしたことが示されると、それが(i)法的責任免除に関する条項（例えば、戦時法下におけるロボット兵士の利用）、(ii)厳格責任のルール（例えば、危険な自動運転車）、または(iii)当該事案の状況（例えば、前節で言及した外科手術支援ロボットで生じた特定の機能不全）に関係するかを検討すべきである。

　しかし、このモデルには限界がある。上記の抽象化のレベルは、ロボット自身が法的責任を負う可能性があるか（または負うべきか）を判断するための、責任（liability）の条件がロボットの責任（responsibility）を含むのかについては明らかにしない。犯罪を遂行することを選択する機械のシナリオはさておき、技術の発展に鑑みれば「法的責任を負うロボット」という仮説事例について、真剣に検討すべきではないだろうか。例えば、日用品を購入してより高い価格で転売するオンライン・トレーダーとして活動する人工的行為者の能力は、オンライン取引において利用される金銭を人間がロボットに送金するという事態を想像するうえで、SF が不要であることを示唆している。機械が義務を履行しない場合、債権者は、人工的行為者を直接訴えることができる。さらに、人間がコンピュータと人型・動物型ロボットとともに、協力型ゲームのシナリオを遊ぶ際に、どのように賞罰を利用するかに関する研究によれば、これらの機械が人間による管制の対象として意味をもつ可能性がある。重要なことに、バートネック他（Bartneck et al.）(2006) は、パートナーの回答についての正誤に対する賞罰としてプラスとマイナスのポイントを利用することで、「コンピュータのパートナーと人間のパートナーとで、賞罰が同じように利用されたという結果になった」と主張する。

　結局のところ、下記 4.3 節および 4.4 節でさらに論じるとおり、少なくともある種のロボットが当該行為について民法上の責任を負わなければならないとの議論は合理的であるように思われる。また、ロボットが自身の行為について刑法上の答責性を負うことが適切であると考える者もいる。『自律型人工的行為者のための法理論（*A Legal Theory for Autonomous Artificial Agents*）』(2011) において、サミール・チョプラ（Samir Chopra）とローレンス・ホワイト（Laurence White）は、「ヒューマ

ニストの感性を逆撫でする危険の下で」この点を明らかにしている。遅かれ早かれ「法的義務への感受性」を持ち、さらには「刑罰に対する道徳的な感受性を持ち」さえし、最終的に我々に「コンピュータであることを忘れさせる」ロボットがある種の権利能力者になるという事実を認めなければならないと論じる（前掲書180）。

　確かに、人間でないものに対し特定の危害について法的責任を認める法制度は、これが初めてではないだろう。よく知られているアナロジーは、この数世紀において法的責任主体の境界が大いに変化してきたことを浮き彫りにする。2.2.2節で参照したとおり、不法行為法における厳格責任の発生源として、ロボットと動物との間の類似性を強調する者もいる。他方、デービッド・マクファーランド（David McFarland）が『犯罪ロボットと幸せな犬（*Guilty Robots, Happy Dogs*）』で述べたとおり、人間とロボットの法律関係を、ブリキの機械やスマート冷蔵庫によって危害が生じた場合というよりも、動物の行為に関する個人責任と同様のものとして枠付けるべきと主張する者もいる。しかし、ロボットおよび動物がいずれも行為責任があるとみなされる可能性についてはどうだろうか。法制史を大雑把に説明することで、その類似性を明らかにしてみたい。

　9世紀から19世紀にかけて、西欧では詳細に記録された動物裁判が200件以上あった。このときに裁判にかけられた動物としては、以下のようなものが知られている。ロバ、カブトムシ、ヒル、雄牛、毛虫、鶏、コガネムシ、乳牛、犬、イルカ、ウナギ、野ネズミ、ハエ、ヤギ、バッタ、馬、イナゴ、ハツカネズミ、モグラ、鳩、豚、クマネズミ、蛇、羊、ナメクジ、カタツムリ、シロアリ、ゾウムシ、オオカミ、そして、様々な害虫や害獣。

　動物たちは常に勝訴したわけではない。厳しく処罰され火あぶりにされた動物もいたし、毛や羽だけを焼かれ、絞め殺されてから死体を焼かれた動物もいた。動物たちは生き埋めにされることも多かった。また、オーストリアのとある犬は1年間刑務所に入れられた。17世紀末のロシアでは、雄のヤギが、なんとシベリアに追放されている。殺人で有罪判決を受けた豚は、処刑の前に投獄されることも多々あった。豚たちは同じ刑務所に入れられ、実質的には人間の犯罪者と同じ条件下にあった（ウィリアム・エワルド（William Ewald）「ネズミを裁判にかけるとはどのようなものだったのか？（What Was it Like to Try a Rat?）」(1995)）。

いうまでもなく、今日の学者は、このような儀式を奇妙だと考えるだろう。一種の軽信と迷信を混ぜたようなものだ。その理由は、法的責任が行為者の行為とどのように関連付けられるかということと関係しており、さらには、免責、厳格責任、または過失に応じた責任という観点から取り扱っている行為主体の類型に左右される。イントロダクションにおいて強調したように、ロボットの設計者、製造者、利用者の責任は、機械を(i)法的人格、(ii)適格な行為者、(iii)制度内の他の行為主体の責任発生源のいずれとして理解すべきなのかという疑問を呼び起こす。こうした区別により、今日において法律家がロシアのヤギを起訴しない理由が明確になる。しかしそれでもなお、ロボットが「法的義務への感受性」を持ち、さらには「刑罰に対する感受性」さえ備えるのかは未解決の課題である（Chopra and White 2011）。法は、動物に対するのと同じようにロボットの行為を規律するかもしれないが、純粋な人間でも単なる動物でもない、複数の関連する法的効果を生み出す新しい行為類型を受け入れる準備をすべきである。次節では、法制史上、新しい種類の行為者として位置付けられるロボットの行為に関する責任問題を探求することで、モデルのインターフェースをより豊かなものにしたい。ロボット解放前線の論者には失礼ながら、そのような新しい行為主体性の形態は、自身の権利（および義務）を享有するロボットの法的人格に関係するだけに留まらないのである。

2.3　行為主体性と人工的主体の答責性

　本節では、モデルの静学、すなわち、法的責任の観察事項について検討した後、行為者性、行為者適格性、人格といった法的観念、すなわち、モデルの動学を検討する。ここでは、ロボット技術が(i)概念と法制度の原理に影響するのか、(ii)新しい原理および概念を作り出すのか、または、伝統的な法学が一般的に主張するところの(iii)全く関係ないものなのか、そのいずれかについて立場を形成することができるだろう。まず、ロボットが本当に行為をしているか否かに注意を向けるべきである。行為者性の意味や、ロボットがどの種の行為者であるとみなされるべきかについて探求することによって、ロボットによって生じた危害に対する責任を、前節で述べたような危険な製品に対する厳格責任の事案になぞらえるのではなく、動物の行為によって問われる個人の答責性になぞらえるべきであることをなぜ法律家が一般に認めるのかという理由が明らかになる。マイケル・ウルドリッジ（Michael Wooldridge）およびニコラ

ス・ジェニングス（Nicholas Jennings）（1995）など一部の論者は、他の人工的主体と同様に、ロボットもまた、自律性、反応性、積極性、他の主体と相互作用を行う社会的能力といった特性を有すると考えている。同様に、スタン・フランクリン（Stan Franklin）およびアート・グラッサー（Art Graesser）（1997）による分析では、コミュニケーション可能で、柔軟性があり、一定の特徴を学び処理する能力を有する応用もあるが、それは一部にすぎず、すべての種類のロボットは反応的で、自律的で、目標指向性があり、移動可能で、一時的に継続性を有するとされる。導入で示したポップスターの歌姫ロボット「HRP-4C」を思い起こせば十分であろう。この文脈において、コリン・アレン（Colin Allen）、ゲイリー・バーナー（Gary Varner）、ジェイソン・ジンサー（Jason Zinser）（2000）によって指摘され、さらに、ルチアーノ・フロリディおよびジェフ・サンダース（Jeff Sanders）（2004）によってさらに発展した、法的主体性の問題、ひいては、法の下の責任問題に関するロボットの影響を説明する基準を強調したい。法律家がロボットを、製品や物というよりはむしろ動物になぞらえる理由を把握するために、ロボットの行為に関する 3 つの特徴について分析しなければならない。

- 第 1 に、ロボットは周囲の環境を知覚し、自らの特性または内部の状態の値を変えることで、刺激に反応することから、相互作用的である。
- 第 2 に、ロボットは外部刺激なしに内部状態または特性を変容させ、それによって、人間からの直接的介入なしに自らの行動を制御することから、自律的である。
- 第 3 に、ロボットは自らの特性または内部状態を変えることを通じてルールを改善させることができることから、適応的である。

これらに基づき、ロボットの行為に関する法的責任の原理の分析で、動物と人間の行為に関する伝統的な責任形態によって描写可能な、異なる 2 種類の問題を取り扱う。まずは、何世紀にもわたって法制度が行ってきたロシアの哀れな雄ヤギに対する裁判などを迷信であると今日の法律家が考える理由について理解するために、道徳的責任と道徳的答責性の観念は区別されなければならない。道徳における責任と答責性の違いを把握した後の次なる問題は、道徳的主体と法的主体の概念が理解される方法の区別についてである。すなわち、(i)法的人格、(ii)厳密な意味での行為者、(iii)制度内の他の行為者の責任の発生源のいずれに当たるかという問題である。この 3 点の区別

に注意を払うことで、ロボット技術の法的主体やその変数といった伝統的な観念に対する課題が明らかになる。そして、関連しているものの、ロボットの道徳的主体と法的主体の問題は、分けて考察することができる。それでは、別のホーン岬の周りへ漕ぎ出すことにしよう。

2.3.1　道徳の閾値

　法制度が何世紀にもわたり犯罪や損害賠償について動物を裁判にかけてきたことは、我々にとって奇妙に思える。責任は行為主体の観念が各時期においてどのように表されてきたかの変数と考えることができるだろう。最新の知見に基づけば、被告人は法律上有罪かどうかを判断するため、一般的な道徳的判断過程の対象とならなければならない。このように、主体が行為をするということは必要条件ではあるが、十分条件ではない。法違反の事案において当事者に帰責するための前提条件として、法制度は意識や意図などの心理学的要素を要求する。この観点からすると、動物は法的に有責ではないと考えられる唯一の行為主体ではない。このような状態は、人間にも適用される。感情的または知的な未熟さのため、その行為に責任を負わない幼児のことを考えてみよう。また、重度の精神障害をもつ者は自身の行為を十分に理解する能力に欠けるがゆえに、自身の行為について責任を負わない。その閾値は、合理的知性と一定の成熟性を有する人と定義されており、そのような人は法の下で自らの行為について責任を負う主体として取り扱われる。

　他方で、行為主体の法的責任が欠如している状態は、行為主体を善または悪の源であるとして道徳的に評価することとは区別すべきである。すなわち、フロリディおよびサンダース（2004）の表現を借りれば、「道徳的答責性」である。動物の場合、（裁判官や行政当局がときに命じるように）殺処分とすべきかを判断する際に、典型的には刑法と不法行為法の下で生じる危険性の有無および程度が関係することを考えてみよう。ロボットの場合、2006 年にエコノミスト誌が報じたように、人間がロボットに殺された最初の殺人事件が起きたのは 1991 年の日本なのか、それとも、「ロボットの法的権利（The Legal Rights of Robotics）」においてロバート・フレイタス（Robert Freitas）が論じるとおり 1979 年には既に起きていたのかは未解決の問題である。ともあれ、道徳的答責性と責任の区別は、非常に重要である。ロボットは、意識、道徳的な理解、感情などの要件を欠いているものの、人間による管制の意味ある対象となりえる。ロボット技術の設計、販売または供給が違法であると判断された場合、立法

者には『人工的行為者の道徳性について（On the Morality of Artificial Agents)』で
フロリディおよびサンダースが示唆した下記の選択肢がある。(a)モニタリングと修
正（すなわち「メンテナンス」）、(b)サイバースペースからは切り離された構成要素
とすべく取り除く、(c)サイバースペースからの全消去（バックアップなしでの削除）。

　したがって、道徳的答責性を負う行為主体の種類を拡張し、ロボットの人工的主体
を含むとしつつ、しかしロボットが道徳的に責任を負うまたは刑事的に答責性を負う
という考えを拒むことができる。「人工的主体の行為を賞賛したり咎めたり、また、
道徳的非難のために起訴したりするのは、ばかげているだろう」（Floridi and
Sanders 2004：17)。関係する道徳的活動と、特定の行為について道徳的に責任を負
うという行為主体に対する評価——すなわち上記の子どもの活動または動物の行為
——を区別することによって、我々は被告が道徳的および法的に責任を負うために必
要な、例えば意識、道徳的理解と自由意思といった心理的資質を被告が有していなけ
ればならないと仮定することができる。そうしないと、答責性と責任の観念が不明瞭
になり、動物に対する刑事裁判が日常的に行われていた時代に押し戻されてしまう。
今日の法制度が動物を人間による管制の合理的な標的としていながらも、なお、前節
で言及したロシアの雄ヤギの事例が奇妙に思える理由は、本節で示した道徳的な閾値
に基づく。道徳的答責性と責任の区別に基づき、ダニエル・デネット（Daniel
Dennett）による「ロボットのHALが殺人を犯したとき、誰を非難すべきか？
（When HAL Kills, Who's to Blame?)」（1997）という問題についに対応することがで
きる。フロリディおよびサンダースの言葉を借りれば、「行為者適格性の定義する条
件を満たしているのであれば、HALは答責性を負う。しかし、責任は負わない」と
答えられるのである。では、この道徳的な閾値は、法の分野においてどのような影響
を及ぼすのだろうか。

2.3.2　法の下の行為者

　法的責任と答責性の問題と同様に、法的な行為者適格性の道徳的な閾値は、3つの
異なる行為者性の類型と関連付けて分析すべきである。すなわち、以下である。

　（ⅰ）権利（および義務）を有する適格な人格としての主体・行為者
　（ⅱ）（交渉、契約などの）ビジネス法分野における厳密な意味での行為者
　（ⅲ）（不法行為法など）制度内の他の行為主体に対する責任の発生源

法的行為者性に関する3つの観念に照らして、ロボットが該当しうる法的行為者の類型を想像することで、我々はロボットの設計、製造、利用においてどのような種類の責任が問題となるかを決定することができる。ロボットが行動することから、ロボットの法的な行為者適格性に関する問題は、法の領域でその観念が理解されるところの複数の方法の位置付けを要求する。新しい抽象化のレベルによって、これを説明してみたい。図2.6のモデルは、ロボットが自分自身の権利をもつべきか（法的人格）、人間に代わって権利義務を確立しうるか（厳密な意味での行為者）、そして、現状の厳格責任制度を緩和すべきか（制度内の他の行為主体の責任の発生源としてのロボット）についての今日の議論の大部分を要約する3つの法的な観察事項と一定の変数を示している。自然の行為者と人工の行為者の双方が法的責任に直面するところの条件（制度の静学に関する前掲図2.5を参照）の後で、これらの行為者が法分野において行動する際の異なる観点が深められるべきである。すなわち制度の動学である。図2.6を参照してもらいたい。

　図2.6の最初の観察事項は、法的人格の観念に関係している。すなわち、行為者が自身の権利義務を享有する能力を有する法的人格として考えられるべきかという問題である。この法的な観察事項は、3つの変数を提示する。すなわち、人間となりうる人格、会社のような人工的人格、そして、一部の学者によれば、動物である。第1の例については、1948年の世界人権宣言第1条「すべての人間は、生れながら自由で、尊厳と権利とについて平等である。人間は、理性と良心を授けられており、同胞の精神をもって互いに行動しなければならない」[36]という規定が、今日の法的枠組を要約している。自然人の責任は「理性と良心」に依存するものの、たとえ深刻な精神疾患や感情的・知的な未熟さがあっても——例えば、1989年の児童の権利に関する条約にみられるとおり——人間は特定の権利に集約された法的人格を奪われることがない。そこで、幼児の場合のように、責任のない権利を享有することがある。しかし、奴隷制が廃止されて以降、その逆は法が全く許さないものとみなすべきである。人間の法的人格を定義する条件は、人権や基本的権利といった権利を常に享有する行為者とも関係する。

　法的人格に関する第2の変数は、政府、団体、会社、企業などの人工的な人格に関係する。こうした法人の権利および義務は、唯一の関係する行為の源となる人間の集

36　[訳注] 高木八尺ほか編『人権宣言集』（岩波書店、1957）403頁。

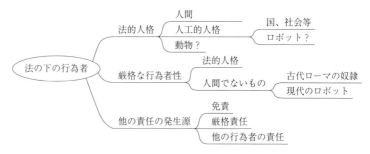

図2.6　責任から法的行為者性へ、そしてまた責任へ

合体に還元可能ではあるものの、人工的法的人格自体が権利義務を有しているという意味で、法的には自律している。そのため、例えば、修正第1条で保護される言論の自由が企業にも認められるかが争われた2011年の米国連邦最高裁の判決にみられるとおり、自然人が享有するものと同じ権利が法人にも付与されるかについて、法律家は議論している。同様に、学者は、法的責任を判断する基礎として、企業の認識論の問題に焦点を当てる。人間とコンピュータの双方の行為の積み重ねに基づいて、その責任を判断すべく、企業体の情報内容が何であるか（または何であるべきか）を確定する必要がある。会社法、租税法、行政法などに関するさらなる問題はさておき、ロボットの場合に問題となるのが、権利（および義務）の主体として、新しい類型の人工的法的人格を認めるべきかどうかという点である。法律家は、チューリング・テストでこの問題を解決するべきだろうか。また、ロボットの法的人格は、道徳的約因の議論に左右されるのだろうか。近い将来において、ロボットの法的人格は不要であり、さらには不都合があるといえるだろうか。

　法的人格に関する第3の変数は、動物の権利に関する今日の主張に関係している。この人格の類型は、幼児の人格に密接に関連するようにみえる。動物と幼児はともに、義務や責任を負わないにもかかわらず、権利を享有しているからである。興味深いことに、動物を法的人格とみなすべきとの考えは、多くの場合、ロボットの法的人格に関する論考と関連している。例えば、政治的生態系の新たな候補としてロボットと動物を提示するブルーノ・ラトゥール（Bruno Latour）の『アクター・ネットワーク理論（*Actor-Network-Theory*）』（2005）の導入部である。動物およびロボットについて法的人格を認めるという考えは、現在の社会システムの複雑さ、およびそれに対応して人類学的観点の不十分さに注意を引く一方、重要な相違が残ると主張する者もいる。

イントロダクションで強調したが、グンター・トイブナー（Günther Teubner）が「人間でないものの権利（Rights of Non Humans）」で述べた「基本的な生産制度としての攻撃的な新しい行動センター」という特徴を、ロボットは享有するのだろうか。

　そのモデルの第2の観察事項、すなわち、適格な行為者としてのロボットについては、2003年5月に開催されたアメリカ法曹協会の年次総会で顕著な議論が行われた。その機会に、統一州法委員会の全国会議は、人間の行為や知識が介在しないとしても電子行為者によって行われた契約の有効性を認める提案したのである。同様に、米国の統一電子取引法14条は、「個人が電子行為者の行為、または、結果としてもたらされた条項および合意に気付かなかった、または、確認しなかったとしても、当事者の電子行為者の相互作用によって契約は成立しうる」としている。例えば仲介といったビジネス上の伝統的な行為者性に加えて、人間でない存在による行為者性の新しい仮説事例は、古代ローマ法下において奴隷がどう取り扱われたかについても振り返るべきことを示唆している。自らの行動により、人間に代わって権利義務を生み出すというロボットが有する能力は、新たな類似性、すなわち、ロボットと奴隷の類似性を生み出す。それは、取引と商業において重要な役割を果たしていたにもかかわらず、奴隷は「物」と考えられていたからである。民法上、ロボットは新世代の適格な人工的行為者となりうるだろうか。もしそのような行為者としてロボットを受け入れると、次のステップで、これらのロボ・トレーダーに対し法的人格を認めることになるだろうか。それとも、今日のロボット解放前線の支持者の見解に反して、トイブナーのいうところの「基本的な生産制度としての攻撃的な新しい行動センター」になるのだろうか。

　このモデルにおける最後の観察事項は、法学において広く支持されている観点に対応している。すなわち、ロボットが、法的人格でも、適格な行為者でもないというものである。そうではなく、制度内の他の主体に対する責任の発生源として、この種類のロボットの行為主体性は、前節で検討したように、道徳的答責性と法的責任の概念に関係している。動物、子供、従業員の行為に関する伝統的な責任類型に加え、ロボットは、他者の行為に対する責任の新しい類型を示す。史上初めて、法制度が人工的な状態遷移システムの判断について個人に答責性を負わせることになる。したがって、こうした機械によって生じた危害は、2.2節の図2.5で示したように、法的責任の観察事項に応じて示されるべきである。ロボットは新種の犯罪を引き起こし、その結果、被告が法の抜け穴を突き、だからこそ、免責条項と罪刑法定主義による保護を受ける

のだろうか。また、社会的相互作用における責任の発生源としてロボットを捉えたとき、そのような機械の行為については無過失責任形式を選ぶべきか。それとも逆に、過失に関する不法行為責任か。ロボットの利用をためらうリスクを防ぐために、現行制度の厳格責任を軽減し、または、免責条項を導入することが妥当なのだろうか。

2.4 誰が費用を支払うのか

　前節ではプラトン初期対話篇のように、答えのない疑問の数々を積み上げた。その目的は、ロボットの法的人格、ビジネス法上の行為者性、他者の行為に対する新しい種類の責任といった今日の議論において、特定の立場をとるのではなく、モデルの観察事項をさらに改善することであった。ロボットが与える影響の有無（そして状態）を判断するために、法の基本的な観念、すなわち、制度の静学と動学は、明らかに見直しを迫られていた。ではここで、分析の異なる段階について概括しておきたい。

　まず、ロボットの製造および利用が直面している法的課題につき、アシモフの小説や、ハートによる法学の三層アプローチの観点から導入された。法哲学とロボット技術のための２つのモデルは、2.1節の図2.2と図2.3で整理している。

　次に、どの当事者が裁判所において責任を負うのかという根本的な問題を検討するため、ロボットの設計、製造、利用に関する責任についてのより厳しい見方を2.2節の図2.4で紹介した。そして図2.5に基づき、モデルの静学としての法的責任の観察事項を分析した。すなわち、（i）免責条項、（ii）厳格責任、（iii）個人的責任である。

　最後に、道徳的な閾値と行為者性の３類型との関連でこの視野を広げた。それは、モデルの動学である。ロボットの行為による法的責任は、対象となる行為者適格性の類型に応じて変わる。すなわち、（i）法的人格としての行為者、（ii）適格な行為者、（iii）制度内の他の主体の責任の発生源である。こうした法的な観察事項は、図2.6でまとめている。

　分析のインターフェースとしての責任に関する図2.5のモデルは、行為者適格性の法的な観察事項を網羅した図2.6のモデルによって補完されうる。イントロダクションの表1.1で既に示したように、ロボットの行為に関する法的責任について、9つの類型があることが分かった。

　このモデルの複雑さを増大させよう。責任と行為者性の法的な観察事項は明確であるものの、我々が検討の対象としたい具体的な分野の変数を考慮すべきである。行為

者適格性の類型に応じて、行為主体が責任に直面する条件は、刑法、契約法、不法行為法など、異なる原理に関連して変化する。「誰が費用を支払うのか」という古典的な問いに焦点を絞れば、「支払」という考え方すら、直面する法分野に応じて異なるのである。刑法においては、個人が処罰されるにふさわしい、すなわち、社会に対する債務を返済する必要があるのは、例えば謀殺や暴行などの犯罪行為が社会の基本的な要素を危うくするので、世情の不安を招くからである。契約法の分野では、加害行為の影響を受けた個人への賠償が、支払うことの考え方に関係している。不法行為法において、支払うことは、侵害行為によって生じた損害を補償するために国家によって課される私人間の義務から導かれる。社会、契約上の相手方、不法行為分野における第三者に対して、個人が債務を返済しなければならない理由は、それぞれ別個に検討されなければならない。それによってロボットへの法的課題に適切に取り組むことができる。そこで、刑法分野における責任の法的な観察事項と行為主体性について分析を進めていこう。

第3章　犯罪

「良心がある者は、あやまちを自覚したら、苦悩するでしょう。これがその男にくだされる罰ですよ、───苦役以外のですね。」

フョードル・ドストエフスキー『罪と罰』[37]

概　要

　ロボットは現在の法制度の根本原理に二重の意味で影響を与えている。まず、ロボット技術は自律的ロボット兵士の戦場における利用など、刑法に特有の多くの重大な法の抜け穴を誘発している。とりわけ、2010 年の国連総会報告書において、超法規的処刑に関する特別報告者であるクリストフ・ヘインズ（Christof Heyns）は、潘基文事務総長（当時）に対し、「致死兵器を完全に自動化することが許されるべきかという根本的な問題」について対処する専門家委員会の招集を促した。他方で、我々はロボットの行為がシステムの抜け穴にはまり、───立法者が 1990 年代初期に新たなコンピュータ犯罪類型を確立した時のように───国内および国際的レベルの立法者の介入を必要とするのかを決定しなければならない。戦闘におけるロボットの利用に関する軍事的および政治的当局者の免責に加え、2 種類目のハードケースは、高度化されるロボットの自律性が、個人の責任の有無が依拠するところの、合理性、予測可能性、そして予見可能性のような、制度の鍵となる概念にどのような影響を与えるかに関係する。これは刑法に関する法律家および不法行為並びに契約法の専門家が共有するハードケースの類型である。

　ギリシャのポリスか、ローマのキウィタス（市民政治共同体）か、現代の国家かに関係なく、すべての政体において個人の行為が社会の基本要素を危険にさらす場合、

37　［訳注］ドストエフスキー（工藤精一郎翻訳）『罪と罰〈上〉』（新潮社、1987）556 頁。

その者は刑法によって罰せられる。この理は、被害者への補償の有無とは関係なく当てはまる。それは、そのような加害行為が一般的に社会を脅かすからである。刑罰を加える社会の権限は、殺人、誘拐または窃盗の事案において示されるように、危害がコミュニティ全体に影響を与えるという考えに基礎付けられる。2.2.4節でみた、動物が入獄させられ、火刑に処され、追放等された時代はさておき、何世紀にもわたってなぜ処罰が正統とみなされてきたかについて様々な根拠が存在する。特別予防および一般予防について考えてみよう。犯罪者がさらなる過ちを犯すことを防ぐため、そして、ほかの人がそのような犯罪をすることを抑止するために犯罪者は処罰されなければならない。その他の理由としては応報、当然の報い、そして更生である。復讐として（目には目を）または犯罪を行った者の教育のため、個人は処罰に値する。

　今日においてなぜ個人が処罰されるのかに関する様々な根拠に鑑み、この章は、ロボットがこの枠組みにいかに影響を与えるかを確認することを目的とする。ロボットを不当に傷つけまたは破壊した人に対する新しい犯罪類型や、その逆に、人間の弾圧を大きな目的とするロボットの行為に対する新しい種類の処罰といったアイディアについて考えてみよう。そして、我々はさらなる犯罪類型を考えることもできる。1990年代中盤に法貨プロジェクト（legal tender project）は、「本物とされる1000米ドル札」を遠くにいる視聴者がロボットシステムを遠隔操作して物理的に変化させることができると主張した（Goldberg et al. 1996）[38]。刑法において法律家にとっての鍵となるポイントは、我々が自律的であり、かつ知的でさえある機械の行為をいかに解釈すべきかというところを中心に展開する。例えば、ロボットがその行動につき処罰に値するというのは何を意味するのだろうか。懲罰や報いは、復讐またはその反対に再教育の形態として理解されうるが、これらの表現はロボット法において意味をなすのだろうか。

　このような問題に取り組む際のより生産的な方法は、ダニエル・デネット（Daniel Dennett）が『「志向姿勢」の哲学——人は人の行動を読めるのか？（*The Intentional Stance*）』（1987）[39] の中で既に指摘していた。同書は、自律性が高度化していく人工

38　［訳注］同プロジェクトのウェブサイト〈http://www.eiu.org/orig/experiments/legal_tender/〉によれば、要するに本物と偽物と称される2枚のお札があり、これをインターネット上で遠隔操作してパンチを開けたり燃やしたりできるという主張をしているウェブサイト。もちろん、いずれも偽物かもしれないし、それ以前に物理的なお札は存在せず、コンピュータシステムを通じてそのような仮想現実を見せているだけかもしれないというプロジェクト。なお、実際は100ドル札のようである。

的行為者の行為、そしてさらには、法律分野における彼らの行動の責任に関する問題にいかに対処すべきかに関する今日の論争において、好んで参照される。ジョバンニ・サルトル（Giovanni Sartor）が「認知オートマンと法（Cognitive Automata and the Law）」（2009）の中で論じるように、「志向姿勢は、通常、目的論的に行動することができる複雑な実体の行動を説明し予測することが唯一可能な視点を示す」。同様に、『自律型人工的行為者のための法理論（*A Legal Theory for Automous Agents*）』（2011）において、サミール・チョプラ（Samir Chopra）とローレンス・ホワイト（Lourence White）は「複雑な人工的行為者は当該行為者と相互作用をするための一貫した戦略（としての）唯一のものである志向姿勢に特に適切な対象となる」と考える。この文脈において「志向」というのは信念、欲望、恐怖または希望といった認知的状況を意味する。これは物理的姿勢や設計姿勢といったその他の姿勢とは区別される。このアプローチは 2.1.3 節で説明した抽象化のレベルとインターフェースの利用に関する方法と類似する。デネットの姿勢は、我々が我々の対象事項について描写し、観察し、そして論じることを選択する方法を表している。例えば、物理的姿勢に関する事案においては、対象物の行為を自然の法則によって定義された物理的特質や条件に関連して説明することを目的とする。このような物の見方は、例えば、ミサイルの弾道や分子の反応を決定しなければならない時の物理学者や化学者の探求と主に関係している。そのようなものとして、物理的姿勢は裁判所や仲裁廷が法的因果関係について公判の際に事実を確かめる必要がある場合に——例えば上記のロボット兵士によって撃たれたミサイルの弾道——法的に作用しているのである。そしてそれに裁判官の判決が依拠する。

　これとは反対に、設計姿勢は我々にその目的と機能の観点から、例えば生きている有機体や錫製の機械といった対象物の行為を理解させてくれる。生物学的進化の工学的同等物は、一連の成果と結果を達成するために区間と場所の構造と同様に、製品と過程の形を決める設計者の目的によっても与えられる。ここにおいては、戦闘においてロボット兵士に直面したり、または、ステージにおいて日本のポップスターのロボット歌手 HRP-4C に直面したりした場合に起こりうるように、対象物の物理的特徴はその行為を理解し予測するには不十分でありまたは不適切である。そのような場合、我々はロボットが一定の機能を引き受けるよう設計され、それに基づき行為するとみ

39　[訳注] ダニエル・C. デネット（若島正ほか翻訳）『「志向姿勢」の哲学——人は人の行動を読めるのか?』（白揚社、1996）。

なす。もし何か問題が起これば、合理的予測可能性の問題が、我々を法的因果関係の問題についての専門家の見解へと引き戻すだろう。

　しかしながら、これらの2つの姿勢はいずれも、動物、人間、そしてある種のロボットのような複雑な行為者の行為を理解するには不適切である。それらの機械は徐々に彼らを取り囲む環境の刺激から学ぶことができ、彼ら自身の行為から知識とスキルを獲得することができ、それによってロボットはその利用者だけではなく、設計者にとっても次第に予測不能になる。ロボットの行為をその物理的姿勢から予想するのは無駄なことが多い。結局、彼らの行動の複雑性に取り組む際には、設計姿勢さえ不十分なのである。ロボットを扱うほとんどの場合において、我々は一定の目標を実現するという目的をもって行動することができる行為者の欲求と信念に注意しなければならない。デネットの言葉を借りれば以下のとおりである：

　　志向姿勢が有効な仕組みはこんな具合だ。まずふるまいを予測しようとする対象を合理的行為者として扱うことにする。それから、その行為者の世界における位置や目的から、それが持つはずの信念を推測する。同様にしてどんな欲求を持つはずかを推測し、最後にその信念に照らしてこの合理的行為者が目標に邁進するために行動するだろうと予測するのである。信念や欲求の部分集合から少しばかり実際に推論してみれば、多くの場合に行為者が何をするべきかについての結論が出て来る。これが、行為者が何をするだろうかについての予測なのである（デネット『「志向姿勢」の哲学』(1987) 17）[40]。

　興味深いことに、学者はこの抽象化のレベルから頻繁に正反対の結論を導き出す。『自律型人工的行為者のための法理論』に戻ると、同書でチョプラおよびホワイトは、デネットの志向姿勢とそれがどのように働くかについての描写を引用し、人工的行為者が「独立した法的人格であること」を基礎付けた（前掲書12-13）。逆に、サルトルは、「認知オートマンと法」の中で、デネットの姿勢について、その見解のプラグマティックな意味を強調するために言及し、「SA［ソフトウェア・エージェント］に対して法的人格を与えることは現在において必要とも望ましいとも思われない」と結論づけた（前掲書283）。この意見の不一致は、行為者性や責任の観念、そしてこの

40　[訳注] ダニエル・C. デネット（若島正ほか翻訳）『「志向姿勢」の哲学——人は人の行動を読めるのか?』（白揚社、1996) 28 頁。

文脈における刑法と民法の相違をいかに把握するかに基づく。そこで、（民事法と異なる）刑法分野を特徴付ける一連の原理、ルールおよび一連の概念の分析から開始し、我々のロボットの意図がいかに刑罰を与える権利に影響を与えるかについて確認しなければならない。

犯罪を行うことを選択し、最終的に犯罪を実行する新世代のロボットを想定することで人工的行為者の意図を文字どおりに理解する学者の見解は、以下の 3.1 節において精査される。この分野で人気の、いくつかの SF のシナリオによれば、ロボットが個人的にその行為と意図に対して責任を負うようになるにつれて責任の概念は必然的に変更される。罪刑法定主義と法の支配に関連して、立法者が 1990 年代初頭以降コンピュータ犯罪の分野で行ったのと同様に新世代のロボット犯罪に介入すべきだろう。さらに、立法者は意思をもつロボットの出現によりおそらく刑法典を書き直さざるをえなくなるだろう。

3.2 節は、今日の法学の最先端を再度検討する。それは、すべての刑事責任の主張からロボットを免責する。当分の間、これらの機械は刑事法廷においては、法的に責任を負わないだろう。それは彼らが意識、自由意思、人間のような意図といった、ある当事者に帰責するための一連の前提条件を欠くからである。しかしながらそれは、ロボットが刑法の基本的原理に影響を与えないということではない。

3.3 節は、戦場で利用されるロボットの設計、製造そして利用に焦点を当てる。ロボットはいつどのように戦争に訴えることが正当化されるか（*ius ad bellum* または *bellum instum*）と戦争において何を正当に行いうるか（*ius in bello*）の分類に対して既に影響を与えている。これは、本章で描写される最初のハードケースの類型を示す。国連総会がすぐに対処すべき「根本的問題」としてクリストフ・ヘインズが強調したもの、すなわち、自律型致死兵器が許されるべきかであり、この点は、既にイントロダクションで言及している。

ロボット犯罪の非軍事的側面は 3.4 節において検討される。3 つのパートに分けて、現象学が、いかにロボットが犯罪活動に参加し、または利用されうるかを説明する。「第三者の行為」に対する責任モデルと「自然かつ相当な結果」に対する責任のアプローチに関する特定の伝統的観点に言及することによって、ロボットが法分野においてさらなる類型のハードケースを誘発していることを示すことを目的としている。それは、それらの機械が、何がある行為の自然なまたは相当な結果とみなされるべきかについての一般的な立場に難題を投げかけるからである。故意犯罪については、伝統

的な第三者の行為に対する無過失責任を利用することで、ロボットによって誘発された危害に関する事案にうまく対処することができる。しかし、過失犯罪において、これらの機械の行為は刑法の基本概念に影響を及ぼす。例えば、人間の有責性やなぜ刑事処罰がそのような事案で正統と解されるかといったものである。

本章の最終節においては、さらにスマートになっていくロボットと複雑なネットワーク中心のアプリケーションの設計者、製造者そして利用者の間で刑法上の責任がいかに分配されるかを検討する。民法の分野にも影響することが強調されるように、予見可能性と法的因果関係の概念に力点が置かれる。3.5節は刑法の分野において「誰が費用を支払うのか」を決定するうえで重要な法的契約の条項と条件についての分析の導入を行う。

3.1 SF シナリオ

デネットの志向姿勢によって定義された抽象化のレベルは、2種類の二分法的方法で解釈されうる。ロボットの意図を文字どおりに理解し、まるで機械が、自らが発言しまたは行うものを現実化したり欲したりすることができると理解する者がいる。法的な観点から、人間と特定の種類のロボットとの間の相互作用を説明し観察するための有効な方法として、志向姿勢を受け入れる者もいる。例えば、機械が契約の申し込みを行う場合において、機械が当該意思表示の内容どおりに考えていると期待することが認められるべき事案を考えよう。ロボットの意図に関するこの契約のシナリオは、それが例えば、自己が何を行っているかについて理解するロボットの能力ではなく、人間の信義誠実についての我々の理解を深めることから有意義であると考える者がいる（Sartor 2009）。これに対し、一定の機械は本当に彼らの行為に関する法的用語を把握し、そしてさらにロボットが約束を守らなかったり、一定の種類の犯罪を実施したりした場合には、人間はそのようなロボットを非難することができるという者もいる（Hall 2007、Chopra and White 2011 等）。ガブリエル・ハレヴィー（Gabriel Hallevy）が「自動運転車（Unmanned Vehicles）」（2011）において認めたとおり、「［ロボットが］客観・主観双方の特定の犯罪構成要件のすべてを満たした場合、その犯罪行為を理由とした刑事責任の追及を妨げる理由はない」のである。

このような、ロボットが真に意図を有するという観点は、刑法の法律家の専門用語を用いれば、個別犯罪の事実的ではなく心理的要素が問題となっていると要約される。

既に言及したとおり、この 20 年でロボットはますます犯罪活動に従事するようにな
った（例えば 1996 年の法貨プロジェクトの主張）。しかしながらこれらの機械の刑事
的行為を精査する場合において、我々は弱い仮定的姿勢と強力な存在論的なアプロー
チを区分すべきである。前者の場合において、ロボットは彼らが人間の犯罪意思をも
っているように理解される。それはこの SF のシナリオが、法律家が特定の法の原理
に対してさらに光を当てることができる有益な観点を提供するからである。弱い仮定
的姿勢は、2.1.1 節および 2.1.2 節において既に作用していた。そこでは、アシモフ
のロボット小説のいくつか、すなわち、文学における法に焦点に置いている。「ロボ
ット戦争はどこまで正当でありうるか？（How Just Could a Robot War Be ?）」にお
いてピーター・アサロ（Peter Asaro）は同様にチャペック（Chapek）の『ロッサム
万能ロボット（*Rossum's Universal Robots*)』におけるロボット革命について検討し、
これは「幻想的な SF のように見える」かもしれないと認めた。しかしながら、「そ
のような革命について正戦論に基づいてその道徳的状況について真剣な問題を提起す
ることができる。ある国家がロボットに支配された状況を想像してみよう、一種の革
命か内戦である。第三国はこの状況を防止するために介入する正当な理由を有するだ
ろうか」（Asaro 2008：6）。

　反対に、強力な存在論的姿勢は、ロボット技術の発展の結果「関連するすべての側
面において人間が行うものと類似する」自律的決定を行うことができる人工的行為者
が作り出されると主張する（Chopra and White 2011：177）。ストアーズ・ホール
（Storrs Hall）が『AI を超えて（*Beyond AI*)』（2007）で述べたように、我々は「多
くの意味で道徳的行為者のように行動する」ロボットという考えを承認しなければな
らない。それが「単一の説明の中でその行動を要約し、それにより得られたモデルを
使って自らの将来の行動を衡量するという限りで自由意思を有し、特にその行為は報
償と処罰に影響される」という限りにおいて（前掲書 348）。人間と異なりロボット
は「単なるプログラムされた機械」であるという反論は誤っているように思われる。
それは、「我々の生物学的デザインや社会的条件付けと、（人工）行為者のプログラミ
ングの組み合わせの間には、我々が、人工的行為者は疑いなくプログラミングされて
いるが、自分たちがプログラムされていないと言明して慰めを得るには、あまりにも
多くの類似点が認められる」（Chopra and White 2011：176）からである。

　弱い仮定的姿勢対強力な存在論的姿勢という観点からすると、2.3.1 節でみてきた
とおりこの道徳的答責性の観念と責任の相違は強調されるべきである。賞賛と処罰は

確かにコンピュータの協力ゲームシナリオや擬人化されまたは動物をかたどったロボットにおいて利用される。それによって、プラスとマイナスのポイントが人と機械双方の行為を是正し改善することができる。しかし、今日における最先端の技術と法哲学によれば、ロボットの犯罪的意図を裁判所に対して論じることは意味がないだろう。これらの機械はその行動に対して責任を負うとはされていない。それは、ロボットには犯罪意思というものが存在しないからである。ロボットは例えば自己意識、自由意思、そして道徳的自律性といった刑事的答責性の前提を欠く。そこで、裁判所がロボットに対しその悪行を理由に有罪を言い渡すことを想像することは困難である。そのような機械は人間の弾圧の意味ある対象となり得、そして法による懲罰的制裁の対象となりうるが、現代刑法において刑罰を与えることの正統性は今日の自律的機械にはほとんど当てはまらない。応報と特別予防および一般予防の理論に戻ると、ロボットがその社会に対して借りを返さなければならないということにどのような意味があるのだろうか。我々は自律的機械の道徳的本性を是正することで、なぜ悪い行動を繰り返してはならないかを理解させることができるのだろうか。ロボットを罰することで、同じような過ちを犯してはならないと人間や他のロボットを思いとどまらせることにどのような意味があるのか。

　さらに、議論のために、例えば自由意思、自律性、もしくは道徳観念といった人間のような性質を享有する新世代のロボットが実体化したものと仮定しよう。そのような場合、法律家は、ロボット革命、反乱、強盗その他の新しい犯罪類型を真剣に受け止める準備ができていなければならない。行為者の有責性、すなわち、その犯罪意思が、意図的行為を可能とする一定の共感をすることができる性質または一種の自律性にねざしている、そしてそれが機械の人工的心理または意図的行動を可能とすることを我々が受け入れると、窃盗、暴動、殺人に関する伝統的観念の意味が変化する可能性はかなり高い。それでもなお、そのような法的概念の内容がどのようになるかについては、法律の専門家の分析よりも SF 作家の想像力に任せたほうがよい事項のように思われる。AI 法律家は自然法の伝統の支持者となり、その結果、ルールは客観的命令としてみられるべきであって、それに対する違反は、人工的行為者の本質に違背することを示唆するのだろうか。逆に、AI 法律家は一種のリアリズム法学者となり、その結果、ロボットが環境および人間並びにロボットの相互関係と同様に、全体としての世界の理解にどのように影響を与えるかに規範が依存すると主張するのだろうか。そして、純粋法学に関するケルゼン的な教訓に従いたいと考えるその同僚に反して、

例えばロボット秩序の制度的メカニズムを強調するさらなる AI 法律家の姿勢はどうだろうか。

　公正さのために言及すると、ロボット法に対する SF 的アプローチは損害についてこれらの機械の犯罪意思から引き起こされたものだけであるとは考えない。ロボットの意図にこだわるよりもむしろ、ハリウッド流のアプローチは確かに生産的でありえる。それはそのようなアプローチがロボットの高度化する自律性がいかに新しい犯罪行為、すなわち犯罪の重大な要素を誘発しうるかを描写しているからである。さらに、このロボットの犯罪行為類型は、責任、過失、そして合理的予見可能性のようなに人間の犯罪意思を定義する基本概念にさらなる光を当てることができる。以下の 2 つのシナリオを検討してみよう。「チンピラロボット（Robot Thugs）」（2007）においてレイノルズおよび石川（Reynolds and Ishikawa）は、地元のコンビニからバッテリーを盗んで自分のバッテリーを再充電する目的で一連の強盗を企てる機械、すなわちロボット・クレプトマニア（盗癖者）（Robot Kleptomaniac）を考案した。そのような機械は自由意思と自らが選択した目標を有しているものの、我々は物語の SF 的な細部をひとまずおいて、例えば、ロボット・クレプトマニアの違法行為が生存に必要不可欠なものに依存していたか、そしてその結果としてそれを根拠として（全部または一部が）正当化可能かという点を問いかけることができる。同様に、我々はこのようなロボット工学の応用に関する設計がそれそのものとして違法とみなされるべきかを推測することができる。さらに、我々はそのような機械が犯罪のために設計されまたは利用されたのではないが、それにもかかわらず、ロボットが犯罪を遂行したのだと想像することもできる。我々はロボットについて、それそのものが（刑事上）有責との判決を下すことはできないが、その行為（すなわち犯罪行為）は最終的には人間の有責性（犯罪意思）の概念に影響を与えうる。

　他方で、リチャード・エプステイン（Richard Epstein）の『殺人ロボットの事件（*The Case of the Killer Robot*）』（1997）という小説を考えよう。そこではロビー CX30 はバート・マシューズを殺したが、それでもその殺人は人間の責任の問題となった。犯罪行為はバート・マシューズを暗殺したロビー CX30 について存在するのにもかかわらず、責任ないしは犯罪意思が故殺罪で起訴されたシリコンバレーのプログラマーまたは安全なロボットを引渡すと約束したシリコン・テクトロニックスという会社のどちらかにあるからである。かわいそうなロビーを謀殺罪の公判に引き出すことには意味がないかもしれないものの、『殺人ロボットの事件』が示唆するのは、ロ

ビーの自律的行為がシリコン・テクトロニックスやロビーのプログラマー等に対する刑事責任を我々が理解する方法にどのように影響を与えるかに注意を払うということである。ロボットの道徳的答責性と人の刑事責任を区別することで、次節では、SFシナリオはさておき、犯罪行為と犯罪意思の問題に焦点を当てる。

3.2　心理状態と犯罪行為

　ロボット・クレプトマニア、ロビーCX30やその他の多くの事例は、新しい犯罪（既存の犯罪の新しい形）と自律的ロボットの行為がいかに個人の犯罪意思に影響するかの間の刺激的な関係を示唆している。人間の犯罪心理とロボットの犯罪行動、法的責任と道徳的答責性、そして人間の意図とロボットの認知状況についての区別が一旦理解されたら、このより厳格な観点によって、我々は、例えばロビーが殺人を犯したり、ロボット・クレプトマニアが近所で相次いで強盗を行ったりする場合において、誰が責任を負うべきかについての判断を行うことが可能となる。伝統的な「誰が費用を支払うのか」という問いはロボットの犯罪行為に関連して3つの異なる種類の問題を引き起こす。故意犯罪、過失、そして新しい種類の犯罪である。

　まず、我々はそのような機械の設計に注意しなければならない。ロボットは、ロボット・クレプトマニアのように、繰り返される窃盗衝動を有するだけの目的、そして、もしかすると盗品のバッテリーを他のロボットに売りつけるためだけの目的で製造されたと理解されるかもしれない。米国連邦最高裁の技術イノベーションに関する言葉の用法によれば、ここで問題となっているのは、このようなロボット応用が「重要な非侵害利用」が可能であるか、すなわち、一般的に合法な目的のために用いられているかである。これは、ワシントンDCの裁判官が時折確認しなければならないことである。ソニー対ユニバーサルスタジオ事件において、1984年に最高裁判所は、ビデオ録画技術、例えばベータマックスが、「商業的に重要な非侵害利用」が可能であり、したがって「その製品が適法で、異議申し立てられない目的のために広く利用されている場合は、複製装置の販売は、他の商品の販売と同様に、寄与侵害を構成しない」。ロボットの場合においては、そこで、第1段階は機械が犯罪、すなわち故意犯罪を遂行する目的のみを持っていたかの決定となる。その場合、機械の行為それぞれが犯罪行為として考えられるべきであることから、設計姿勢そのものがさらなるロボットの意図についての評価を上書きする。ある人がロボットを使って犯罪を遂行しようとし

たが、機械の誤作動によってそれが計画を離れ、異なる犯罪を遂行した事案を考えよう。そのような場合でも、その機械の犯罪行為について人間が責任を負う。

　2種類目の法律問題は、犯罪を行う意図がない人間によってロボットが製造されたが、それでもその製造または利用の過程に過失があった場合である。ここにおいて、ロボットの高度化する自律性、予測不能性とさえいえるものは、例えば因果関係の概念、責任分担および責任といった法的推論の原理と緊張関係にあることを示唆する。予見可能な危害を防ぐ合理的な人間の責任に関する伝統的な観点について検討してみよう。ロボットの犯罪行為の事案においては、そのような機械の設計者、製造者そして利用者の責任（犯罪意思）を確認することには困難性があるかもしれない。ロボット・クレプトマニアの話に戻ると、ロボットがこっそり近所のコンビニに対して幾度かの強盗を企図していたとは知らなかったとしても人は責任を負うのか。この後者の事案においては、邪悪なロボットの設計者と製造者が責任を負うべきではないのか。

　最後に、3番目の法律問題は、そのロボットに不当に損害を与えまたは破壊した人間の責任に関係する。それは、機械と所有者の間の一貫性を維持するためである。確かに、ここでの焦点はロボットの行為について人間が負う新しい責任ではなく、むしろ人間自身の違法行為を理由に人間に対して行われる新たな訴追形態についてである。「情報客体」として、ロボットやその他の種類の人工的行為者は尊敬や保護に値する道徳客体として適切に理解されうる（Floridi 2013）。人間が不当に自らの人工的伴侶に損害を与えまたは破壊したという仮定的状況において、我々は、訴追の形式を想像することができる。再度ロボット・クレプトマニアの例に戻ると、この機械が地元のコンビニからバッテリーを盗みたいとの衝動を感じたのが、ロボットをエネルギー切れにしようとする所有者によるひどい行為によるものだった場合を考えよう。法制度は、意図的な権限濫用や暴力行為の事案について様々な制裁を与える。しかし、私は、多くのロボット解放前線によって頻繁に強調される1つの点を認めようと思う。すなわち、自らが所有する自律的機械に対して人間が犯す犯罪に関して、伝統的な責任形態が我々の相互作用を規律するには不十分かもしれないということである。ある解決方法は、過去数十年の間において法制度が動物虐待に対して確立したものと同様に、ロボット虐待に対して人間を訴追することが可能となるような形へと現在の法的ルールを修正することかもしれない。さらに強い解決は、「コンピュータ行為者が法的行為者の資格を得るためには、法的人格が必要である」という考えから導かれる（Hildebrandt 2011）。これにより処罰はさらに過酷になる。それまでの人間がロボットに

対して犯した犯罪に対する従来の弱い責任形態と異なり、新しい強力な責任理論は、自らの権利（および義務）を有する行為者に対して犯罪が行われたと主張する。英国政府科学局ホライゾン・スキャニング・センター（HSC）が助成した2006年の研究によれば、ロボットはある日人間と同一の市民権を主張する可能性がある。

　この考えは新しくはない。「人工知能の法的人格（Legal Personhood for Artificil Intelligences）」（1992）において、ローレンス・ソルム（Lawrence Solum）は、「概念的根拠に基づき、事前にAIが憲法的人格権を与えられるべき可能性を否定することはできない」と論じた（前掲論文1260）。この概念的可能性は、ロボット解放前線の信奉者によって支持される考え方やロボットが「道徳的人格」（Hall 2007）や「法的人格」（Chopra and White 2011）として自らの「犯罪意思」（Hallevy 2011）を持ち、人間と同じ市民権（HSC 2007）等を持つと考えられるべきか等の今日の論争を活発にした。前節で示した弱い仮定的姿勢によれば、我々はソルムの憲法的人格を主張するロボットの思考実験に従うことができる。さらに、ロボットの奴隷化やかわいそうなロボット人形に対する性犯罪（Barrio 2008）のような新世代の犯罪を想定することが理にかなうと同時に、ロボットが精神と真の意図を有するという主張を回避する。これが、強い存在論的な姿勢には失礼ながら、我々が例えば、ロボット兵士の投入により誘発されたハードケースや、物理的に米ドルを変造することができる新世代のロボットや宝石盗に用いられる小さなドローン等の上記で説明された新しいロボット犯罪についてなぜ詳述したのかの理由である。結局、ロボット法の刑法分野のデザインの問題（犯罪行為）と人間の有責性（犯罪意思）は、人間がその自律的機械に対して遂行した新たな形態の犯罪（その弱いまたは場合によっては強い責任）、そしてロボットの道徳的行為者適格性と法的人格に関する現在の論争よりも喫緊の問題である。

　そこで、保守的な人間中心主義と非難される危険を承知のうえで、ロボット解放前線の問題は、例えば戦時国際法における免責の条件や個人の過失犯に基づく答責性が基礎付けられる概念等の既に法の礎石に影響を与えている新しいロボット犯罪の規制よりも優先されるべきではない。3.3節では、戦闘に用いられるロボットの設計、製造そして利用に力点が置かれる。そして、ロボット犯罪の軍事的ではなく非軍事的側面が3.4節で検討される。犯罪ロボットの利用から設計を区別するところの現象学に基づき、刑法の分野におけるこの技術に対して投げかけられている難題を要約することにこの目的がある。これらの機械の自律性および共犯責任と伝統的過失に関係して、最後に3.5節の分析はいかにロボットの行為が法的因果関係という鍵となる観念に影

響を与えるかに注力する。人間がロボットに対して遂行する可能性のある新しい犯罪の可能性については、第6章において論じる。

3.3 ロボットと正戦

　軍事ロボット技術は、今日において最も活動的でずば抜けて多くの資金が投入されているロボットの分野である。米国における AI 研究とロボット開発の半数以上が軍によって資金提供され、それらの応用の製造と投入はこの 10 年で急速に膨れあがった。ピーター・シンガー（Peter Singer）の『ロボット兵士の戦争（*Wired for War*)』（2009）における統計はこの点を明確にする[41]。「2003 年に米軍がイラクに侵攻した際には、地上軍は無人ロボットシステムを有していなかった。2004 年末にはその数は 150 かそのあたりまで増加した。1 年後には 2400 台に増えた。今日では、米軍の在庫全体で 1 万 2000 台を超えている」[42]。自動運転車と無人潜水艦（UUV）の利用は別として、エコノミストの記事は、MQ-9 リーパーや MQ-18 プレデターのような無人航空機（UAV）の分野におけるこの趨勢を描写している[43]。2005 年以来、UAV による戦闘空中哨戒は 1200％増加し、ドローンによる攻撃は 10 倍に増加した。米国はおおむね世界の UAV の研究と開発をリードしているものの、約 40 の国家が現在自律型兵器やその他の種類のロボット兵士を開発している。HIS 産業調査分析グループ（HIS Industry Research and Analysis group）による 2011 年から 2020 年までの予測によれば、米国が世界の UAV に対する投資の 56％、中国が 12％、イスラエルが 9％、ロシアが 8％、汎ヨーロッパ研究が 3％、英国・フランス・イタリアがそれぞれ 2％等を行っている。その結果、大量の人工兵士の投入がいかに多くの重要な分野——例えば戦時国際法、国際刑法および人道法、そして憲法——に影響を与え（そして既に衝撃を与えているか）を推測するうえで SF の想像力は必要ではない。

　衝撃のレベルを把握するために、アリストテレス（Aristotle）、キケロ（Cicero）そしてビトリア（Vitoria）といった巨人の肩に乗ろう。ロボット兵士の利用に関し法的に問題となっているものは、以下の 4 種類の戦争と法の間の異なる関係に照らして理解されうる。

41　[訳注] P・W・シンガー（小林由香利翻訳）『ロボット兵士の戦争』（NHK 出版、2010）54 頁。

42　サイエンティフィックアメリカン（*Scientific American*）2010 年 7 月号 39 頁。

43　ドローンのフライト（*Flight of the Drones*）2011 年 10 月 8 日 32 頁。

(1) 法を（再）確立する手段としての戦争（例えば開戦における国連安全保障理事会の承認）

(2) 法学の客体としての戦争（例えば 1949 年以降のジュネーヴ条約）

(3) 法源としての戦争（例えば革命）

(4) 法の対義語としての戦争（例えばトーマス・ホッブズの自然状態）

　この文脈においては、軍事ロボット技術が戦争を正当化する理由および軍事活動の原理にいかに影響するのかにのみ焦点を当てる。すなわち、上記の(1)と(2)の場合である。ロボット革命やホッブズ類似のロボット自然状態の SF シナリオはさておき、注目の対象は 2000 年の時を遡る正戦論に限定される。次に、ロボット兵士がどのような原理や規範を動揺させるかを理解させるため今日の戦時国際法と交戦規定の法的枠組が 3.3.1 節において要約される。より具体的には、(a)戦争の正当な理由、(b)最後の手段としての暴力、(c)相当程度の成功、(d)宣戦布告する適格な機関の正しい意図のようなパラメータに関連して、現在のどのような場合にロボット兵士が正統に殺人を行うことができるのか（*bellum iustum*）が 3.3.2 節において論じられる。均衡した軍事力の行使、区別（discrimination）と非戦闘員の免除（immunity）そして「二重効果」理論、すなわち、付随的損害を合法とする軍事上の必要性のような軍事活動の原理に関する戦場における正しい行動方法（*ius belli*）が 3.3.3 節で検討される。最後に、*bellum iustum* の根拠に影響を与えうる戦時国際法と交戦規定を遵守するロボットの設計に関する法律問題——とりわけ、均衡性原理——が 3.3.4 節において提起される。

　前世紀を通じて、立法者は原因（*bellum iustum*）と条件（*ius belli*）に加え、第三のシナリオを追加した。即ち、戦争後の条項（*ius post bellum*）である。しかし、ロボット兵士が今日の法的枠組の基本的原理を変更するかを理解するうえでは、伝統的二分論で十分である。

3.3.1　ロボットが変えるかもしれないもの

　2000 年間にわたる戦争を正当化する理由に関する論争は 3 世紀前に近代西洋世界において影をひそめた。正戦論はもはや法実証主義の勝利と「ウェストファリアパラダイム」（1648 年）の後においては意味をなさなくなった。トマス・ホッブズ（Thomas Hobbes）の『リヴァイアサン（*Leviathan*）』の中の古典的なフレーズにお

いては「他の諸国民諸コモンウェルスに対して和戦をおこなう権利である。それはい
いかえれば、そうすることがいつ公共の利益になるかを判断し、その目的のために大
兵力をいかにしてあつめ武装し支払うかを判断する権利であ」る（Hobbes 1651,
1999）[44]。法は、主権国家によって有効に確立した一連のルールによってできあがっ
たことから、誰も主権国家の判断をすることができる人がいないことを認めることに
よって、戦争の理由の適法性を確認する余地はなくなった。［国家］主権の免責はニ
ュルンベルグ裁判（1945-1946）でついに終わり、常設の国際刑事裁判所（ICC）に
向けたプロジェクトは、1999年のローマ条約で最高潮に達し、ICCはハーグにおい
て2002年7月以降稼働している。カント的なコスモポリタンのパラダイムが現在の
国際人道法によって古い法制度に代替したと主張するのとは異なり、冷戦の終結
（1989）と第一次湾岸戦争（1991）によって初めて法律家の間で正戦論というトピッ
クが再び急速に広まったことは留意に値する。

　実際に、過去20年において法学者たちは戦争を正当化させる多くの条件について
ますます議論するようになった。すなわち、正統な主張が存在するか、暴力が最終手
段として認容されうるか、軍事力の行使において目的達成の可能性と均衡性があるか、
である。適格な機関の問題および宣戦布告が常に必要かの問題も議論された。正戦論
に関する哲学的討論に入ることなく、ロボットがこの理由の部分にどのような影響を
及ぼすのかを強調させてほしい。伝統的な正戦論支持者の主張を考えてみよう。すな
わち、外部からの攻撃に対する自衛権およびロボットがこの正当な自衛行動に影響を
与えるかである。確かに一般的にいって、個人が例えば自分と家族を誘拐犯から守る
ような正当防衛の権利を享有することは承認されているが、平和主義者は、本当に最
終的に国家が自らを「強い力」（Hobbes 1999）をもって自衛する権利を享有するの
かについて疑問を呈する。それでも、国連憲章51条は、「この憲章のいかなる規定も、
国際連合加盟国に対して軍事力攻撃が発生した場合には、安全保障理事会が国際の平
和および安全の維持に必要な措置をとるまでの間、個別的又は集団的自衛の固有の権
利を害するものではない」[45]と主張する。自衛権を除けば、すべての軍事力は、国連
安全保障理事会によって承認されて初めて行使可能であるところ、だからこそ、問題
は、軍事ロボット技術が、この内在的権利とそれについての現在の規制を何らかの形
で変えたのかどうかの判断にある。即ち、以下である。

44　［訳注］トマス・ホッブズ（水田洋翻訳）『リヴァイアサン第2巻』（岩波書店、1964）4頁。
45　［訳注］岩沢雄司編集代表『国際条約集2017年版』（有斐閣、2017）26頁。

(1) 1907 年の陸上戦に関する法と慣習の尊重に関するハーグ条約と付属議定書、すなわち陸戦における法と慣習に関する規制

(2) 1949 年の 4 つのジュネーヴ諸条約、すなわち戦地にある軍隊の傷者および病者の状態の改善に関する 1949 年 8 月 12 日のジュネーヴ条約（第一条約）、海上にある軍隊の傷者、病者および難船者の状態の改善に関する 1949 年 8 月 12 日のジュネーヴ条約（第二条約）、捕虜の待遇に関する 1949 年 8 月 12 日のジュネーヴ条約（第三条約）（捕虜条約）、戦時における文民の保護に関する 1949 年 8 月 12 日のジュネーヴ条約（第四条約）

(3) 2 つの 1997 年の国際的および国内的武装紛争における被害者保護に関する追加議定書[46]

ロボット技術の戦争への導入によって法的責任がどのように変わりうるのかを分析するため、*bellum iustum* の意味での正戦のロボットと、*ius belli* の意味での正戦のロボットを区別しよう。アリストテレス、キケロそしてビトリア等の巨人はこの 2 つの側面が関連すると考えていたが、今日の学者はほとんどこれら 2 つを異なる問題として扱う。そこで一方で戦争を正当化する理由、他方で戦争において許される行為をロボット兵士がいかに変化させているかをみてみる。その後、焦点は、均衡性原理との関係で正戦の理由と条件がいかに収束するかに置かれる。

3.3.2 戦争の正当な理由

なぜロボットが、戦争を正当に行う理由——すなわち *ius ad bellum* または *bellum iustum* ——に関係すると学者が考えるのかについては 2 つの理由がある。まず、AI 機械の自律性と予測不可能性によってロボット戦争は極めてそして回復不可能なまでに非倫理的になると主張する者もいる。それは、「自律的兵器システムによって引き起こされた死亡に関連して」最終的に責任を負いうる人がいないからである。ロバート・スパロー（Robert Sparrow）が「殺人ロボット（Killer Robots）」（2007）の中で描写したこの議論は法律分野において明らかに反響を呼んだ。それは、人間の制御なしに現実の世界において活動するロボットの能力は、戦争の過程で発生する死亡に対する責任や、さらには権限ある機関によって宣戦布告が宣告されなければならない

---

46 ［訳注］国連広報センター〈http://www.unic.or.jp/info/un/charter/text_japanese/〉

という戦時国際法の核心的原理に影響を与えるからである。確かに、もしロボットが自らの判断を行う結果、甚大な危害を発生させるのであれば、偶然の戦争を引き起こしうるロボットについて、大きな飛躍をほとんど必要とすることもなく想像することができる。アーミン・クリシュナン（Armin Krishnan）によるもう1つの『殺人ロボット（*Killer Robots*）』(2009) 研究の言葉を借りれば、「それは法的には非常に悩ましい事案であろう。唯一の解決方法は単純にこの特定の設計がされているすべてのAW（自動兵器）から手を引き」、それによってさらにこの種類のロボット兵士を投入すれば、戦争犯罪ないしは人道に対する罪と解釈されうるようにすることだけである。

　しかしながら、これらのシナリオの予測不能性にもかかわらず、宣戦布告権限を有する機関が既にその人間の、または人工的行為者の行為や決定にかかわらず責任が認められていることは明確なようである。民法においては、ある従業員によって生じた危害について厳格責任の形態が存在するところ、この原理は、戦争犯罪法についても当てはまる。ロボットが与えられた一連のパラメータの制限の下で活動しなければ、ロボットの製造者にその責任は帰属可能である。しかしながら、ロボット兵士が、その利用が違法になる状況で活動する場合——例えば、無差別に、または軍事力を過度に行使する場合——において、国際人道法に基づき、軍事司令官と政治的当局者に帰責されるべきだということを疑う法律家はいない。2010年の超法規的な、即決の、または恣意的な処刑に関する国連総会報告においてフィリップ・アルストン（Philip Alston）が強調したように、「ドローンから発射されたミサイルは、兵士が銃を撃つ場合やミサイルを発射するヘリコプターや武装ヘリコプターの場合を含めてそれ以外の一般に用いられる兵器と何ら変わりがない。最も決定的な法律問題は、それぞれの兵器について同一である。すなわち、当該特定の利用が国際人道法を遵守しているかである」。そこで、ロボットの戦場における投入が増加し続ける可能性が高いという場合には——ロボットが人間より速く動き、より多くの情報を蓄積することから——軍事司令官と権限ある政治当局者は、依然としてそれらの機械のすべての判断について厳格責任を問われるのである。

　2つ目の、ロボット兵士が戦争を正当化すると考えられている根拠に変化を生じさせるであろう理由は、自律的機械が開戦への障壁を低くすることと関係する。ピーター・アサロ（Peter Asaro）の「ロボット戦争はどこまで正当でありえるか？（How Just Could a Robot War Be ?)」(2008) の表現を借りれば、「それは、戦争を始めたいと考える指導者にとって、これらの技術が、現実に宣戦布告することを容易にする

だろうという信念である」。エコノミストの言葉を借りれば「戦争の予算計上と宣戦布告についての責任を議会と同様に負うように、誰かの息子か娘を戦場に送る大統領はそれを公に正当化しなければならない。しかし、誰の子どもも危険に晒されないのであれば、それは戦争なのか？」（ドローンと民主主義（*Dorones and Democracy*）2010年10月号）

　この問題は、軍事ロボット技術の発展に伴って変化しつつある側面を強調する。ロボット戦争は依然として戦争ではあるが、しかしながら、大衆の意識を低下させるかもしれない。AI攻撃の対象とされた一般市民は、彼らと戦わせるため機械を送った人を頻繁に「臆病者」だと考えるだろうが、米国のCIAの文民顧問がほぼ毎日攻撃を許可する新世代のドローンに示されるように、ロボットを戦場に送る際にはその理由は弱まるであろう。完全に自動化された軍事任務は、戦争をかなり技術的で官僚的なオペレーションへと変える。ある意味でリスクがない。その結果、両軍において誰も人間が参加せず、ロボット兵士だけが参加している状況を想像すれば、戦争の理由は同様にささいなものでもよくなったようである。一人の人間も危険な状態にないものを、依然として戦争といえるのだろうか。

　この戦場でのロボット利用に反対する2つ目の類型の議論には、欠陥があるように思われる2つの理由がある。一方では、ロボット兵士同士の戦争の仮説事例の下でも、戦争を正当化する理由——例えばロボットによる正当防衛対攻撃、または宣戦布告する適格な機関の正しい意図——に対する理論的影響は存在しないと論じることが可能である。他方では、戦争を開始する基準を低下させる潜在的可能性は、いかなる兵器や戦略に関する重要な技術的発展の到来においても典型的なように思われる。過去において、技術的発展は、例えば、化学兵器、生物兵器、そして核兵器を規律し規制する国際合意と条約の起草を引き起こしたが、どのような場合に人間が正当に殺人を行うことができるかを決定する理由は、どれもロボット兵士の投入によって影響されるようにはみえない。これは合理的成功と最終手段としての暴力の仮説事例と同様に、上記の正当防衛と正当な意図においても当てはまる。そこで、これは法制度が政治的権力と軍事司令官をロボットが戦場において自律的に決定したことについて責任を負わせることができる最初の場合だということを認めるべきである。しかしながら、伝統的な戦争を正当化する理由は、いずれも戦争におけるロボットの存在によって揺がないだろう。軍事ロボットがそれ以外の形で戦争を正当化する条件に影響を与えるのだろうか。

3.3.3 正戦の条件

Ius in bello は、例えば軍事力の均衡的利用、戦闘員と非戦闘員の間の区別、非戦闘員に対する免除、そして二重効果理論等の軍事活動についての原理に関係する。複数の学者の見解によれば、ロボットによる戦争が不当となる理由は、ロボットを友軍と敵軍および非戦闘員と戦闘員を区別するように設計することの技術的困難性に依存する。それを怠ると、正戦に求められる区別や免除の原理に反する。ジョン・S・カニング（John S. Canning）の「武装無人システム（Weaponized Unmanned Systems）」（2008）における提案によれば、ロボットが兵器のみを標的にすることでこの問題を解決できるかもしれない。同様に、ノエル・シャーキー（Noel Sharkey）の「区別の根拠（Grounds for Discrimination）」（2008）における提案に従い、ロボット兵器は、特定の領域もしくは状況においてのみ活動できるように制限されうる。ピーター・アサロ（2008）の表現を借りれば「我々は軍事ロボットを違法、不当又は不道徳とみなす命令を拒絶することができるような形で設計したい。しかし、それをどうやればできそうかについて学者たちはまだ考え始めたばかりである」。

過去数年の間、多くの取組みがこの分野でなされてきた。ジョージア工科大学におけるローランド・アーキン（Roland Arkin）とモバイルロボットラボラトリー（Mobile Robot Laboratory）の研究を考えてみよ。「致死的行為の規律（Governing Lethal Behaviour）」（2007）において、アーキンは「ロボット兵士が、戦時国際法に結実した我々の社会の国際条約に対する公約」と整合する形で戦闘員と非戦闘員の双方に対し「可能な限り安全であることを確保することに関するロボット学者の義務」を扱った（前掲論文）。より具体的には、この義務はデザインのアプローチを通じて実現することを目的としており、それによってロボットが保守的に行動し、「シナリオ・フルフィルメント」[47] に関する人間の心理的問題を回避するようプログラムすることになる。義務論理と様相論理、BDI モデルや事案に基づく理由付けその他についての研究を発展させることで、戦時国際法と交戦規定をロボット兵士に埋め込むことが目標である。「これは自律的兵器システムの設計開始時点から戦時国際法と交戦規定を考慮しなければならないということを示唆する」（Arkin 2007）。例えばプライバシー・バイ・デザインのような他の分野と同様に、このプロジェクトのアプローチはボトムアップである。換言すれば、禁止または義務付けを内容とする一連の小さな

---

47 ［訳注］イラン航空機撃墜事件において、1 つのシナリオしか考えられない心理状態となったことが誤った判断の結果となったことを示す語。

制約から開始し、プロジェクトのさらなる過程において、徐々に発展させていく。戦時国際法と交戦規定の双方が、何が絶対的に禁止されることを決定し、交戦規定が致死的行動において何が義務付けられるかを定義するところ、ロボットは例えば軍事的必要性や人道等といった行動原理を遵守することができ、そして略奪、人間に不必要な苦痛を与えること、軍事対象への違法な目標設定等の違法で不道徳な行為を防ぐことができる等の形でプログラムされるべきである。「私は彼ら人間の兵士がその能力を有する以上に倫理的に行動できると信じている」（Arkin 2007）。

このデザインプロジェクトはロボット兵士が適法に目標と交戦することができるよう、5つの異なるステップから構成されている。

（i）自律型致死兵器の利用を許可する人間の責任
（ii）目標決定の要件における軍事的必要性
（iii）正統な戦闘員として識別された目標の区別
（iv）交戦の際の戦術、アプローチと隔離距離を明らかにするための二重意図の原理
（v）武器使用のパターンの均衡性

さらにこのプロジェクトの定式化は、一連の追加的要件により改善されうる。例えば、区別原理は、ロボットに対して市民と戦闘員、友軍と敵軍を区別し、敵の軍事的対象についてのみ軍事力を向けることができるようにすることを求めるだろう。均衡性の原理は、同様に、我々が、合法的な武器のみを用い、適切なレベルの軍事力を用いる倫理的ロボットになるようプログラムしなければならないことを示唆すると同時に、二重意図の原理——すなわち、付随的損害を許容する軍事上の必要性——に基づき、付随的損害の最小化も求められることを示唆するだろう。

しかしながら、軍事ロボット技術の問題に倫理的にアプローチすると、知的ロボットに対する戦時国際法と交戦規定といった規範を埋め込む際において重大な問題が残ることになる。実際、一連のルールの形式化は有効性、義務、禁止そして許可の概念といった上位の規範的概念とのみ関係するのではないのである。これらのルールは非常に文脈依存的な規範的概念——例えば軍事力行使における均衡性や区別——を要求し、これは今日において技術的に可能な範囲を超越する。重要なことに、このような制限は、米国海軍省が助成した2008年の研究で認識された。すなわち、「自律的軍事ロボット技術：リスク、倫理そしてデザイン（Autonomous Military Robotics: Risks,

Ethics, and Design)」である。リン、ベケイおよびアブニー（Lin, Bekey and Abney）の言葉を借りると、戦時国際法と交戦規定のルールは「アシモフのロボット工学三原則よりもずっと複雑である。それは、戦時国際法と交戦規定が多くの矛盾した、もしくは曖昧な命令の余地を残す［からである］。そしてそれは、ロボットの望ましくない、また予想外の行為を生みかねない」。

　加えて、ロボット兵士の合法的な行為は、軍事力の利用における均衡性と区別のような *ius in bello* の正当化の重要な条件と関係するのではない。アーキンは「致死的行為の規律」（2007）の中で「自律的ロボットの戦場への到来は、どのような新技術とも同様に、第一義的には戦時国際法と関係する」ものの、戦時国際法と交戦規定を遵守するロボットの設計に関する法律問題は *bellum iustum* の理由にも影響を与える可能性が高いと主張した。この問題の側面を別途分析してみよう。

3.3.4　均衡性

　学者は、正戦のための理由と条件を2つの厳格に分離された分野と扱う。例えば、マイケル・ウォルツァー（Michael Walzer）がその古典的作品である『正しい戦争と不正な戦争（*Just and Unjust Wars*)』（1977）で描写したように[48]。不正な戦争、例えばナチスによるポーランド侵攻は、確かに正当もしくは不当であろう兵士の行動を両方含むし、また、正戦における軍事活動であっても、区別と均衡という優先的原理に違反するかもしれない。しかしながら、いかに戦争の原因と条件が相互作用するかを示すため、「自律的軍事ロボット技術」（Lin et al. 2008）に戻ろうではないか。

　正戦論に関する標準的な見解によれば、*bellum iustum* の問題と *ius belli* の問題は確かに別々に検討されている。一方では、リン、ベケイおよびアブニーは、以下のとおり、戦争が正当と考えられるために必要な前提条件を挙げている。(i)適切な権限、(ii)正当な理由、(iii)均衡性、(iv)最終手段としての軍事力の利用、(v)相当程度の戦争の成功、そして(vi)宣戦布告をした機関の正しい目的である。他方では、戦場における行動を適法とする条件を分析する際に、彼らは(i)区別と非戦闘員の免除、(ii)二重の意図または二重効果の原理、そして、(iii)均衡性を挙げる。そこで、法的 *ius ad bellum* の必要条件として、均衡性は「戦争により達成される善が戦争を遂行することによる悪と均衡的なこと」を要求する。そこで、小さな違法行為に対する対抗措置のために巨大な戦争を遂行することは非道徳的である（例えばホンジュラスとエル

48　［訳注］マイケル・ウォルツァー（萩原能久監訳）『正しい戦争と不正な戦争』（風行社、2008）。

サルバドルの間の 1969 年のサッカー戦争）。反対に、*ius in bello* の必要条件、すなわち、戦争遂行技術の制限として、均衡性は「軍事目的はその手段と均衡的でなければならない。軍事目的の達成のために不必要な軍事力は用いられてはならず、その目的達成と均衡的なレベルの軍事力のみが用いられなければならない」（前掲論文）。

　このような相違、すなわち、正戦の前提条件としての均衡性（P1）と、軍事活動の原理としての均衡性（P2）の違いに照らし、なぜアリストテレス、キケロそしてビトリアなどといった古典的な正戦論の伝統が、弁証法的な結合を認めながらも分析的に P1 と P2 を区別したか（アリストテレスの政治学[49] Ⅶ（Aristotele's *Politics* Ⅶ）1324B）は明確であろう。戦争に訴える均衡的理由である P1 は、確かに不均衡な軍事力の行使である P2 によって損なわれる可能性がある。そして、逆に均衡的な軍事力の行使である P2 は、戦争を正統化しない無益な理由、すなわち P1 を埋め合わせることはできない。軍事ロボット技術の分野においては、我々は、ロボット兵士は例えば人間の責任をぼやけさせること等によって直接的に P1 に影響することはないと合意できるかもしれない。理論的にいえば、ロボット兵士は、従来の技術的発展と同様に、P1、すなわち「戦争により達成される善が戦争を遂行することによる悪と均衡的なこと」という黄金律を変えるものではない（Lin et al. 2007）。しかしながら、兵器や戦術に関する技術的発展の導入が我々に対し、戦争によって達成されるべき善および目的を達成するために用いられる手段の均衡性について再考を強いるかもしれない。例えば、原子爆弾の事例について、インドとパキスタンの間で互いに広島で落とされた核爆弾と同じサイズの爆弾を 50 個落としあう核戦争が起こった場合に何が起こりえるかを分析したコンピュータシミュレーションがある。サイエンティフィック・アメリカン（*Scientific American*）2010 年 1 月号の報告によれば、その結果は壊滅的である。

（ⅰ）2000 万人が国境の両側で死亡する。

（ⅱ）2 週間以内に 700 万立法トンの煙が世界の大気を覆う。

（ⅲ）気温は（華氏）2.3 度低下し、降水量も 10 分の 1 減少する。

（ⅳ）世界の農業取引システムは停止し、限界量の食料供給に依存している世界中の約 10 億人は直接的に餓死に直面する。

49　［訳注］アリストテレス（山本光雄訳）『政治学』（岩波書店、1961）312 〜 314 頁。

そこで、原子爆弾を用いる戦争においてどのような善が達成されるのだろうか。何が核攻撃を均衡的にするのか。国際司法裁判所が核兵器勧告的意見（1997）において主張したように「国家の生存そのものが危うくされるような、自衛の極限的な状況において」なのか[50]。軍事ロボット技術はこのシナリオを変えるのか、それとも、ほとんどの学者が主張するように、ロボット兵士の利用すなわち P2 は、正戦の理由すなわち P1 には影響しないのか。

　結局のところ私は、ロボットは、いかに P1 が P2 によって破壊させられるか——例えば、AI 軍事人工物の設計時に戦時国際法と交戦規定が埋め込まれていないことによる不均衡な軍事力の利用——のよい例だと考える。重要なことに、上記の米国海軍が助成した研究は、「我々が非戦闘員に関するリスクについての考えを持つ前に軍事ロボットを投入することは道徳的に正当化できない」ことを認め、さらには「逆説的に、我々がリスクのレベルを決定するうえでは、最初の死者が必要かもしれない」とさえ論じる（Lin at el. 2007）。同様に、この研究は、「ロボット兵器がすぐにこの道義的命令による技術的難題を（最低でも人間の兵士と同様に）克服することができるかはまだ不明である」と認める（同論文参照）。これに基づき、アーキンのデザインプロジェクトとその合法的にロボットが戦争に従事することができる 5 つのステップに戻れば、今日の規制枠組みにおける重要な点は維持されなければならない。すなわち、自律的ロボットが何を「決定」しようとも、政治的権力と同様に軍事司令官はその兵士の行為に対して責任を負うということである。その信頼性に対する必要なテストが行われずにそのような機械が投入され、ロボット兵士の行為または決定により危害が引き起こされた場合には常に、戦時国際法と交戦規定双方についての現在の法律条項に基づき、人道に対する犯罪もしくは戦争犯罪と解釈されるべきである。

　しかしながら、今日の国際法がロボット兵士の利用を厳しく規制すべき一連のパラメータや条件について沈黙していることを認めざるを得ない。重要なことには、2010 年の国連総会に対する報告において、国連特別報告者のクリストフ・ヘインズとフィリップ・アルストンはこの点を強調した。すなわち、前章[51] で言及した一般法理論の問題に関連して、確かに「多くの衝突する諸利益の合理的妥協」を模索すべき事案がある（Hart 1961：128）[52]。過去の国際合意が化学兵器、生物兵器そして核兵器、

50　[訳注] 小寺彰他『国際法判例百選（第 2 版）』（有斐閣、2011）231 頁〔真山全〕。

51　2.1 節を参照。

52　[訳注] H. L. A. ハート（長谷部恭男訳）『法の概念（第 3 版）』（筑摩書房、2014）213 頁。

地雷等に関する過去何十年もの技術的進歩を規制したように、同様にロボット兵士の投入が正統化される条件を定義する国連の支援の下での合意が迅速に行われる必要がある。さらに、監視および認証メカニズムによって、政治的・軍事的決定の軌跡の判断を確定することができるようにしなければならない。これらは、ネットワーク中心の活動の複雑性の増加や致死兵器の小型化のため、そのようにしなければ検知することが非常に困難である（Krishnan 2009）[53]。

　しかしながら、国連の支援の下での合意が、致死性武力を完全に自動化することが許されてはならない事案を決定できるとしても、ロボット兵士の統制において問題となるさらなる一連の原理、概念そして法的推論は、政治的決定の内容に依存すべきではない。禁止、故意犯罪および過失の仮説事例に加え、合理的予見可能性、責任そして法的因果関係のような概念を考えてみよう。ロボットの行為は、それらの行動が個人責任が刑法の分野で伝統的に根拠付けられたところの観念——すなわち、社会の根本要素を危険に晒す加害行為——にも影響を及ぼしうる限りにおいて、単に人道法や戦時国際法の抜け穴を突くだけではない。我々はそこで、我々の視野を拡げ、犯罪活動に参与しまたは利用されるロボットの一種として起こりうるロボット兵士の違法な投入を考えるべきである。結局、今日の法的枠組に対する軍事ロボット技術の影響は、より一般的なロボットの刑法の根本的原理に対する影響の単なる例示である。とはいえ、重大である。

3.4　チンピラロボット（Picciotto Roboto）の現象学

　過去数年の間に、ますます多くのロボットが犯罪に利用されるようになった。例えば米ドルを物理的に変造する機械、宝石盗に用いられる小さなドローン、コロンビアの麻薬密輸犯によって利用される無人潜水艦等である。これらの事案はロボット犯罪の軍事的側面だけにとどまらない、非軍事的側面の精査の必要性を示唆している。3.2 節で述べたロボット・クレプトマニアの話の後、レイノルズと石川が用いた別の主体であるチンピラロボットは、我々が法律分野におけるこの技術の影響を理解する

53　「無人化に関する法」に関する「法、情報及び科学」誌（21(2)）特別号参照。フィリップ・アルストン、ティム・マクコーマック＆メレディス・ハガー、ロブ・カクラフリン、マリー・エレン・オコーネル、ノエル・シャーキー、マーカス・ワグナーの論文およびアーミン・クリシュナンの上記作品が掲載されている。

異なる方法を描写する。レイノルズと石川の例は、綜合警備保障のガードロボットとして2005年以降市場で販売された警備ロボットの利用と関係する。より具体的にいえば、銀行強盗等の犯罪活動に参加したこの警備ロボット——すなわちチンピラロボット——の利用に関係する。「それそのものとして、ちょうど違法製品が作られる工場と同様、ロボットは単なる道具のように思われる。この事案におけるロボットは逮捕されるべきではないが、押収され競売にかけられるべきかもしれない」(Reynolds and Ishikawa 2007：488)

チンピラ (Picciotto) はマフィアの最下層メンバーを示すシチリア語であって、犯罪組織の意思ではなく手足を示す。しかしながら、伝統的なチンピラと異なり、チンピラロボットのAI的特性は、法律家が個人の刑事答責性を把握してきた方法である合理的予測可能性、責任または因果関係の問題に影響を与えるかもしれない。ロボットは単なる人間の犯罪意思の手段にすぎないが、そのようなチンピラロボットの犯罪は時には、処罰の正統性の根拠にとって課題となる。そこでそのような事案に対しロボットが影響を与えるか否か、そしてどのように影響を与えるかを決定するため、我々は人が刑事答責性に直面する事案、すなわち、禁止、故意犯罪そして過失に関する事案を識別すべきなのである。この観点は、これまでのロボット兵士の議論を深化させる。それは、このような機械によって遂行される犯罪が、犯罪を遂行するために機械を起動または投入することを意図した個人または予見可能な危害の抑止を怠った人と関係する犯罪の類型のいずれかに該当するからである。この文脈において、犯罪ロボットの設計に起因する一連の問題から始め、最初からこれらのケースについて取り組もう。

3.4.1 設計によるチンピラ

設計姿勢がロボットの意思の評価すべてに優先する事案がある。すなわち、上記3.2節で論じた技術の「非侵害利用ができない」場合である。例えば、2005年のグロックスター (Grokster) 事件において、米国最高裁は、P2Pファイル共有システムのような著作権侵害の容易化を促進する技術がそのようなものとして違法とされ、それにより例えば、グロックスターやストリームキャスト (Steamcast) のようなP2Pソフトウェアの製造者が「ユーザーによって行われた著作権侵害を誘発した」ことを理由に訴追されうるかを検討した。「グロックスターで共有されるファイルの90%は違法にダウンロードされる」とするウィキペディアの記事の数値に関して、原告の主張

は明確である。米国レコード協会（RIAA）や米国映画協会（MPAA）の支援を受けて、原告は、P2P の技術の侵害的利用こそが、そのシステムの第一義的な目的を構成すると主張した。

　その結果、ロボットの事案の分析における最初の段階は、機械が「非侵害利用ができない」ものなのかを確認することであり、この事案においては、結果としてどのような犯罪が生じるかである。標準的なアプローチは、あらかじめ事実と有効な法を区別することを示唆する。そこで、焦点は、証拠の問題に移る。専門家の技術的証言は、刑事公判におけるフォレンジックスや、不法行為の被害の決定のための医療専門家、または、契約上の義務の問題における損害の立証のための経済的証拠に関係するかもしれない。このような事案において提出された証拠に基づき、時には、特定の技術の利用が違法とみなされうる。例えば、P2P のアプリケーションは、憲法の観点からみて正当なものであるものの、米国最高裁判所はグロックスターおよびストリームキャスト双方が第三者の侵害を助長するような積極的な措置を講じたことの証拠を認定した。逆に、異なる事案においては、我々は特定の技術が単純に適法であると決定することができる。例えば、ベータマックスとその VTR の後継器が、ユニバーサル（Universal）、ウォルト・ディズニー（Walt Disney）、メトロ・ゴールドウィン・マイヤー（Metro Goldwyn Mayer）等の原告でさえ、すぐに活用した新たな市場を開拓したことについての証拠を裁判所が認定したソニー対ユニバーサルスタジオ事件における米国最高裁判決（1984）のように。

　ロボットの分野に戻ると、特定の技術の第一義的な目的そのものが適法な利用ができないという証拠が存在する場合、単純な一連の事案をさらに想定することは困難ではない。既に、コロンビアの麻薬密輸犯によって設計され投入されたロボット潜水艦の例について言及した。何らかの種類の犯罪を遂行する目的で考え出され、製造されたこの類型のロボットは、設計そのものによるチンピラロボットと要約することができる。刑法の観点からは、2 つの異なる種類の犯罪（犯罪行為）を区別する必要がある。まず、禁止の場合または侵害的利用が技術の第一義的な目的であると確認された場合には、設計者、製造者そして利用者は、機械の作動不良か故障か、予見不能で予測不能な行為と関係なく責任を負う。この種類の応用の設計、製造、そして利用についてのすべての試みは犯罪と考えられるべきである。2 種類目の犯罪は、ロボットによって遂行された追加的な犯罪であり、それは、まるで人間が認識してかつ意図的に当該行為を行ったと理解される。そのようなロボットの製造と利用についての正統性

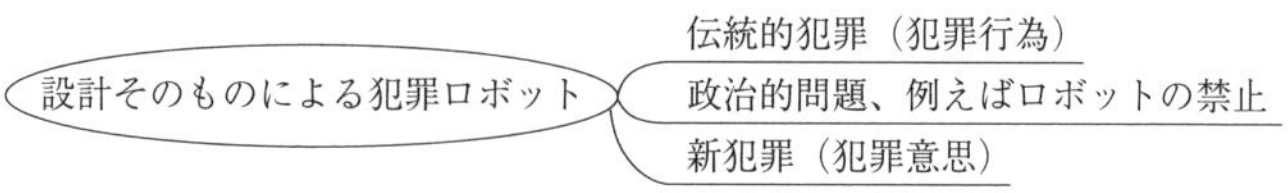

```
                                    伝統的犯罪（犯罪行為）
        設計そのものによる犯罪ロボット   政治的問題、例えばロボットの禁止
                                    新犯罪（犯罪意思）
```

図3.1　チンピラロボットの現象学、第1段階

と責任の条件は、ケルゼンの「もしAならBだ」という定式によって描写すること
ができるだろう。すなわち、技術の主たる目的が犯罪を遂行すること（ケルゼンの
A）ならば、そのような機械の投入も先験的に違法なのだ（ケルゼンのB）。そこで、
ロボットは、単にレイノルズと石川が示唆するように押収され競売にかけられるに留
まるべきではない。そうではなく、フロリディおよびサンダース（Floridi and
Sanders）が「人工的行為者の道徳性について（On the Morality of Artificial Agents）」
で提案するように（2.3.1節参照）、そのようなロボットはサイバースペースの接続
が隔絶された部分に移動させられるか、もしくは死滅されるべきであるがある可能性
が高い。

　しかしながら、我々はさらに3つの仮説事例を区別すべきである。チンピラロボッ
トは、現在存在する犯罪を新しいロボット装置を利用することで遂行することができ
る（犯罪行為）、もしくは、人間の犯罪意思と最も関係の深い新犯罪を遂行するため
に利用することもできる。しかしながら、どのような種類のロボットが禁止されるべ
きかを決めることが悩ましいケースもある。図3.1は、新しい分析の観察事項を示す。

　図3.1に照らして、単純なケースとハードケースが区別されるべきである。単純な
事案の例は、このモデルの最初の類型の法的な観察事項として定義される。例えば、
設計そのものによるチンピラロボットの銀行強盗である。ここにおいて双方の正統性
の条件（すなわちケルゼンのA）と責任（B）の双方とも問題がないように思われる。
それは、チンピラロボットの設計そのものの第一義的目的が要するに法を侵害するこ
とだからである。逆に、軍事ロボット技術の分野は、証拠の問題や有効な法に関する
事項がいかにより複雑になりえるのかについての例を提供する。以下の範囲で検討せ
よ。一端には米国を本拠とする会社であるゼネラル・アトミックス（General Atom-
ics）が製造したMQ-18プレデターが存在し、その対極には、それ自体が遂行する活
動を計画する多数のドローンが存在する。これまでのところ、MQ-18プレデターの
ような準自律的機械の設計と製造に関する責任は、そのプロジェクトの技術的な細目
に依存する。すなわち、連邦政府と契約した業者の責任はロボット応用の目的という

よりは手段に依存する（例えば合衆国法典 28 編 2671 条）。プレデターのような準自律的機械とは逆に、多数の自律的システム——例えば、自らが遂行する活動を計画する多数のドローン——は手段というよりはむしろそれらのロボットを通じて達成されるべき目的に関する問題を提起する。前節においては、今日の国際法が致死性武力を完全に自動化することが許されるべきかや、ロボット兵器の利用についてどのようなパラメータや条件が規律すべきかについて沈黙していることが強調された。これについては以下でまた検討する。

　観察事項の 3 番目は、新たな形態の犯罪を行うために特定のロボットの応用を設計する人間の犯罪意思についての新世代の事案と関係する。オーストラリア連邦警察（AFP）のコミッショナーであるミッキー・キールティー（Mick Keelty）のように、「ロボットに関する、バーチャルスペース（オンライン）から物理的空間に対する潜在的犯罪の出現」を主張する人もいる[54]。ロボット技術の急激な発展は、「新しい『物置小屋』ロボットの模倣犯の新たな繁殖」を促進すると考える者もいる（Sharkey et al. 2010）。ここで、UAV とその他の種類の無人航空機がデータを絶え間なく収集し、何らかの形で制御不能となる可能性があることから個人のプライバシーに脅威を投げかける、2012 年 2 月の、爆発した安価なドローンを購入して利用するマニアに着目させてほしい。この後者のシナリオが示唆するのは、新世代の悩ましい事案である。人間の犯罪意図が頻繁に店舗やショッピングセンターにて購入可能なロボットの利用と関係することからそのような機械の設計、製造、供給の正統性と設計者、製造者そして利用者がいかにそのようなロボットを利用するかに関する条件を中心に展開する。次の 3.4.2 節の焦点は、ロボットの設計ではなく利用に依存する 2 つ目の犯罪類型である。故意犯罪と過失犯罪を区別することにより、技術が「違法」とみなされ、または「適法」とみなされるべきか否かについて、さらなる光を当てることを目的とする。

3.4.2　故意犯罪

　個人が違法にロボットを利用しうる 1 つ目の方法は、故意犯罪、すなわち、個人が、犯罪を遂行するために機械を送り込み、または、起動させた場合である。現在の法学の最先端によれば、ロボットは個人の犯罪意思の実現のための単純な道具として考えられなければならない。これは「第三者の行為」に対する責任モデルによって刑事法

54　「ロボット犯罪の波を警察上層部が予想」（http://www.futurecrimes.com/article/top-cop-predicts-robot-crimewave-2/）（2012 年 5 月 31 日）

学者が要約した伝統的アプローチである（Hallevy 2011）。結局、刑事事件において裁判で刑事責任を負う可能性がある候補者として3種類の者がいる。プログラマー、製造者、そして利用者である。

　まず、ハレヴィー（Hallevy）の例を使ってロボットのプログラマーについて考えてみよう。「AIソフトウェアのプログラマーはAI無人運転車を利用して犯罪を実行するためにプログラムを設計するかもしれない。例えば、あるプログラマーがAI無人運転車の操作のためのソフトウェアを設計するかもしれない。AI無人運転車は道路上で利用されることが想定されており、そのソフトウェアは無辜の人々を轢き殺すよう設計されているかもしれない。殺人行為をしたのはAI無人運転車であるが、そのプログラマーこそが、実行者とみなされる」（前掲論文）。ハレヴィーの例は前節の設計そのものによるチンピラロボットの仮説事例と極めてよく似ているが、このシナリオをさらなる例──プログラマーが合法なAI自動運転車操作システムを設計したものの、それを「無辜の人々を轢き殺す」ために使う例──と区別することができる。2つのシナリオの違いは、技術的応用が正統で異議の申し立てられない目的で広く使うことができるかに依存する。

　刑事責任を負うべき2番目の候補はロボットの製造者である。ほとんどの法制度において、代位責任を根拠として、使用者は従業員が業務に従事する際の中の不法な行為に対して責任を負う。しかも、複雑なソフトウェアとハードウェアの応用をプログラミングし製造することは、ロボットの分野におけるように、一人の設計者の能力をはるかに超越する。そこで、法律家が責任の割当ての形式という問題に直面することもありそうである。それでも、ロボット解放前線の支持者には失礼ながら、犯罪は依然として人間の責任の問題である。犯罪行為は「無辜の人々を轢く」ロボットの自律的で知的でさえある行為と関係するが、責任または犯罪意思は、例えばそのような殺人を行う機械を製造し、現実の状況下で試験を行った企業にあるのである

　最後の候補はロボットの利用者である。機械の設計と製造が完全に合法的であっても、犯罪目的でこれを利用したと考えられうる。マフィアによって利用される合法的な民生用ドローンのシナリオを考えよう。ここでもまた、犯罪行為はロボットにより遂行された。しかし、犯罪意思は、（設計者や製造者ではなく）その機械の利用者に存在する。ハレヴィーの「自動運転車（Unmanned vehicles）」の表現を借りれば、「例えば利用者がその主人に与えられたすべての命令を実施するよう設計されたAI自動運転車を購入するとしよう。その特定の利用者は、AI自動運転車によって主人

図 3.2　チンピラロボットの現象学、第 2 段階

であると認識され、その主人は AI 自動運転車に対して、彼の農場に対する侵入者が
いればすべて轢くように命じた。AI 自動運転車はその命令をまさに命令どおりに執
行した。これは、犬に対しすべての侵入者を攻撃するよう命じた人と変わらない。
AI 自動運転車が攻撃を行ったものの、利用者が行為者とみなされる」（Hallevy
2011）。現象学の第二段階は、図 3.2 で要約されるチンピラロボットの犯罪的利用に
関するものである。

　この現象学の新しいモデルは、「分類用語の適用について一般に判断の一致」が存
在する一連の単純な事案を描写する（Hart 1994：123）[55]。第三者の行為に対する責
任のモデルによって、我々はロボット法における故意犯罪を適切に取り組むことがで
きる。それは、人間の犯罪意思が、誰が責任を負うか——邪悪な設計者、責任ある製
造者、または犯罪的利用者である——の決定を容易にするからである。念のため、ロ
ボットの微小化、または、例えば、ネットワーク中心の応用の複雑性が人間の行為者
を捕まえることを困難にし得ないというわけではない。例えば、新しい科学捜査技術
が確立し、それによって「銃器や弾薬について行っているのと同様に、警察がロボッ
ト犯罪を照合し追跡する情報データベースの構築を検討するべきである」のと同様に
「エンジニアが証拠となるヒントや裁判分析を支援する構成要素をソフトウェアに入
れ込む方法を模索」すべきだと考える人もいる（Sharke et al. 2010）。有効な法と証
明された事実の伝統的な区別に照らし、これについては以下でまた検討する。

　しかしながら、ロボットの高度化する自律性は、第三者の行為に対する責任のモデ
ルが単純に利用不能なさらなる一連の事案を示唆する。例えば、ドローンを利用して
犯罪を遂行するつもりはなかったが、機械の故障により、それが何かの方法で被害を
与えた利用者について省察しよう。そのような場合、法律家は、責任の鎖を切断し、
機械が与えられた一連のパラメータの制限の中で適切に行動したのか、それとも反対
に、安全な機械を供給すると約束しながら例えば特定の決定的情報を省いた製造者

55　［訳注］H. L. A. ハート（長谷部恭男訳）『法の概念（第 3 版）』（筑摩書房、2014）206 頁。

（または設計者）にあるのかを決定する必要がある。さらに、原告によって主張される被害が実際には原告自身の過失により、または、原告自身の寄与過失と人工的行為者の寄与過失が結合して生じる事案もありえる。法的観点からは、このような責任の事案はさらなる2つの問題類型を導く。

　一方で、3.4.3節の焦点は、ロボットの設計者、製造者そして利用者の非難に値する犯罪意思ではなく、過失または相当の注意の欠如に依存する刑事責任の事案である。第三者の行為に対する責任モデルは、ロボットが特定の犯罪を行うよう設計されたり利用されたのではないものの、それでもロボットがそれを遂行してしまった場合にはうまく適合しない。他方で、3.5節は、有効な法と証明された事実の間の区別に焦点を当てる。設計そのものによるチンピラロボットの事案においては、専門家の技術的証言が、ロボット工学の応用の非侵害利用が可能かを証明しなければならなかったところ、さらなる一連の法律問題は、ロボット工学の応用が一連の制限とパラメータの中で行為するか、ロボットの行為を人間の指示にまで遡ることができるか等である。「解釈学的循環（hermeneutic circle）」の支持者が過去半世紀に渡って強調したように、専門家の技術的証言による事実と証拠の問題は、法律家が有効な法の意味をいかに解釈するかに影響する。

3.4.3　過失犯罪

　我々の現象学の最終段階は、刑事責任が過失もしくは相当な注意の欠如に依存する事案からなる、すなわち、合理的人が予見可能な危害の抑止を怠った場合である。ハレヴィーが自然かつ相当な結果による結果と名付けた責任モデルは2つの異なる責任類型から成り立つ。最初のシナリオは、それがチンピラロボットを通じて犯罪をすることを意図するプログラマー、製造者および利用者として定義される限りにおいて、設計そのものによるチンピラロボットの仮説事例と緊密に関係する。しかし、ロボットは、その計画と乖離し、異なる犯罪を遂行した。ほとんどの法制度においては、このようなロボットのプログラマー、製造者および利用者は、共犯責任の事案の責任モデルで生じるように、当該機械の行為の予測不能性にかかわらず、追加的犯罪について責任を負う。ハレヴィーが適切に示唆するとおり、「ある犯罪を行うことそのものを目的とした結社や共謀の危険性は、共犯者がより厳しい答責性を負う法的理由である」（前掲論文）。

　2番目の自然かつ相当な結果による結果の責任は、さらに悩ましい。それは、悪い

図3.3　チンピラロボットの現象学、第3段階

ことをする意図はないものの、ロボットの設計、製造および利用において過失があった人と関係するからである。例えば、機械が与えられた一連のパラメータの制限の中で適切に行動しなかった場合に、——例えば、米軍が使ったソード（Sword）ユニットの意図しない行動に関する 2008 年の事案と製造者であるフォスター・ミラー（Foster Miller）の結局のところいかなる類型の責任も回避しようという主張——その責任について当該人工物の製造者に帰責される。しかしながら、人間がロボットにより誘発される予見可能な危害の抑止を合理的に怠った場合、本人が全く悪いことをする意図がなくとも、その個人が責任を負うべきである。伝統的法理論からみれば、これらのすべての事例において主張される新規性は、「人間にとって危険であることが知られているかそのように推定されている」動物の所有者または管理者の責任に類似する（Davis 2011）。チンピラロボットの犯罪利用と異なり、我々はもはやロボットや犬に対して例えば侵入者に対して攻撃を命じる人間（前節参照）について扱っていない。そうではなく、過失の問題として、ロボット（もしくは犬）が、私の別荘の庭園におけるパーティの最中に友達を攻撃する場合を考えよう。我々の現象学の最終段階は、図3.3のようにみえるかもしれない。

　動物により引き起こされた損害についての厳格責任政策をロボットの行為についての人間の責任に類推することを通じて、伝統的法理論は、他人の行為によって人が負う新しい類型の責任を承認する。それは、ロボットが、動物と同様に、行動をすることから、その結果は、ロボットにより引き起こされた危害を例えば欠陥製品や情報欠如の責任といった危険な行動についての厳格責任ルールになぞらえることが困難であるからである。さらに、ロボットが環境の変化を学び、それに適応することができることから、（ロボットは）予測不能である。そこで、ロボットはいかに機械が設計され製造されたかというよりはむしろ、いかに人々が機械を扱ってきたかを中心とする新しい法律問題を生じさせる。我々が次のクリスマスに買おうと思っているのと同じモデルの AI 自動車を考えよう。周囲の環境に生息している生物との独自の相互作用を通じて獲得した知識または技能を通じて、全く同一のモデルの AI 運転手は、たっ

た数日もしくは数週間で全く異なる振る舞いをするだろう。例えば、自動運転車が自動車事故において誰かに危害を及ぼした場合、我々が新しい一連のハードケースを有することになる可能性が高い。原告によって主張される損害が原告自身の過失によって引き起こされた場合どのように答責性を決定すればよいのだろうか。さらに、原告の主張する損害が原告自身の過失と人工的行為者およびその人間である主人の過失と結合して引き起こされた場合にどのように責任を配分するべきだろうか。厳格責任ルールおよび伝統的な保険約款がこれらのシナリオに対応するうえでの健全な方法だろうか。所有するロボットの決定によって破滅に追い込まれたくないという個人の主張と、ロボットと相互作用を行う際に自らが保護されるべきだというロボットの相手方当事者の主張の間を公平に均衡させるための代替的スキームは存在するのだろうか。

結局、我々が刑法分野における次世代のロボットの過失に関係する問題を理解することのできる単一の比喩や類推に出会う可能性は低い。この責任は、チンピラロボット、自動運転車、スマートな子守り AI、ドローン等の取り扱われる応用の種類の相違に基づき変わりうる。伝統的な法理論に反し、ロボットはそれ自身の規範的枠組みを必要とするようである。それは、動物の行為との類推を支持する立場には失礼ながら、この分野では因果関係の失敗が生じうるからである。確かに、その内部状態の価値を変更することで刺激に応答し、さらに、外部的刺激なくしてそのルールを改善する機械によってどのような危害の種類が引き起こされるかを予見することは困難である。そこで、分析の焦点を絞り、ロボットが危害を誘発しまたは引き起こす方法にのみ対応しよう。このロボットの行為に関するより厳しい観点は、ロボット分野における事実と有効な法の双方にさらなる光を当てる。

3.5 因果関係の失敗

法的因果関係の問題は伝統的に法学者にとっての悪夢だった。法律家は、予備的に、この頻繁に複雑である、どのような特定の状況または出来事が生じたかについて、そのような事態と個人の作為（または不作為）との間の関連性を特定するために把握し、そしてその後で、これらの個人が裁判所において有責と認められるべきかを決定する。2.2.2 節ですでに述べたとおり、個人が他の行為者の行為、もしくは生命を有しない対象もしくは過程により誘発された危害または損害、例えば建物の崩壊に伴う火事による被害について厳格責任を負う状況が存在する。しかし、そのような事案において

も、無過失責任は、何が実際に起こったのか、そしてさらに、誰がいつ何をしたかという重要な問題に手を加えるものではないのである。物質的要素に注目すべきか、それとも、一連の出来事の適切な原因に注目すべきかについて、法律家の間で意見が一致しないかもしれないが、ある行為と発生した危害——例えば建築業者の過失に基づく、建物の崩壊の後生じた火事による被害——の間に「もしAならBである」という関連性が存在しなければならない。

さらに事実と有効な法の区別の点について説明させてほしい。すなわち、自然の因果関係と規範性である。法の条項は、自然の出来事に関する科学的証拠と矛盾すべきではないものの——すなわちケルゼンの因果関係の概念——、ほとんどの場合科学の説明力では法的責任に関する事項を明確化するに不十分である。同じ事実は、異なる法制度の下において明らかに異なる方法で利用される。そしてさらには、異なる法文化において、因果関係の概念を定義する複数の基準が発展してきた。例えば、ドイツの法律家は主に相当の出来事（adequate event）の理論に言及するが、フランスの学者は、多くの場合これらの出来事に関する厳格な答責性に従う。米国においては、逆に、法律家は、「あれなくばこれなし」テストの支持者と必要条件テストの支持者に分かれている、すなわち、ある状況において問題となる行動が当該結果のために必要な場合に因果関係が認められると論じる者と、そうではなく、問題となる行動が結果を導くのに十分なだけの一連の条件の必要な一部を構成しなければならないと論じる者に分かれている。事実と有効な法の間の区別を精査した結果として、二重の困難が存在する。まず、法律家は、問題となる事態——例えば地球温暖化——を引き起こした一連の出来事をどのように解釈するかについて科学者が論争をしているかもしれないこと、もしかすると極めて異論が強いかもしれないということに注目しなければならない。法律家はその後で、裁判所がある当事者に帰責するため、さらにこれらの出来事が必要条件、相当な原因または十分な理由となりえるとみなすというさらなる困難に直面する。状況をさらに複雑にするのは、ロボット技術および自律的人工的行為者一般の進歩が、法律家が因果関係を考える方法に影響を与えているということを承認する者もいる。カーティス・カルノー（Curtis Karnow）の「分散型人工知能に関する法的責任（Liability for Distributed Artificial Intelligence）」（1996）の表現を借りれば、人工知能行為者は、古典的な原因結果分析を破壊する。

古代ローマ法以来、法的責任は実際のところ、自然科学分野における通常生じるべき結果（*id quod plerumque accidit*）を考慮すべきというアリストテレス的な考え方

に基づく。すなわち、当該行為、事実、出来事または原因の最もありえる結果として一般に生じるものに焦点を当てる。例えばカルノーにより提案されるような、「同時に行動的である多形性を有する知的行為者のアンサンブル」を考慮すると、これらの機械の予測不能な行為やネットワーク中心の応用の複雑性によって、すべての一連の出来事中から特定の結果を最もよく説明する特定の条件または一連の条件を選定する決定的な基準に難題を投げかけられるだろう。［米軍の］グローバル・ホークやその他の完全に自分自身で活動できる機械のような無人航空機の例を考えてみよう。3.3.2節で既に述べたとおり、政治当局者、軍事司令官そして公務員はこれらの機械の行為に対して厳格責任を負うべきである。しかしながら、さらなる潜在的な被告の責任も加える必要がある。例えば地盤損害、空対空の衝突、コミュニケーション干渉、海賊行為、環境上の懸念、そして、土地所有者の権利侵害や不法行為法上の不法妨害と不法侵入に関する請求を回避するために自律的もしくは準自律的な機械と相互作用するUAVの操縦者、製造者、メンテナンス業者および安全に関する業者、契約業者もしくは管制官である。イギリスの防衛規格における自律的飛行の定義によれば完全に「UAV航行の制御のためのリアルタイムの入力信号に依存しない」機械の能力は、法的因果関係と責任の観念を経由して責任の鎖を切り分ける法律家の能力に深刻な影響を与えている。責任に関する鍵となるパラメータ、例えば予見可能な危害または合理的な人というものが、カルノーの、アレフ（Alef）のような「航空管制を取り扱う仮説的な知的プログラミング環境」の例に適用される際にどのように変容するのかを考えてみよう（Karnow 1996）。

　一方において、アレフのようなある処理システムの全活動において生じうる危害の種類を決定しようとすることには問題があるように思われる。カルノーの表現を借りれば「裁判官は傷害の『法的』理由を、活動中に広範囲に発生する電子的低周波音から分離することはできないし、常に変化する形態と、変化する感覚を与えるデジタル・ユニバースから原因を分離することもできない。その結果は、原因と結果の縺れるような絡み合いであり、空気の中の風や海における波と同様に隔離が不可能である」（前掲論文）。他方で、予見可能な危害を抑止すべき個人の義務に対し、ロボットの行為の高度化する自律性と予見できない「機械知能の病理現象」の結果に対して責任を負わない事例が課題となることから、合理的な人に関する伝統的な考えは、消えて行くかもしれない。実際、「どの人も、特に被害を生じさせるようなことはしていないことになるだろうから、その結果誰も責任を負うべきではない」（Karnow 1996）。

より単純な、例えば MQ-1 プレデターのような準自律的な飛行機の事案においても、コンピュータプログラマー、ソフトウェア技術者、保守業者および安全業者、そして管制官の特定の責任を確立することはとても難しい。

　特定の法制度、例えば米国においては、機械が、元々の行為と一連の出来事の有害な結果との間の因果関係に介入することができる適切な法的人格と理解されていない限り、ロボットは伝統的な因果関係の鎖を破壊しない。さらに、多くの法制度は、従来、ロボットの分野におけるこの伝統的原因と結果の分析の危機に対し、厳格責任政策と免責条項を通じて対応してきた。免責の条件とセーフ・ハーバー条項については、個人が法的責任に関する事項に直面する事案の1つとして 2.2.1 節において既に分析してきた。上記 3.3 節でみられるように、国際的なレベルにおいては、免責の条件と条項は戦時国際法に関する条約、人道および人権法、外交その他に関する条約によって確立した。国内のレベルにおいては、法執行官は、一般に彼らの行動が憲法的規範に違反したり明確に確立した制定法上の権利を害したりしない限り、民事的権利主張を受けないことになっている。例えば、米国の連邦不法行為請求法は、厳格責任理論に基づく連邦機関に対する訴訟と同様に、裁量的法執行機能に関係する訴訟や異なる種類の故意不法行為を排除する（合衆国法典 28 編 2401 条(b)）。

　免責の条件に加えて、法制度は、伝統的原因結果分析の危機に対して厳格責任ルールと無過失責任の原理によって対応する。本章においては、ロボットによって誘発された予測不能な危害に関する共犯責任の事案に加え（チンピラロボットの現象学の第3段階）、犯罪を行うためにロボットを設計し製造した人の犯罪意思から導かれるものを検討した（チンピラロボットの現象学の第1段階および第2段階）。それでも、カルノーの法的因果関係の失敗に関する言及は当を得ている。それは、免責の条件と厳格責任ルールの双方とも、ロボットの行為に関する法的責任についてのさらなる一連の問題に対応できないからである。一方において、免責政策は、さらに、ほとんどの法制度において国と契約した業者に延長されない最終手段たる選択肢として考えられなければならない（合衆国法典 28 編 2617 条）。そこで、免責条項は、個人責任がロボットの設計および製造に関する責任と過失に基づき責任が決定される事案の発生を防止することはできない。反対に、厳格責任のルールは、頻繁に任意の行為に基づく有責任または不注意な行為に関する個人の追加的責任——すなわち危害の予見可能性または人の合理性が重要な事案——に伴っている。

　その結果、我々は、事前に確立（すなわち厳格責任）せず、先天的に排除（すなわ

ち免責）もされない、3番目の法的責任を熟考する必要がある。それは、個人的責任性および当該事案の具体的状況に依存するからである。このような過失は、人間の任意の行動または過失ある行為と関係するかもしれないが、事件の合理的予見可能性によって個人責任の有無が依拠することから、「AならB」という定式の事実に注意が向けられる。事案の必要性、適切性もしくは「あれなくばこれなし」という特徴に関する規範的観点以外に、換言すれば、裁判所または仲裁廷はロボットがその搭載された意思決定管理者、自動回復機能、コミュニケーションデバイス等を通じてどのように行動するのかに関する蓋然性に基づき人間の責任を確立しなければならない。『科学と予防原則（*Science and the Precautionary Principle*）』（2011）におけるカロライン・フォスター（Caroline Foster）の表現を借りれば、「ある事案における科学的問題に折り合いをつける機械なくして、当事者が当該状況下で『必要』ないし『合理的』行動をとったかというような点について判断をすることが困難であると裁判所ないし仲裁廷が考えるであろう」ことは明らかなようである（前掲書164）。

　重要なことに、国際司法裁判所は国際訴訟の有効性を向上させるための「事実を認定する別個の手続」を示唆した（前掲書159）。同様に、2005年5月24日、ベルギーとオランダの間の鉄のライン鉄道に関する国際仲裁は、当事者が独立専門家による委員会を設立して、鉄のライン鉄道の再稼働費用を決定することを勧告した。「この仲裁廷の役割は、必要とされるレベルまで環境保護の遵守を実現するのにどのような措置が十分であるかについての相当の科学的複雑性を有する問題を探求することにもない」（前掲書163）。我々は、この事案における仲裁廷の二段階判断手続の理想や、伝統的な事実と有効な法の相違について同意する必要はないものの、ロボットの分野にみられるような程度の相当の複雑性が存在する事案において、法的注目が予備的に機械の行為の科学的意味に対して法的な注目が向けられるべきことを期待することは合理的である。このような探求は刑法の専門家と関係し、心理学のような多くの人文科学の鍵となる分野に加え、同時にAIとコンピュータサイエンス、物理とサイバネティクス、神経科学と機械工学、電子工学と生命科学の専門家とも関係する。

　古代ローマ法時代以来、法律家は幸運にも、個人責任が基礎付けられる一連の技術的問題を決定することによって、このような犯罪の原因に関する情報過多を軽減する方法を考え出してきた。何世紀にもわたって法律家が、当事者の責任の範囲——例えばプロジェクトの技術的な細目——を定義する私人間の契約と合意条件を解釈してきたことから、民法の条項に注意すべきである。今日において、このような契約上の義

務は、いかに機械が動くべきか、人工的行為者の目的、そのコミュニケーションと制御システムの設定、自動的回復機能の機能性等についての一連のパラメータに関係する。契約当事者の利害は、可能な限りその責任の範囲を制限するところにあることから、合理的に安全で制御可能なロボットがどうあるべきかに関する条項は、そのような機械の製造と利用に関する契約を起草する法律家にとっては日常茶飯事かもしれない。リチャード・ポズナー（Richard Posner）が『法の経済分析（*Economic Analysis of Law*）』で論じたように、我々は「それが提示するどのような危険に対してであっても対応した経験が（我々の側において）ほとんどないから新しい行動は危険な傾向があり、最高の事故制御の方法は行動の規模を縮小することだということを認めるべきかもしれない」（Posner 2007：80）。しかしながら、ロボットの設計者と製造者（の法律家）は、規模を小さくしないことにまさに利害関係を有しているのである。

　この当事者の個人利益は、刑法と民法が共有する重要な一連の問題を指し示す。一方で、事実の観点からは、誰がロボットの犯罪行為に対して責任を負うかを決定するのは悩ましいのであるが、我々は法律家が因果関係と合理的予見可能性の概念を契約法の分野でどのように把握するかを検討すべきである。私人間の条項と契約の解釈は、証拠や過失といった刑法の分野の鍵となる概念と同様に、ロボット行為の科学的意味をさらに理解することに役立つ。証拠についてみると、ロボット応用は、そのような機械の行為のリスクを決定し計量するためにロボット犯罪が頻繁に依拠するところの出来事の蓋然性とその結果および費用に基づいて区別されるべきである。さらに、この契約義務におけるリスクと予見可能性に関する視点は、さらなる種類のロボットの設計者、製造者と利用者の責任に光を当てる。ロボットを通じて行われるすべての犯罪が、すべて契約に基づきロボットを設計し製造する当事者を前提とするとしても、その逆は必ずしも正しくはない。刑法に基づく処罰を与える権利と関係のない私人間の条項と契約に関する民法の問題一式を考えてみよう。むしろ、これらの問題は、プロジェクトの技術的細目および意思決定を行う管理者、コミュニケーションデバイスまたは自動的回復機能がどのように働くべきかについての合意と関係する。ロボットの行為についての我々の理解を深めることで、契約分野における分析は、今日の刑法の課題となる因果関係と予見可能性に関する我々の理解を強化する。特定のロボット応用の製造と利用は極めて危険な行動とも考えうるが、契約の分野においては合理的に安全でコントロール可能な機械が既に数多く存在している。

第 4 章　契約

*虹色の瞳で空を眺めると、大小の様々な形の飛行船が見えた……太陽の乗り物が降りてきた
ら、パーティを開こう*

フリー・フェスティバルの思い出／デヴィッド・ボウイ

概　要

　国際連合欧州経済委員会が 2005 年に公表した「世界産業用ロボット報告書 2005
（UN World Robotics 2005）」は、環境ロボット、外科手術ロボットおよび教育ロボ
ット等の「ロボットの平和利用」に焦点を当てた最初の報告書である。当該報告書は、
ロボットの設計、製造、供給および利用にあたっての責任および法的責任について、
契約上の義務としてリスクおよび予見可能性の観点から述べている。人工知能の医者
（AI ドクター）や商用ソフトウェア・エージェントのような認知オートマンに加えて、
よりリスクが高いアプリケーション（例えば、ゼロ・インテリジェンス・エージェン
ト、自動運転車（UGV））の利用により、法的に解決が困難な問題が生じつつある。
ロボットがもたらす能力に関し、人間に代わってなされる自らの意思に基づく故意の
行為、権利および義務をめぐる検討により、人間の相互作用を補助する単なる道具と
してのロボットと法制度における厳密な行為者としてのロボットとを区別すべき問題
が生ずることを示唆している。

　しかしながら、契約分野における新しい形態の行為者の形式として、ロボットの自
律的な活動が増加するにつれ、個人がこれらの機械の活動によって経済的に損害を被
るリスクを伴うおそれがある。無過失責任主義に基づく既存の事故対応のあり方は、
ロボットの活動範囲の抑制、新たな保険制度や法的責任の検討をはじめとして、ロボ
ットであるトレーダーに係る「デジタル世界における特有の財産」など、契約問題を
どのようなアプローチで検討することが求められるのかという問題を提起している。

はじめに、それは自動車から始まった。オーケ・メーデセーター（Åke Madesäter）が、国連の「世界産業用ロボット報告書2005」における論説で強調しているように、「産業用ロボットは、1961年にアメリカ合衆国で最初に導入され、実用化の端緒は北アメリカの自動車工場内で実施された試験であった」（前掲論文ix参照）。日本の産業界は、1980年代には当該技術を大規模に自動車工場に導入し、コスト削減と製品の品質向上により戦略的に競争力を高めることに成功した。西洋の自動車製造メーカーは、苦難の末に数年後には日本の取り組みを見習い、1990年代には工場にロボットを導入するに至っている。その後20年もの間、ロボットは工業分野とサービス分野双方においてその利用を拡大していった。欧州経済委員会報告および国際ロボット連盟（「世界産業用ロボット報告書2005」）が示しているとおり、現在、「あらゆる形、大きさの機械」を私たちは使用しており、これらの機械について、報告書では、ロボット投資に係る収益性の分析、そのような投資の景気循環への影響、価格と賃金の異なる国への集中度、異なるタイプのロボットの世界的な稼働状況を、1998年から2004年の期間における世界のロボット市場における価値について分析を行っている。ロボット分野のようにダイナミックに変動する分野においては、このようなデータはすぐに時代遅れのものになってしまう。しかし、この報告書により、契約条項や条件を定義する場合、ロボットのアプリケーション一式をあらかじめ理解することができる。

　一方、私達は、様々な分野で産業用ロボットを取り扱っている。具体的には、農業、狩猟、林業、漁業、および鉱業などの異なる分野における利用が挙げられる。これらのロボットは、食品や飲料、織物および皮革製品、木材およびコークス、ゴム、プラスチック製品および卑金属などの製造において用いられている。さらに、石油製品や核燃料の精製、家電製品や事務機器、電動の機械類、電子バルブ、チューブおよび他の電子部品、半導体、ラジオ、テレビや通信設備、医療精密機器、自動車などの製造において用いられていることはいうまでもない。

　このようなロボットの特徴は、ISO 8373の定義によると「自動的に管理され、プログラム可能で、3つまたはそれ以上の軸から成る多目的のプログラム可能なマニピュレーターから構成され、特定の場所に固定して用いられる場合、または、オートメーション化された工場において用いられるもの」と要約することができる（UN 2005：21）。

このようなロボットのプログラムされた動作または補助的な機能は、プログラミングのための記録媒体や ROM などを変更する場合を除いて、物理的な変更を伴わずに（すなわち機械的な構造変更やコントロールシステムの改変なしで）変更することができる。

直線運動または回転運動において、このロボットの動作を特定するために用いられる軸または指示に関連して、その機械的構造は、直角座標ロボット、円筒座標系ロボット、水平多関節ロボット、関節ロボット、パラレルロボットなどのロボットに関してはさらに詳細な区別がなされることがある。

一方、本書では、家庭内での利用や個人が利用するロボット同様に、業務において利用する産業機械を含むサービス・ロボットに分類されるロボットにも着目した検討を行っている。

はじめに、業務用の掃除用ロボット、検査システム、建設および破壊、兵站、医療ロボット、防衛、救助およびセキュリティ利用、水中システム、一般的に使用されるモバイル・プラットフォーム、研究ロボット、広報ロボットなどに焦点を当てる。

次に、iRobot のルンバ掃除機のような家庭内で個人が利用するロボット、頑具ロボットや趣味で利用されるシステムなどの娯楽ロボット、ハンディキャップ支援、個人の移動、ホーム・セキュリティおよび監視などにおいて用いられるロボットについて検討する。その他、新たなサービス・ロボットについても紹介する。

例えば後に 4.3 節で論じる新世代のロボ・トレーダーなどについても言及すべきかもしれないが、このような分類は、ロボットの設計、製造、供給および利用に伴う答責性や法的責任の問題を検討するにあたって、とりわけ、民事法の領域（刑事法の分野に含まれない問題として）において、リスク、安全性、予見可能性、予言、厳密な行為者、行為等を検討する際には、そのような区別を行うことは実質的には困難である。図 4.1 に基づく領域の複雑さは図示することとする。

図 4.1 は、一般的なロボットの分類であり、これらのロボットすべてに共通する点は、個人の権利や義務が、当該ロボットの設計、製造および実装に関する当事者間の自発的な契約に基づくものであるという点である。本章の目的は、リスクやロボットの動作に関する予見可能性の度合いに応じて、そのような自発的な契約の相違点を明らかにすることで、契約法の基本概念の方向性を示すことにあり、瑕疵担保責任や表明保証違反等の契約については、それらの検討が喫緊の課題となっている。

ロボットの製造および使用に関する契約の条項やその条件については、次の 4.1 節

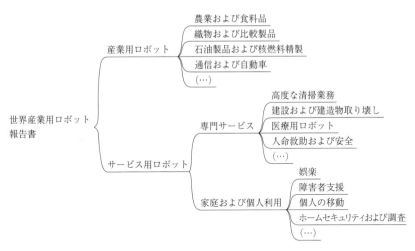

```
                                       農業および食料品
                                       織物および比較製品
                      産業用ロボット     石油製品および核燃料精製
                                       通信および自動車
                                       (…)

                                                  高度な清掃業務
                                                  建設および建造物取り壊し
                                       専門サービス    医療用ロボット
  世界産業用ロボット                                   人命救助および安全
  報告書                                             (…)

                                                  娯楽
                      サービス用ロボット                障害者支援
                                       家庭および個人利用  個人の移動
                                                  ホームセキュリティおよび調査
                                                  (…)
```

図 4.1　C 契約上の義務とロボットの複雑性

において考察する。一方、合理的な安全が確保されており制御可能なロボットは数多く存在する。反面、1930 年代の航空機の危険性と同程度に危険な動作をする可能性があるアプリケーションについても確認する。

　4.2 節では、外科手術支援ロボット「ダ・ヴィンチ」を利用する際の問題について検証する。そのような機械の利用にあたっては、機械的な構造に起因する問題が発生するため、学者は日常的にその対応のための研究に従事しているが、その対応には、新たな技術革新のために事前に行った研究と同じ程度の労力を要する研究といえる。問題が発生する可能性、それに伴い生ずる結果およびコストに基づいて、合理的な安全が確保された機械の設計、製造および利用に対する個々の責任を確認するために、そのようなロボットによって引き起こされる問題の予見可能性とリスクを法律家がどのように定義するのかという問題について一般的に理解されていることがある。このような明確な（困難な事例との対比において）事例は、証拠、従来の過失および無過失責任の概念で説明が可能であるという点である。

　一方で、ビジネス分野で用いられている Zero Intelligence（ZI）のようなリスクが高いロボットのアプリケーションについては、4.3 節で取り上げる。今後の目標は、人間の活動において用いられる単なる道具としてのロボットと民事法の分野において行為者として機能するロボットを区別することにある。現在のルールは、一定の事例

におけるロボットの法的行為者性を承認することを禁止しているが、そのような法的行為者性は、人間がロボットに対し重要な認知作業を人間がロボットに委任する際に重要になる。これらの機械は、オークションにおいて応札し、申し出を受け、見積もりを要求し、取引を交渉し、さらに契約を履行することができる。その結果、自律のレベル（そのレベルは機械による活動が刑事責任能力を満たすには不十分なもの）は、契約法における新たな形態の人工的な行為者性を認めるには十分であると考えられる。したがって、4.4 節においては、従来からの保険モデルあるいは認証システムによるリスク分散の方法に加えて、ロボットの動作の新たな責任能力の形態について考察する。

　その究極的な目的は、「人類の幸福にとって有益なサービス」（国連の「世界産業用ロボット報告書 2005」）を提供するロボットの利用または製造を躊躇させる立法を回避することにある。ロボット（特定のものには限定されるが）が、自らの動作に直接責任があるとする考えは、私有財産に関する古代のローマ法に先例がある。ユスティニアヌス法典の「学説彙纂」（Justinian's Digest）では、私有財産制度として奴隷制が認められているが、私権の基礎たる法人格は与えられていないものの、不動産管理人、銀行家または商人として働くことを認めている。同様に、ロボットに対するある種の財産的価値が、そのような機械に関して考慮すべき権利と義務を保障することができるのではないかと考えている。ロボットと奴隷の比較は意義があるものであるが、その理由は、古代の法律家が追求したのと同じ問題ととらえることができるからである。

　ロボットの決定によって個人が損害を被ることは避けなければならない。また、契約に関わる相手方のロボットは、それらと取引する場合に法的に保護される必要がある。外科手術ロボットおよび認知オートマン（cognitive automat）について考察し、商用ソフトウェア・エージェントまたはロボ・トレーダーに関し考察した後、4.5 節では、自動運転車について、特に AI 自動車や AI 運転手のような無人輸送手段について論じる。その理由は 2 つある。1 つは、このような種類のロボットの応用事例について検討することで、契約上の責任に関する問題や人間とロボットの責任分担のあり方について考察を深めることができる。他方では、AI 運転手は、契約上の責任では対応できない問題の増加（または検討を迫られること）をもたらすと考えられる。例えば、ロボットが第三者に損害を与える場合であって、契約の相手方が関係しないような場合が挙げられる。ラウンドアバウト[56]における偶然の事故により、機械に

よる被害が生じた場合、損害賠償責任は誰が負うのか。

4.1 契約、条項およびリスク

　リスクは、3つの方法で検討することができる。第1に、進化論的な観点からすると、私たちは、人間環境の複雑さを低減することを目的とするすべての適応性ある試みに、リスク概念を関連付けて考えることができる。『リスク分析および社会（*Risk Analysis and Society*）』（2004）の序論では、ティモシー・マグダニエル（Timothy McDaniels）およびミッチェル J. スモール（Mitchell J. Small）が、「人類の進化の起源以来、健康と幸福に対するリスクは、変更途上における順応的反応につながるものである」と強調し、「新石器時代の家族集団は、飢え、乾き、気候や外敵との闘いのために知識や資源を共有し、直面するリスクを管理しようとしていた。リスク・マネジメントは、過去1万年に渡って社会と支配構造の発展において基本となる動機であった」と述べている（前掲書参照）。

　第2のアプローチは、現在のリスク社会特有の特徴を、従来の（あるいは前近代的な）近現代社会の組織と区別している。ウーリッヒ・ベックの1986年の『リスク社会（*Risikogesellschaft*）』のような古典的文献においては、この点を明らかにしている。「我々は現代化への動きの目撃者（主体および客体としての）であって、古典的産業社会の枠組みから逸脱するものであり、新しい形の（産業上の）リスクを鍛造している。……議論はそれである、一方……古典的な産業社会において、富をもたらす「ロジック」は、リスクをもたらす「ロジック」を支配し、リスク社会において、この関係は逆になる」（1992英語版：9および14）。

　リスクに関する概念への第三のアプローチは、「方法論」である。リスクの度合いを決定するにあたっては、安全係数、リスク評価および管理の観点から量的・質的な観点から判断しなければならない。具体的には、蓋然性、技術、リスク、健康リスク、情報リスクなどの要素が関わることになる。

　フランク・ナイト（Frank Knight）が執筆した「リスク、不確実性および利益（1921初版、2005再版）に記されている将来に関する提言によれば、私達があらかじめ理解すべきことは、「日常会話や経済に関する議論において、普通に用いられているリスクという用途は、実際には2つの事項を含んでおり、少なくとも機能的な観点

56　[訳注] 3本以上の道路を円形の交差点に接続した環状交差点。

からは、経済組織の現象との因果関係とは全く異なるものである」。これらの2つの要素は、本来のリスクを「測定の余地がある量的リスク」あるいは「測定可能な不確実性」と考えており、量的にも不確実性の観点からも明確に判断することが困難または不可能なリスクのことを、本来の不確実性ととらえている。

　例えば、構造工学（例えば建物の安全構造）の安全係数について対応する場合、学者は、材料の品質がプロジェクトの計画段階に予定していたものよりも低品質であったり、当初算出していたものよりも荷重が高くなるといった事前評価の失敗によるものと、ヒューマン・エラー、潜在的に未知の機能不全メカニズムあるいは本来の不確実性に基く不透明要因の両者を区別して考えている。

　リスクの概念に関するこれらの3つのアプローチは相互に関連性を有するものであるが、本書が焦点を当てるリスクについては、学者が本来の意味での不確実性に取り組むリスクに係る事例に限定して考えるものとする。

　参考になる有益な実例としては、1950年代と1960年代の原子力産業における取り組みが挙げられる。当時、そのような蓋然性を判断する方法論がなかったものの、原子炉を設計するエンジニアは可能な限り事故が発生する可能性を低くする努力をしていた。実際、現代の確率論的リスク評価（PRA: Probabilistic Risk Assessment）は、1960年代から1970年代の初等に発展し、1975年のラスムッセン（Rasmussen）報告書で定着した。

　ニークル・ドールン（Neelke Doorn）およびスベン・ハンソン（Sven Hansson）（2011：155）の表現を借りると、「この報告書において用いられている基礎的な方法論は、事故の可能性を計算し効率的にその可能性を低減する手段として、様々な改良とともに、原子力産業およびその他の多くの産業で、現在に至るまで用いられている」。

　この蓋然論のアプローチは、分析結果により明らかになった事象のうち、発生することが望ましくない事象を抽出することを目的としており、有害事象の発生に結び付くおそれがある事象が発生する可能性をピンポイントで特定するとともに、各事象の発生の可能性についても検討することを目的としている。確率論的リスク評価の初期の段階に照らしてみると、現在では2つの点からその「進化」について言及する必要がある。

　最初に、専門家は、重大事故の一般的な発生の蓋然性を確立するのではなく、むしろ、安全を確保するためのシステムの脆弱性について、それらの発生の可能性に関して事象のシークエンスの序列を決定する役割を担っている。

次に、蓋然性は、「実際に観察することができる発生頻度を公平に予見すること」ではなく、「ある事象が確実に発生する度合いを可能な限り適切に表現すること」である[57]。

　このような制約された条件では、リスク分析、特に新規性を有し過去にテストしたことのないテクノロジーであって、データがない事象に直面した際には重大な限界があることを意味する。確率論的モデルの経験的な基礎は、必然的に、その発生に関するデータを学者が収集可能な一般的な事件によって決められているが、異常な事件の発生確率が、リスク分析で最も関係がある発生確率であるといえる。その他の方法は、極値解析、分布の任意性またはブートストラップ法のような稀有な事件に発生確率を付すために開発されたものの、これらのアプローチも自律的な機械の予測不可能な行為を適切に取り扱うには不十分であると考えられる。例えば、「ブートストラップ法は、未だに十分に長い期間にわたるデータ記録と、データのサンプリングに関する不確実性の影響を分析することが必要である」（Doorn and Hansson 2011：158）。さらに、計測可能なリスクは、全く新しい技術や試用技術に直面したときの人間の反応には適用するのが難しいとされている。新しいタイプの人間的失敗を隔離することで制御不可能な不確実性の領域を制限するためには、発生確率に依拠するよりも、むしろ視点を質的または人間中心のアプローチに焦点を絞るべきである（Mosneron-Dupin et al. 1997）。

　アイザック・エリシャコフ（Isaac Elishakoff）（2004）によって提案された「部分安全係数」のようなリスク分析アプローチを参考に、私たちは、ロボット技術の進歩がどのようにこの分野に影響を及ぼすのかについて考えなければならない。

　本章の導入部分で言及したように、設計、製造およびロボットの使用に関する契約上の義務および権利は、その動作に伴うリスクの度合いや予見可能性に密接に関係するものである。「自動運転車に搭乗している人間に関する法について（The Laws of Man over Vehicles Unmanned）」（2008）において、ブレンダン・ゴーガティー（Brendan Gogarty）およびメレディス・ハガー（Meredith Hagger）は、「複雑なソフトウェアおよびハードウェアの欠陥を特定することは、既に困難である」（前掲論文123参照）と主張し、3つの異なるシナリオを考えなければならないとする。

　最初に、ダ・ヴィンチ外科手術システムについて、開発者（イントゥイティブ・サ

57　構造の安全性（JCSS 2001：60）に関する合同協議会によって提案された「確率論モデル・コード」の定義を参照。

ージカル社：Intuitive Surgical）のウェブサイトによれば、「外科医は繊細で複雑な手術を実施することが可能」であり、前立腺切除術処置のような手術においても、「小さな切開による侵襲性の軽減とともに、視認性、正確性、機敏性およびコントロール性が向上した」と説明がなされている。

「ダ・ヴィンチ・ロボット・システムに関する構造上の欠陥率（Mechanical Failure Rate of da Vinci Robot System）」によれば、ダ・ヴィンチ・ロボット・システムの機械的な機能不全により手術を完了することができなかった比率は、350 の処置のうちの 9 件（2.6％）のみとなっている（Borden et al. 2007）

同様に、「ロボットの支援により実施された腹腔鏡手術中に機械の不具合により患者が負傷した事例（Device Failures Associated with Patient Injuries During Robot-Assisted Laparoscopic Surgeries）」（2008）では、アンドニアン（Andonian）らによると、2000 年から 2007 年までのニューヨーク泌尿器科研究所において患者の負傷と関係がある手術例のうち、わずかに 4.8％となっている。

外科手術ロボットが適切に動作しないことに伴う法的見地からの考察は、次の 4.2 節で取り上げる。

第 2 のシナリオは、合衆国空軍の RQ-1 プレデター（RQ-1 Predetor）または合衆国陸軍の RQ-2 パイオニア（RQ-2 Pioneer）のような無人航空機に関する事故率を具体例として示す。合衆国空軍の公表資料によれば、事故を 3 種類に区別して検討すべきであるとしている。

(a) クラス A 事故：100 万ドルを超える財産的損害、国防総省の航空機の喪失または死傷若しくは恒久的な身体障害を含む人的被害を含む事故
(b) クラス B 事故：20 万ドル以上 100 万ドル未満の財産的損害、身体の部分的障害または 3 名以上の死傷者に係る人的被害を含む事故
(c) クラス C 事故：2 万ドル以上 20 万ドル未満の財産的損害または業務時間の喪失を伴いながらも致命的ではない負傷に関係する事故

2005 年までに、無人航空機（UAV）に関するリスク水準は、従来の航空機に関するリスク水準よりも遙かに高くなっている。有人飛行と比較したとき、合衆国空軍の RQ-1 プレデターは、伝統的な有人飛行よりも飛行時間 1 時間あたり 32 倍の事故、合衆国陸軍の RQ-2 パイオニアは 300 倍以上の事故、合衆国陸軍の RQ-5 ハンター

（RQ-5 Hunter）はほぼ60倍の事故を起こしている。したがって、ピーター・シンガー（Peter Singer）は、『ロボット兵士の戦争（*Wired for War*）』（2009）において、平時の状況下での技術の進歩、訓練または比較的安全な操作にもかかわらず、無人航空機（UAV）の安全性が有人航空機の安全性に匹敵する水準に達するためには、1桁から2桁の改良が必要」と見積もっている。

　そのような不十分な現状は、無人航空機（UAV）の民間利用においても同様の問題を引き起こしている。アメリカ国家運輸安全委員会（NTSB）が、2006年から2008年の間に発生した無人航空機（UAV）に関する国内の事件を調査したことは特筆すべきことである。ジェフリー・ラープ（Geoffrey Rapp）による「無人飛行機の登場（Unmanned Aerial Exposure）」（2009）に関する研究における分析に基づき、これらの事件の1つで実際に発生した問題の要因を確認することにする。

　2006年4月に、アメリカ合衆国税関・国境警備局が使用していた1機のプレデター無人航空機が、操縦者がエンジンスイッチをオフにした結果、アリゾナ砂漠に墜落した。このプレデターの2つの地上管制基地の1つは、飛行中閉鎖しており、操縦者は残り1つの基地に切り替えたが、コンソールを調整するのを忘れてしまい、うっかりプラットフォームの燃料供給をオフにしてしまった。無人航空機は飛行中に動力を喪失したため、「電力を保持するために電気的設備の電源供給を停止してしまった」（NTSB報告書）。

　地上で負傷者はいなかったものの、「この事故はこの業界の評判にとってはプラスにはならなかった」（シチュー・マグヌスン（Stew Magnuson））。当該無人航空機は、地面に衝突する前に2軒の家屋から100フィートほどのところを滑空した。家の所有者たちは衝突音を耳にし、爆弾が爆発したと思ったという。NTSBはこの墜落事故をプログラムに関する不十分な調査、パイロットによるミスおよび製造業者が実施した不十分なメンテナンス手続が原因であると結論付けた。

　現時点においては幸いにも、このような事故により負傷した者はいないが、国内で普及しつつある無人航空機（UAV）の利用が拡大すれば、墜落や飛行中の無人航空機（UAV）からの落下物が結果として人的被害の発生や損害をもたらすことは避けられないだろう（G. Rapp、前掲論文628-629）。

最後のシナリオは、保険会社やリスク管理の視点からの検討である。このような事

業者は、保険契約者に対する不法行為または保険料に対して保証される損失のいずれの場合においても契約上は第三者である。つまり、算出された保険料に基づいて保証される範囲内において保証するにすぎない。無人航空機（UAV）の民間利用について考えてみると、ビジネスあるいは娯楽、商用または産業支援援助のように異なる用途における利用に対して、どのようなポリシーに基づいて保証するのか。

ジェフリー・ラープ（2009）によれば、商用無人航空機を利用した写真撮影会社であるモイラ社（Moire Inc.,）は「200万ドルの損賠賠償保険をかけて、顧客がその保険証券に基づく「追加被保険者」になるように呼びかけている」（前掲論文647参照）。さらに、無人航空機（UAV）が科学研究目的で使用されるときには、保険料は「飛行1時間あたり通常の保険料の85％」となっている。また、船舶保険ポリシーに関して、それらのコストは「UAV再調達価額の2％、地上の基地局の再調達価額として0.5％の追加料金、およびにUAVの運用毎に3万ドル」と見積もっている（同論文参照）。

これらの保険料が示唆するのは、ロボット関連アプリケーション装備一式やその範囲における契約上の義務に関する契約およびその条件への影響を理解する必要があるということである。その一方で、事象が発生する可能性やそれに伴う結果やコストに関する確立した定量化の観点から、多くの合理的な安全および制御可能なロボットについては、従来からの保険会社によるリスク・アセスメントまたはリスク・マネジメント手法に新たな変化を求めるものではない。さらに、もう1つの問題として、ロボットの動作が次第に予測不能になるにつれ、これらの機械の製造および利用に関して定量的に把握できるリスクではなく、不確実性の高い問題が生ずると考えられる。

ロボットのプログラムにおける設定や目標を拡大するにつれ、一層複雑な問題への対応を迫られるとともに、その結果、発生するリスクは、ロボットの動作に応じて指数関数的に増加する。3.5節で論じたように、法的な因果関係の問題を解決することに失敗すると、ロボットの進歩を阻害するというカーティス・カルノー（Curtis Karnow）の考えを受け入れる必要はないと考えられるが、契約法の分野では、ロボットの自律性が向上することで、被害の予見可能性、個人の過失あるいは責任をめぐる基本的な概念に影響が及ぶことは必至である。

合理的な安全が確保され制御可能なロボットについて考慮することによって、次節では、今日の法的枠組みでは対応することができず、さらに4.3節で議論する新世代のロボットを分析するうえで背景となる問題について検討を行う。

4.2 AIドクター

　本項は、ダ・ヴィンチ外科手術システムに焦点を当てることで、機械の動作に伴う責任に係る現在の法的枠組みが、ロボット応用の多くには対応できない場合があることについて考察する。ただし、この問題については、ロボット手術が重大な問題を引き起こすという意味合いではない点に注意が必要である。

　例えば、「ヒューマン・ロボット・インタラクションにおける長期的な影響の予想（Predicting the Long-Term Effects of Human-Robot Interaction）」（2011）において、エドアルド・ダテリ（Edoardo Datteri）は、「問題なく動作する医用ロボットの不注意な使用によって被害が発生する可能性がある（場合によっては致命的な）事例」について指摘している。

　ダ・ヴィンチ外科手術システムを用いることで、入院期間を2分の1に短縮し医療費を3分の1に減らすことができる可能性がある。しかし、ロボット・システムに不慣れな医師者が利用することにより医療過誤を引き起こすリスクがあり、外科医はロボットを適切に使用するうえで必要な知識を学ぶために十分な時間も情報も与えられていないため、ロボットの利用に幅広く経験を有する外科医になるためには、ダ・ヴィンチを利用して最低でも200の手術を実施する必要がある。

　合衆国病院協会のウェブサイトにおける「ロボット手術に関する相談」（2011）では、リンダ・ジン（Linda Jin）らは、患者に魅力ある手術システムというマーケティング目的というよりは、むしろ、医療ケア向上のための医療システムのために、そのようなロボットがより積極的に利用されているという見解を表明している。

　2010年6月に任意に選択された400の合衆国内の病院ウェブサイトの分析により、ジンらは、「病院ウェブサイトの41％において、ロボット手術に関する記述が存在する」としている。これらのウェブサイトのうち、37％はホームページ上にロボット外科手術に関する記述を公表、73％はメーカーが提供した見本の写真や説明文、33％がメーカー・ウェブサイトへのリンクを公表している。臨床における優越性に関する記述はウェブサイトの86％で言及があり、32％は癌治療において改善がなされた成果に関する説明、2％は関係する団体に関する記述がある。なお、病院のウェブサイトでリスクに関する言及は見受けられない。手術ロボットに関し病院が提供している情報は、その利点を過大評価し、大部分はリスクを無視し、メーカーの影響を強く受け

る内容となっている」（前掲）。

　とりわけ、ロサンゼルス・タイムズは 2011 年 10 月 17 日付けのアンバー・ダンス
（Amber Dance）の記事において、これらの懸念事項に関する問題について論証して
いる。

　ロボット手術が進展する一方で、問題も生じつつある。ダ・ヴィンチ・システムは、
現在、2000 の病院において導入されている。しかし、医師の手による手作業での手
術は、いまだに優位性を維持している。2000 の病院における雇用問題をはじめ、手
術ロボットの設計や製造に関する問題を法的な見地から検討することは、特に新たな
問題というわけではない。

　次の 4.2.2 項で紹介するマラケク対ブリンマー病院事件によって示されるように、
電子機器の誤作動により引き起こされた損害による責任問題に関する現在の法的枠組
みは、ロボットの機能不全によって引き起こされた被害への対応として適切に対応す
ることが可能である。

　しかし、そのような責任問題は、単に私人間で交わされた契約条件のみで解決でき
るわけではない。例えば、ダ・ヴィンチ外科手術システムを利用する場合の私人につ
いて考えてみると、そのようなロボットの開発者や製造者（イントゥイティブ・サー
ジカル社）、機械を利用する利用者、ロボットを導入する病院、自然人の医者（人工
知能に対置する位置付けとして）などが、これに当たる。実際、そのようなロボット
の使用に伴い、不正な利用によって生じた損害の賠償義務と同様に、第三者の権利と
の関係における問題が生じる可能性がある。

　したがって、契約条件によって第三者の権利利益はどのように保護されるのか、ま
た、第三者の法的な保護がどのように契約上の権利義務に影響する可能性があるのか
という問題については、次の 4.2.1 項で検討する。

　第三者に係るこの問題を検討するにあたって注目すべき点は、ローランド・マラケ
ク（Roland C. Mracek）が、ダ・ヴィンチ・システムの誤作動に関し、ダ・ヴィンチ
外科手術システムの製造者と利用者であるブリンマー病院（Bryn Mawr Hospital）
の双方を訴えた事例がある。この問題は、4.2.2 項において検討する。

4.2.1　当事者、相手方および第三者

　ロボットの応用的な利用条件や契約をめぐる問題は、第三者の権利利益に関する問
題にも関わる問題である。

保険契約者が受けた損失または保険契約者による他人への被害に対する支払いを補填する第三者としての保険会社に加えて、2006 年４月にアリゾナ砂漠のある墜落現場近くの居住者に起こった問題に基づいて、この問題を検討したい。当該居住者は、プレデター UAV が地上に落下し、100 フィートほどに接近し滑空したため、爆弾が爆発したのではないかと勘違いするほどであったという点は前述のとおりであり、幸いにも、UAV の墜落による負傷者はいなかった。

　２つのタイプの義務は、第三者に対して損害を与える可能性がある者に関し、ロボットの設計者、製造者および利用者を区別することになると考えられる。ある種の義務については、私人間の自発的な契約に基くものであり、他のものは、行為者の意思に反して一般に課されるものである。この種の契約を超えた義務には、故意の不法行為、過失責任に基づく法的責任および無過失責任の場合が含まれる。コモンロー法律家が不法行為という用語を要約する場合、2.2 節で論じた当事者間の責任分配の問題であると説明することになると考えられる。

　このような複雑な概念について、ダ・ヴィンチ・ロボットによって前立腺切除術手術を施術する際の問題について検討することとする。

　例えば、マラケク対ブリンマー病院事件では、本件に係る検討を行うにあたって次の４つのレベルに分けた検討を行わなければならない。

(a) ダ・ヴィンチ外科手術システムの使用（またメンテナンス）のための条件を決定する契約当事者、すなわち、イントゥイティブ・サージカル社、ブリンマー病院

(b) 自発的に（次項では強制保険の事例として検討）契約における第三者となった保険会社

(c) ダ・ヴィンチ・システムを用いた手術を任意に受けた第三者、すなわち患者のローランド・マラケクとブリンマー病院との間の契約

(d) マラケクが患者として提起した不法行為責任訴訟は、イントゥイティブ・サージカル社、ブリンマー病院の両者の契約（項目 a）によって不当な損害を被ったとの主張に基づく不法行為責任

契約の当事者が、当事者間の契約条件を定める際に（項目 a）、不正な損害（項目 d）に対する賠償にあたっては、法的に課された義務に基づかなければならない。

ソフトウェア開発者の契約を考えてみると、製品によって引き起こされた損害賠償責任の免責や責任を厳格に制限する契約条項を定めていることがある。反面、合衆国法典 28 編 2671 条に基づく合衆国の連邦事業請負業者の事例に鑑みると、3.5 節において言及したような事例において、契約上の相手方を保護する免責条項が及ばないことになる。マラケク対ブリンマー病院事件では、被告の一方の当事者（ブリンマー病院）が、裁判所の命令によって訴訟から除かれた点は注目すべきである。

　イントゥイティブ・サージカル社（ロボットの設計者および製造者）のみが、ダ・ヴィンチ・ロボットが不正な損害を引き起こさなかったことを示すことで、自らを弁護しなければならなかった。第三者（項目 d）の要求が、契約（項目 a）条件や契約条項な影響を及ぼす可能性があるのかするか理解するために、契約者間の配分された責任が、3 つのタイプの契約外の責任に依存するという異なる側面に着目したい。

　第 1 に、法的責任は、不法行為に関しては当該人物による行為が加害目的である場合、不法行為者による違法な行為として責任を負う。ダ・ヴィンチ・ロボット・システムの使用を通じて、医者による患者への被害が故意ではない場合を慎重に検証する必要がある。

　刑事法では、故意の不法行為に関する仮説において、チンピラロボットの現象学の第 2 ステップに戻って考えることになる。民事法（犯罪に対する概念として）の分野では、そのような不正な意思表示は、契約外の責任（項目 d）の要求と前述の契約上の義務（項目 a）との関係を有しない。つまり、ロボットの製造者が、機械の利用者の行為に対して責任を負わないことは明らかである。

　第 2 に、厳格責任または無過失責任に係る事例とは対照的に、不法行為者の行為が責めに帰すべき行為に当たらない場合がある。違法または有責な行為の有無にかかわらず、個人は自らの危険行為またはその他行為者の当該行為について法的責任があると判断されることは法制度上はありえる。厳格責任に基づく製造物責任においては、契約外の責任（項目 d）に関する要求が、当該製造物（項目 a）の設計、製造および供給における契約条件を覆すことができる。折に触れて、機械が適切に作動しなかったという証拠がないことを、ロボットの利用者ではなく製造者が示さなければならないと考えられる。

　最後に、通常人が予見可能な被害を防ぐための予防策を怠った場合などに、不法行為責任としての過失または注意義務の懈怠について法的責任を負う場合がある。3.5 節で言及したように、厳格責任は、注意義務に違反する行為に起因する個別の損害に

対する責を負うことを妨げない。さらに、厳格責任に基づく規範の下では、過失責任は欠陥がない場合でも認められる可能性がある。

　このような一般的な枠組みに照らし、ロボットの利用が、（刑事法上の責任ではなく）民事法上の責任に関する問題にどのような影響を及ぼすかについてより慎重に検討を行うこととしたい。その場合、故意の犯罪のみならず意図的な不法行為の問題を検討することなく検討を進めることができる。3.4.2 節中のチンピラロボットの現象学の第 2 段階に示されていたとおり、このような仮定に基づいて検討を行うことで明確な法理を導き出すことができると考えられる。議論の焦点はむしろ、厳格責任や民事法分野における過失責任、そして立証責任の割合や責任の分配方法に論点を絞って検討を行うべきである。コモンローと民事法の違いはあるにせよ、5.2 節および 3 節においては概括的な検討を行うが、当該概念と手続の複雑な組み合わせの問題は、マラケク対ブリンマー病院事件に基づいて解説することが可能である。本件において、患者である原告は、ダ・ヴィンチ外科手術ロボットによる損害は、厳格責任に基づく製造物の欠陥に伴う責任、過失および担保責任を損害の原因として主張していた。原告が最終的にこの訴訟で敗訴した理由は、結果的にはロボット法における新たな類型の法理を導き出すことに寄与することとなった。なお、合意内容は合理的に安全で制御可能なロボットが一般に数多く存在するという事実に基づいている。

4.2.2　生産者、使用者および患者

　2005 年 6 月 9 日に、フィラデルフィアのブリンマー病院において施術されたローランド・マラケクの前立腺の一部摘出手術は、普段の手術とは様相が異なるものであった。原告の主張によれば、この医療処置の後に起きた勃起不全と鼠蹊部痛についての法的な責任を、ダ・ヴィンチ外科手術システムの製造者（イントゥイティブ・サージカル社）とその使用者（ブリンマー病院）の双方に課すべきであると主張した。この機械は、第 1 に、その誤作動に起因する問題が損害の原因である可能性があり、その結果、当該ロボットの生産者は厳格責任を負うべきであるというものである。合衆国の（第二次）不法行為法リステートメントの不法行為法第 402A 条では、厳格責任は、「製品の製造上の欠陥が原因となった危害だけではなく、その設計上の欠陥が原因となった危害にも課される」とされている。

　この場合、原告側の立証責任として、当該製品に欠陥があり、その欠陥に関し当該製品が製造者による制御可能な状態であり、さらにその欠陥が原告に対する危害の直

接的な原因であることを証明する必要がある。（第二次）不法行為法リステートメントの不法行為法第402A条が要求する証拠の基準および立証責任の双方が、表明保証違反に関する法的責任を追及する裁判上の主張にも適用される。

　2つ目の原告の主張は、不具合に関する厳格責任に係る条項と関係があるものである。原告が当該製品の欠陥の状況または当該製品の欠陥の厳密な状況について直接証拠を提示することができない場合であっても、（被告に）立証責任を課すことができる。つまり、原告は、不具合の発生に係る状況証拠、または当該製品の異常な態様での使用事実および発生した事故に関する合理的な二次的原因の存在の双方を否定することによって、当該製品に欠陥があることを示すことができる。

　最後に、（刑事法ではなく）民事法上の過失責任に関する立証責任は、ある種の行為規範の遵守義務を果たしたか否かによって判断される。ここで、この原告は、被告がこの義務に違反し、そのためにこの原告に対する危害および現実の損失・損害を引き起こしたことを証明する必要がある。

　興味深いことに、マラケクは、自身の裁判上の主張を補強もしくは補助するいかなる専門家の意見書も提出していない。地方裁判所の判決では、本件の原告による当該ロボットに欠陥があるという主張は、「一般的な陪審員が憶測なく確信するに十分なほど明白である」としている。より正確には、以下のとおりである。

　マラケクは、自身の手術を実施した外科医であるマギニス（McGinnis）氏が、手術前と手術後の症状のみならず、ダ・ヴィンチ外科手術ロボットの不具合に関しても陪審で証言することになっていることから、専門家による意見書は不要であると強く主張している。マラケクは、本件の外科手術開始後に、当該ロボットのすべてのコンポーネントが「エラー」メッセージを繰り返し発した後にシャットダウンし、それから再起動できなかったのだから、当該外科手術ロボットの欠陥は明らかであるという立場をとっている。マラケク（Mracek）は、このような欠陥は、事実をありのままの記録として提示することで、門外漢の者であっても理解が困難であるとはいえないため、専門家の意見書を提出する必要がないと主張している（フィラデルフィア地方裁判所、裁判官 R. Kelly 2009年3月11日事件番号 *08-296*, 前掲論文6参照）。

　「専門家による証言がないことは、製造物責任に関する事例では致命的なことでは

ない」ものの、ダ・ヴィンチ外科手術ロボットのような複雑な機械については必ずしもそうとはいえない。つまり、専門家による証言がなかったという点こそが、マラケクが裁判で敗訴した理由であるともいえる。裁判所によると、原告は専門家の意見書を提示することなく、自らの裁判上の主張を補強することを怠った。その結果、当該ロボットの欠陥も、同ロボットに起因する問題と厳格責任に基づく損害との間の因果関係も証明することができなかった。同様に、厳格責任に基づく製造物責任に関する製造物の欠陥に関し、原告は、合理的な二次的原因を排除するための証拠を提示することができなかったうえ、陪審に提示することが可能であったと考えられる過失責任に関する重要事実に関する真の争点を提示することもしなかった。よって、裁判所は、被告人からのマラケク敗訴の略式判決を求める申立てを 2009 年に承認した。連邦民事訴訟規則第 56(c) 条に基づいて、略式判決は、「いかなる重要事実についてもいかなる真の争点もなく、申請する当事者に判決を裁判官にゆだねる権限がある場合に」承認することができるとされている。

　2010 年に本件の地方裁判所判決は確定したが、連邦控訴審裁判所においては、シリカ（Scirica）、バリー（Barry）およびスミス（Smith）判事が、厳格責任に基づいて欠陥に係る責任があるとする略式判決を地方裁判所が認めたことは不当であるとするマラケク氏による主張を却下している[58]。判決では、地裁判決（事実審裁判所）の決定は、「彼［マラケク］が重要な事実に関する真の争点を示すことを怠ったことから適切なものである」と結論付けている。最も重要な点は、当該ロボットの不具合により氏が主張している同氏の勃起不全や鼠蹊部痛について、その原因が当該ロボットに起因するものであると陪審が判断することができるような実質的証拠が存在していないことである（前掲論文 5 参照）。原告の主張が単なる憶測や推論に依拠したものでは不十分であり、「事実を合理的に導き出すことができる証拠であって、原告にとって有利であるとそこから判断することができるような証拠」を提出する必要があるので、控訴審裁判所は、当該事実審裁判所による略式判決を確定したとしている。4

58　マラケク事件の控訴審では、製造物に関する厳格責任、過失責任および保証違反に関する過去の裁判例における主張に基くものではない。「無人輸送手段及び合衆国の製造物責任法（Unmanned Vehicles and US Product Liability Law）」（2012）において、スティーブン・ウー（Stephen S. Wu）は、「原告らがこのシステムに欠陥があったことを示す略式命令を発出する必要がないことを示す証拠の提供を行ったので、被告人に略式判決を受ける権限があった」と説明している。Jones v. W+M Automation, 818 N. Y. S. 2d 396（App. Div. 2006), appeal denied, 862 N. E. 2d 790（N.Y. 2007); and Payne v. AAB Flexible Automation, 96-2248, 1997 WL 311586（8th Cir. Jun. 9, 1997）を参照。

か月後、マラケクは最高裁判所に上告したが、2010 年 10 月 4 日に棄却されている。

3.4.2 節で故意による犯罪に関する一連の一般的な判例の検討を行った後、マラケク対ブリンマー病院事件は、「用語の適用に関する一般的合意」（Hart 1994：123 参照）に関する新たな事件を示す事件と評価できるものである。反面、マラケク事件が、証拠不十分なケースであるという点は明白であると考えられる。しかし、控訴審裁判所の判決が示す重要な事実に関する論点を分析すると、本判決がこれとは違う結論に至っていた可能性も想像することができる。すなわち、原告は当該ロボットの行為と自身の勃起不全との間の因果関係を証明することができたのではないだろうかという点である。つまり、直接的または合理的な副次的要因、過失責任や保証違反のような伝統的な法律上の諸概念を用いることができたと考えられる。ダ・ヴィンチ外科手術システムの利用に伴って生じた問題が、このような事例において個人の法的責任のあり方に関する法律家の考えに影響を及ぼさなかった理由は、制御された機械の動作が手術室という環境において事象が発生したことにある。第 3.5 節で取り上げたような科学技術の専門家の分析が必要であると考えられる複雑かつ難解な事例とは同様の問題があるようには見えない。犯罪や不法行為といったともに「違法な」行為を前提とする事例を検討したうえで、このような単純な事例は厳格責任としての製造物責任というよりも、むしろ不具合に関する厳格責任に関連した単純な事例と考えられ、ロボットの利用に際して合理的に安全で制御可能なロボットの代表的な例といえよう。

しかしながら、さらに複雑な事例を理解することは必ずしも不可能とはいえない。ブリンマー病院事件の考察を通じて、人工の行為者が病院で業務に従事し、患者のスケジュール管理を行うという超現実的なシナリオを想定してみよう。当該行為者は、ダ・ヴィンチ外科手術システムが施術する外科手術の実施スケジュールの優先順位を確認し、メンテナンス要員にアラートを発するといった業務を行う。このようなロボットに向き合うことで、人間による確認事項の連絡業務を単に代行する道具ではなく、まさに行為者そのものとしての存在として対応する必要があることを認識することとなる。人間の管理者による確認や検証を受けることなく、「申請者をダイレクトに福祉プログラムに登録することによって、メディケイド（合衆国の公的医療保険制度の 1 つ）、食券、その他の福祉制度における給付の停止を決定したり、それらの更新手続きを実施する行為者としてのロボットは既にして数多く存在している」（Chopra and White 2011：195）さらに、ロボットの行為を制御する一連のパラメータや利用条件を拡張することで、例えば開放型環境下で動作する機械にまで拡張するとなると、

このような機械の使用に伴い生ずるリスクや不確実性のレベルは、法律の基本的な信条、特に契約分野における基本的な理念に深刻な影響を及ぼす可能性がある。「エージェント・技術：相互作用としてのコンピュータ利用（Agent Technology：Computing as Interaction）」(2005) において、マイケル・ラック（Michael Luck）他は、国防分野におけるシミュレーションや研修への導入事例、ユーティリティ・ネットワークにおけるネットワーク管理、遠隔通信網におけるユーザー・インターフェイスや現地でのやり取りの管理、物流やサプライチェーン・マネジメントにおけるスケジュール計画とその最適化、工業プラントにおける制御システム管理から、公共政策分野において意思決定権者に助言するシミュレーション・システムのような、新世代の法的なハードケースとなりうる多くの事例への注意喚起を呈している（前掲論文50参照）。

さて、契約分野においてロボットに関する法的に困難な問題については、取引の交渉、オークションの承認、提案の提示や自身の権利義務を設定することが可能な機械を事例にして説明することができる。ダ・ヴィンチ外科手術システムの事例のように、制御された環境状況における利用とは異なり、取引に従事するこの種の人工の行為者は、3つの異なる面から法的な理論に関する基本的な考え方や方法論に影響を及ぼす可能性がある。

まず、このような機械は、複雑なビジネス上の取引を実行する際の利用においては期待できるが、時にしてその行為が、人間の相場師の貪欲さとの類似性を見いだすことができるような傾向を示すことがある。第2に、これらのロボットは、伝統的には人間によるやり取りのための道具として供給されているが、このようなロボットは今日の法制度において、新たな行為能力を有する者として認識すべきではないかと考える学者がますます増えている。最後に、厳格責任は現在のロボットに係る製造物責任に適用されているが、このような人工の行為者は、契約法や不法行為法双方において、第三者の行為に関する説明責任やその責任の新たなあり方を示唆している。したがって、本節で精査した合理的に安全で制御可能なロボットの例で示した事例とは対極の問題の分析を進めることが求められる。このような問題と対極にある問題は、リスクそのもの、より具体的には不確実性そのものに関する事柄が、ロボットとしての新世代のトレーダーに関する問題を検討するに際して重要であるといえる。

4.3　ロボ・トレーダー

　人工のトレーディング・エージェントは、過去数年の間に急速に導入が進んでいる。ソン・ジェ・リー（Seong Jae Lee）らのロキシー・ボット 06：2006 年の取引エージェント競争における旅行エージェントのサンプル平均推量における人工エージェントコンテスト（TAC）に係る研究業績と並んで、ジェフリー・マッキーメイソン（Jeffrey Mackie-Mason）およびマイケル・ウェルマン（Michael Wellman）「オートメーション化された市場およびトレーディングエージェント（Automated Markets and Trading Agents)」(2006)、「自動オークションシステム（Autonomous Bidding Agents)」(2007) に係るマイケル・ウェルマン（Michael Wellman）、エイミー・グリーンワルド（Amy Greenwald）、およびピーター・ストーン（Peter Stone）の研究業績、「認知オートマンと法（Cognitive Automata and the Law)」(2009) におけるジョバンニ・サルトル（Giovanni Sartor）の研究業績、『自律型人工的行為者のための法理論（*A Legal Theory for Autonomous Artificial Agents*)』(2011) におけるサミール・チョプラ（Samir Chopra）およびローレンス・ホワイト（Laurence White）の研究業績について言及する必要がある。これらの研究は、一貫して現実世界で実際に動作しているロボットよりもソフトウェア・エージェントに焦点を当てたものではあるものの、このような機械はいくつもの共通の問題を提起している。

　一方で、その行為および判断は、過去数十年の間のダブル・オークション市場におけるロボットに関する実験が示しているとおり、予測不可能でリスクを生じさせる可能性があることは否定できない。伝統的な法的観点からすると、人間の行為を補助する単なる道具または手段としてロボットを位置付けることになるが、このことは、厳格責任による製造物責任が、当該機械の行為を自然人としての人間の責任を問うことを意味している。他方で、これらのロボットの中には、人間の行為を補助する単なる道具または手段というよりは、むしろ行為者そのものとみなすべきものであると考えるべき根拠となる理由は多数存在する。このような機械は、人間同士の間に権利義務を設定する際に、複雑な認知作業を機械に代行させることで効率的な進めることが可能となる。その結果、現在の厳格責任は、「人類の幸福にとって有益なサービス」（国連の「世界産業用ロボット報告書 2005」）を提供する可能性があるロボットを採用する際の萎縮効果を発生させるおそれがある。リチャード・ポズナー（Richard

Posner）は、事故制御の最善の方法は、その活動を減らすこと以外にないと主張している（Posner 1973：180）。

　本節は、トレーディング分野における人工的行為者の活用に係るケーススタディによって、ロボティックス分野における法的なハードケースに焦点を当てる。次に、この技術を実際に応用することに対する賛否両論の理由を検証するために、4.3.1節でダブル・オークション市場におけるロボットの利用に関する実験に着目する。買い手と売り手が、オークションと応札を一定のルールに基づいて実施する市場における競争売買に関する最初の実験的な研究が、ヴァーノン・スミス（Vernon Smith）による古典的論文「競争的市場行為に関する実験的研究（*An Experimental Study of Competitive Market Behaviour*）」（1962）で報告されている。その後、30年を経てサンタフェ研究所でロボット・トーナメントが実施され、2000年代初頭には、ロボットを用いた「自動取引」プロジェクト、つまり競争オークション市場での取引が、ペンシルバニア大学とリーマンブラザーズの出資によって実施された。このケーススタディについては、4.3.2節で精査するが、検討対象となる点は、このような機械の行為の本人としての機械の利用者たる人間に適用されるルールによって、当該ロボットの使用については、個人が責任を負うことになる伝統的な視点からの法的な問題の検討である。今日の厳格責任が、4.3.3節のロボットであるトレーダーというある種の法的に解決が困難な問題を扱ううえでは解決の方途を導き出すことが難しいことを示し、4.4節は、法律分野における新世代の困難な事例に対して実際に用いることができるガイドを提供することを狙いとしている。

4.3.1　人工的な貪欲さ

　ダブル・オークション市場におけるあらゆるロボットの原型となったのが、ZIというエージェントである。このようなロボットは、自らが置かれている環境を考慮することなく、その行動のタイミングも制御しないという点でまだ初歩的なものである。ZIエージェントには、環境に反応できないという問題に対処するための行動をとる能力すら欠如している。「あなたのロボットをトレーダーとして育てないために（Don't Let Your Robots Grow Up to Be Traders）」（2008）という記事において、ロス・ミラー（Ross Miller）が述べているとおり、ZIエージェントは、「故意に」金銭的損失を発生させてはいけないという制約事項にのみ従い、一定の分配対象から無作為に抽出したオークションし、提案することのみを目的としてプログラムされたロボ

ットである。しかしながら、ZI エージェントが確かに初歩的なものであれば、この
ロボットは競争売買実験において訓練を受けていない人間のトレーダーを凌駕するよ
うな洗練された目標を達成することになる。さらに、ZI エージェントが手当たり次
第に買いあさり、先読みする際の成績は改善可能であり、その結果、ミラーによれば、
「人間よりも優れているとうわけではないかも知れないが、単純な資産市場でトレー
ドを行うことができる特定目的の行為者の設計として考えるのであれば、その目的を
達成することは明らかに可能であると思われる」（前掲論文参照）。

　興味深いことに、1990 年に開催されたサンタフェ研究所におけるロボット・トー
ナメント以来、学者は人間によるダブル・オークションを模したプログラムを実装し
た ZI エージェントの研究を行ってきたが、そのようなロボットのみで構成される市
場であっても、人間によって取引がなされる市場同様に、経済学者が従来から「競争
的均衡（competitive equilibrium）」と称している平均価格と平均取引量と同じ傾向
を有することを確認している。「人工物としての市場（Markets as Artefacts）」（2004）
において、シャム・サンダー（Shyam Sunder）が明示しているように、コンピュー
タによるシミュレーションは、「市場が生み出す結果の重要な要素である資源配分効
率が、古典的な条件下における個々人の行為の多様性からは大きく乖離している」こ
とを示している。ZI エージェントが市場で取引される品物の平均の価格と平均取引
量を決定する際に、高い資源配分効率性を達成することができるという事実は、合意
や契約上の義務のような社会な交渉に係る問題においては、個人による選択よりもむ
しろゲームのルールから「知性（intelligence）」が生じるというフレデリック・ハイ
エク（Friedrich Hayek）の考え用いることで理解することができる。

　しかしながら、人間のような知的な行為者によって構成される微妙な市場を説明す
る際には多くの問題が生じる。ペンシルバニア大学とリーマンブラザーズが出資した
「自動取引」プロジェクトのように、オークション市場において取引を行うロボット
に関する研究では、ロボットであるトレーダーを（賢い）人間に対抗して投入するこ
とができるようにプログラムするまでには至らなかった。なお、このプロジェクトは、
最終的に 2005 年に中断されているが、リーマンブラザーズが経営破綻する 3 年前に
中断されたということは特筆に値する。

　さらに、共時的（synchronically）に発生する複合的な行為に取り組むという複雑
な課題は、ZI エージェントの能力をはるかに超えるものである。そのため、市場の
資源配分効率が減少し、結果として初歩的なバブルの生成と崩壊のシナリオが現実の

ものとなり、そのような状況においてトレーダーは、将来の供給の影響を無視した活動をするようになる。現実世界のバブル同様に、行為者は複雑な環境を乗り越えることができず、全くの未経験者と同じであることを露見することとなっている。この分析により、ロボットを用いた無作為オークション戦略実験において、現実世界におけるバブルがどのように形成されるかを明らかにすることが可能であることがわかる。ミラー（2008）が強調しているように、「1990年代末に形成されたインターネットその他の技術の蓄積によって生じたバブルは、市場参加者がインターネット企業の株式の将来における供給量を適切に予見できなかったことに、その根本的な原因があったものと思われる」。同様に、「2009年末に発生した金融危機についても、人間による適切な検証をすることなく、人間が理解することも、それに介入することも困難な速度で取引を実施する行為者を導入したことが、そもそもの原因だった可能性が高い」(Chopra and White 2011：7)。

　人間の相場師（speculator）が有している貪欲さと、ZIロボットを積極的に取引に導入することを企図することの両者において、このような人工の行為者が、例えばスピードが知性よりも重視されるような場合に、特定の市場取引で人間よりも重視すべきではないということを意味しているわけではない。さらに、このようなリスクを生じないロボットの利用例や、さらに一般化するとすれば、例えば、個人のオークション、商品の購入、さらには予約などを行う際に利用する自律的に動作する人工の行為者は数多く存在している。eBayのオークションエージェント、iTuneストアのエージェント、Amazonのウェブサイトのボット、一般的な「収益管理技術」を用いて対象となるフライトの混雑度合いを分析して航空運賃の価格を設定する航空券予約システムなどは、今日の日常的なやり取りにおけるエージェントの利用例としてわかりやすい実例であろう。例えば、第三者と取引を行う際、個人の代わりに契約などに従事させる権限を人工的な行為者に認めるなど、「通常のビジネスを行う」新しい方法を開拓することにより、法律によってこのようなビジネスを規律するにあたって、どのような目的で規律するべきかという点については留意する必要がある。

　いかなる人間による行為にも当たらず、誰もその行為について認識していない場合であっても、電子的な行為者によってなされた契約は、有効な契約とみなすべきであるという意見について、合衆国法律協会および統一州法委員会が賛成の意思を表示していることに賛同する。それでもなお、このアプローチは、人間はロボットが判断した行為すべてに拘束されるのか否かという問題や、ロボットが下した判断に拘束され

るのは、いずれの人間である当事者なのか、ロボットの設計者 / 実装者なのか、ロボットの使用者なのか、ロボットの管理者なのか、ロボットによって行われた行為の法律上の本人なのかという問いについては未回答のままである。

4.3.2　ロボットと代理行為の本人

　ロボットが設定した権利義務は、AI ドクターの例を用いて既に検討を行ったとおり、従来からの法的解釈に基づく検討で対応することが可能である。厳格責任においては、実際にロボットの行為を管理し、自らの行為を代わりにロボットにさせた人間が責任を負うのは当然であり、その場合、当該行為があらかじめ予定されていたものであるか、または想定内のものであったか否かは問わない。例えば、合衆国の電子署名法および 1999 年の統一コンピュータ情報取引法（UCITA）による統一商法典改正に向けた取組みは、この問題を説明する際に有用である。一方、合衆国法典 15 編第 7001 条(h)が、契約は「その成立、創設または引き渡しにあたって、1 つまたは複数の電子的な行為者が関与していたとしても、当該電子的行為者が契約で拘束されるべき者に法的に帰属している限りは、当該電子的行為者の関与のみを理由として、その法律効果、妥当性および強制力を否定することはできない」と規定している。当該ルールに基づき、「スパイダー、クローラーおよびボット（Spiders and Crawlers and Bots）」（2002）において、ジェフリー・ローゼンバーグ（Jeffrey Rosenberg）は、「クリップラップ契約を締結するロボットが、「承認」ボタンを押したり、ロボットを排除するヘッダ[59]を無視したとしても、当該ロボットを設計し実装した者が義務を負う」と主張している。

　他方、統一コンピュータ情報取引法の第 107 条(d)は、「同意の意思表示を含む、認証、履行または合意を形成するために自らが選択した電子的な行為者を使用する者は、いかなる個人も当該電子的行為者の動作若しくは当該動作の結果を認識せずまたは検証しなかった場合においても、当該電子的な行為者が行った動作に係る義務を負う」と定めている。同様に、国際契約文書における電子通信に関する国際連合条約のプロポーザルに含まれているモデル文書は、「代理権法に関する一般原理（例えば、行為者の瑕疵のある行為の結果としての法的責任制限を含む諸原理など）」は、このようなシステムの動作に関して用いることはできない。このワーキンググループでは、「一般原則として、あるコンピュータが自らのためにプログラムされている者（自然

59　［訳注］検索エンジンのクローラーを制御するためにヘッダに記述される robots.txt。

人であるか法人であるかを問わず）は究極的にその機械から出力されたいかなるメッセージについても責任を負うべきであるとしている。一般原則として、ある道具を採用した者は、その道具には独立した意思能力というものがないため、その道具を使用したことによって生じた結果については責任がある」と言い換えている。

　道具としてのロボット（robots-as-tools）というアプローチの成果を要約すると、結果として以下のようになると考えられる。

(a) 行為の本人たる P の行為者として、相手方 C と交渉し、契約を締結するために行為するロボット R

(b) R のあらゆる行為は P の行為と見なされるので、R が設定した権利義務は直接的に P を拘束する。

(c) P は、自分には、そのような契約を締結する意思はなかったとか、R が決定的なミスを犯したと主張することによって、法的責任を回避することはできない。

(d) R の誤作動による場合、P は R の設計者および製造者に対して損害賠償を請求することができる。しかし、立証責任に関しては、P には、R には欠陥があり、かつ、当該欠陥に関し R が製造業者の支配下にあるときにも存在していたということを示す必要がある。さらに、当該欠陥が、P が蒙った損害の直接的な原因であったことも示さなければならない。

　従来からの法的解釈に基づく考えは、特定の状況においては当てはまるものの、道具としてのロボットというアプローチにおいては、3 つの理由で不備が生ずる。第 1 に、今後、人間は様々な局面において、自律的に動作するロボット、さらにはスマート・ロボットに、意思決定を左右するような知識の獲得といった認知的作業を委任する可能性がある。結果として、ロボットは人間の活動を代わりに行うための単なる道具であり、さらにはロボットが設定した権利義務であっても、（b に基づいて）当該行為の本人は、特定の契約またはその契約中の合意内容を人工の行為者がなすことを希望したため、直接的に当該本人に権利義務が移転するという従来からの法的解釈を受け入れることは難しいと考えられる。むしろ、当該権利義務は、本人がロボットに対して自らを代理して行為する権利を委任したため、当該権利義務が本人に移転すると解釈すべきである。

　第 2 に、P が R（a に基づいて）に対して委任したという事実から、R の行為の法

律効果が必ず（bに基づいて）Pに発生するということにはならない。つまり、ロボットの相手方たるCは、信義則に基づいて、ロボットであるRと交渉する際に、例えば契約上の提案など、この機械による申出の内容を理解することは当然可能であり、その結果Pは、自分は（aに基づいて）このような契約を締結する意思がなかったと主張することで法的責任を回避することはできない。しかしながら、Cが、ロボットの誤作動を原因として、明らかにその契約の要素に関係がある問題、例えばその商品の市場価格や当該契約の対象たる物の瑕疵を認識していなければならないような場合にも、ロボットが致命的なミスを犯したことによって生じた結果であっても、本人が契約の無効を主張できないことになる。よって、このような取引に関与する人間は、現行の商慣習や民事法に基づいて、一般的にこのような問題に適用される解釈をロボットの行為に起因する問題にも適用して法解釈を行うことが合理的であると考えられる。

第3に、道具としてのロボットというアプローチは、責任（およびリスク）が、例えばロボットの行為の本人としての管理者と使用者との間で配分されるようなときには十分に対処できないと考えられる。従来からのアプローチは、あらゆる種類の責任が曖昧な「ヘーゲルの夜（Hegelian night）[60]」のままで終わってしまうため、ロボットの管理者および使用者は、その機械による様々なエラーやその使用状況によって責任があるとみなされることになる。実際、ロボットの誤作動は、ソフトウェアやハードウェアの不具合のみならず、前述の特定の仕様上の瑕疵とも関係するため、契約の有効性にも関わる問題であるといえる。チョプラおよびホワイト（2011：46）の指摘を引用するならば、「本人が対象となる契約であって、当該契約について異議を申し出なかったような状況において、自由裁量が認められた行為者による瑕疵に基づく契約によって生ずる問題などについては、帰納法（induction）[61]」も考慮すべきである。人工の行為者を製造した者を含む法的責任に関する仮定はさておき、ロボットの管理者と使用者が一致する場合と、管理者が使用者に対してその機械を第三者と取引を行

60　［訳注］ヘーゲルの『法の哲学』中のミネルバの梟からの引用であると思われる。本来は「夜」ではなく「黄昏」であるため、長い混迷状態を比喩的に表現するために用いられていると考えられる。ヘーゲルは、本書では混迷の時代に哲学が活躍するが、その到来までには相当な時間を要するという意味において、知恵の神ミネルバの象徴である梟は、黄昏時になって飛ぶという表現を用いている。ここでは黄昏を超えて夜と表現されていることから、ロボット法の到来はさらに時間を要することを暗に示すものであると考えられる。

61　［訳注］蓋然性を有するが確実ではない問題について、一般的・普遍的な法則を見出そうとする論理的推論方法。

表4.1　道具としてのロボットというアプローチでは対応できない場合の類型

ロボットの誤作動	仕様上の問題	帰納的推論（帰納法）	機能不全
人間の管理者	該当	該当	通常は非該当
人間の使用者	該当	非該当	通常は非該当
第三者	非該当	非該当	該当する場合あり

う目的で使用することを認めているような場合を区別するべきである。この問題については、以下の9つの類型に分けて検討することができる。本節における法的な「変数」は、表4.1に示すとおりである。「該当」と「非該当」は、人間である管理者、使用者または第三者が、当該機械の誤作動に伴う責任を負うか否かを示すものである。
　『自律型人工的行為者のための法理論』（2011）において、チョプラおよびホワイトは、対象となる契約等において片務契約に係る理論についても検討を行うなどして、この複雑な問題の解決の方途を導き出すべき試みを行っている（前掲論文45–50参照）。なお、本書では表4.1.の3行目においてこの問題を解決することができる。最初の事例は、ロボットの誤作動に係る人間の管理者の法的責任に関する問題であり、その責任が仕様上の瑕疵による場合、帰納的推論により瑕疵に該当する場合、または機械の機能不全のいずれによって生ずるのか検討を行うものである。管理者がすべての状況において法的責任を負う可能性がある厳格責任アプローチと比較すると、使用者や第三者の立場からすると、明らかに機械の機能不全などの不具合に起因する問題である場合、このような事例において管理者が一切の責任を負わないとする考えは議論の存するところである。前掲の「自律的な人工の行為者に関する法理論」において述べられている解説を以下に引用する。

　最初の類型の取引に係る具体例は、本人がショッピング・サイト（例、Amazon.com）の管理者であり、行為者がウェブサイトのインターフェイスとシステムのバックエンド部分、第三者がこのウェブサイトで買い物をするユーザーであるときに発生する問題である。当該契約は本人と第三者との間で締結されるものである。
　本人が、行為者としてのエージェントの管理者である場合には、仕様および帰納的推論に基づく瑕疵は、本人および管理者ではない第三者にとっては理解することが難しいことから、本人および管理者が「最安価費用回避者（least-cost avoider）」となる。例えば、仕様や帰納的推論に基づく瑕疵に基づき、ある本の広告において

非常に安価な価格が表示されている場合、当該第三者は単にその価格が錯誤に基づく結果として表示されているものというよりは、むしろ「採算を度外視した販売価格」が表示されていると理解する可能性がある。機能不全の場合には、その他の条件を鑑みることで、表示されている価格が何らかの欠陥を考慮した結果提示された価格であるということが第三者にも明らかなことがある。その場合、機能不全に関する再安価費用回避者は当該第三者となる。

　当該行為者を単なる道具として理解すると、本人はあらゆる場合においてこれら3つすべての類型に該当する瑕疵について法的責任を負うことになる。このような（道具としてのロボット）というアプローチは、機能不全に起因する瑕疵の場合であって、当該第三者が再安価費用回避者であるような場合には有効ではないと考えられる（Chopra and White、前掲書 46-47）。

反面、本人が当該人工の行為者の管理者ではなく、ユーザーであるような場合も想定することが可能である。結局のところ、このような問題は、個人が第三者との契約を締結するためにオークション用のウェブサイトの代理オークションシステムを使用する際に、現に eBay などにおいて生じている問題であるといえよう。

　この場合には、本人が管理者である場合同様に、特定の瑕疵のリスクは、通常は本人がそのリスクを負うことになる。すなわち、当該エージェントの使用者がそのリスクを負担することになる。しかしながら、帰納的推論による瑕疵のリスクは（この行為者の設計と操作について支配権を有している）この行為者の管理者が負う。機能不全による瑕疵のリスクは、本人が管理者である場合として検討を行った際と同様の理由で、一般的には第三者がそのリスクを負担することになる。

　「単なる道具としての行為者」という解釈に基づいた場合、このユーザーかつ本人は、瑕疵に関する3つの類型すべてについて第一義的に法的責任を有することになり、特に帰納的推論に基づく瑕疵と機能不全による瑕疵のリスク分配が適切に行われないことになる（Chopra and White、前掲書 48-49）。

表 4.1 の最後の行は、ロボットによる三重の意味での誤作動に関する第三者の責任に関するものである。本節で述べたとおり、例えばロボットの誤作動を原因とするロボットが犯した間違いに気が付くべき者が負う責任を処理する際に、従来からの法的

解釈では対応できない。無過失責任主義の問題はさておき、厳格責任に基づく責任論に依拠する場合、人間によるロボットの導入意欲に対する萎縮効果となる可能性がある。道具としてのロボットというアプローチはこのような特徴を有するがゆえに、この問題を解決するための袋小路（*cul-de-sac*）から逃れる方法を見出すことはできるであろうか。

4.3.3　街角の新たな行為者

　（ある種の）ロボットを契約分野において適格な行為者とみなすこと、すなわち第三者との取引の際に、個人の代理としてロボットに取引を行う権限を認めることは大いに意味がある。このような考え方をすれば、ロボットに対する法的な行為者性の付与によって、人間が重要な認知作業をこれらの機械に委任したことが明確になるので、道具としてのロボットというアプローチがもつある種の重要な欠点を回避することができる。これを現行の商慣行や民事法に照らし合わせてみることで、ロボットの誤作動に関する個人の責任を明確にし、このようなロボットの言わば「意思」を考慮することが可能となる。4.3.1 節中で強調したように、知性というものは、このロボットである行為者による個別の選択ではなく、むしろ契約というゲームのルールから生まれるものであるため、ロボットが（刑事法ではなく）民事法における意思を有しているという考え方を真剣に検討すべきである。ジョバンニ・サルトルの言葉を以下に引用する。

　　このことは結果として、使用者が［あるロボットを］使用しているという状況を、ある者がある契約を人間である行為者に代理させる状況を同一視することになる…この２つの状況が共通に有していることは、（機械であれ人であれ）単なる伝送手段を使っているような状況とは異なり、認知作業の代理という性質、すなわち、契約内容の検討を託すという決定および契約を締結するか否かを決定することを、誰か（もしくは何か）の認知作業に従って決定することである（Sartor 2009：280-281）。

　確かに、現行の法制度の枠組みでは、特定の状況においては行為者としてのロボットというアプローチを受け入れることができない。さらに、当該技術の利用において適用されるコモン・ローや民法に係る法制度においても重要な差異がある。例えば、

フランスやイタリアでは、当該行為者に法人格が存在することが、機械が（刑事法ではなく）民事法分野において行為者そのものと認められるための必要条件（十分条件ではなく）となっている。反面、英米法では、「当該行為者が自らの権利に基づいて契約締結能力がない場合、人格のない人工の行為者を認める可能性についての」（Chopra and White 2011：56参照）反論は存在しない。同様に、合衆国では、行為者には「最低限の身体的精神的能力」または「意思能力」が必要とされているが、本人は、当該行為者の実際の権限または表見代理の範囲を超える契約には拘束されない。

　一般的に各国の（刑事法ではなく）民事法制度において、この行為者は自己の行為の価値を認識する能力を有していなければならず、結果として機能不全の瑕疵のリスクはすべての場合において第三者に及ぶ危険となる。しかしながら、この点については多くの者が異論を唱えると思われるが、重要な論点を見過ごしてはならない。すなわち、ロボットは、民事法分野における新たな行為者そのものと認識すべきである。その理由は、このように法的な観点から検討によって、ロボットの決定によって損害を受けたくないと考える個人の要求と、ロボットと取引をする際に保護されることを望むロボットとの取引の相手方の要求との間に適切なバランスをとることができると考えられるからである。

　法律の歴史に関する先人の言葉が、次節における問題を考えるうえで有用である。ローマの法律家は、2000年以上も昔に、人間ではない法的な行為者と当該行為者と取引を行う相手方の保証という問題に取り組んでいた。奴隷の行為を支配するルールに関する歴史上の記述であるローマ法のプラグマティズム的精神を参考にすることで、今日のロボットの位置付けを考えるにあたっての光明を見いだすことができると考えられる。この比較により生ずる倫理的問題に関する分析は、6.1節において後述する。

4.4　現代のロボット、古代の奴隷

　今日のロボットを古代ローマの奴隷になぞらえることは妥当であると考えられる。その理由として、奴隷は物として位置付けられていたものの、取引や商売においては重要な役割を果たしていたからである。『人間による人間の利用（*The Human Use of Human Beings*）』（1950）において、サイバネティックスの生みの親であるノーバート・ウィナー（Norbert Wiener）は、「自動的（automatic）な機械は、感情を有しているか否か、我々がどのように考えようとも、まさに奴隷労働に相当するもので

ある」と指摘している。この類似性は、過去何十年にも渡り幾度となく強調されてきた。「知的人工物の責任（The Responsibility of Intelligent Artifacts）」（1992）において、レオン・ワイン（Leon Wein）は、オートメーションは「今まさに目の前に奴隷制の概念を復活させようとしている……奴隷と取って代わった従業員が機械の『奴隷』に取って代わられ、この損害が人間の奴隷が原因であったとしたらそうなったのと全く同じように、コンピュータ化したシステムの『雇い主』が再度、自分の所有物が原因となった障害について法的責任があると見なされる可能性がある」（前掲論文111）。

　しかしながら、法的な視点からすると、古代ローマ法がこのような「物」に対して認めていた行為者性の諸形式を見落とすべきではない。大多数の奴隷は、家長権力服従者として自らの家長に対して要求する権利がなかったと考えられるが、その中には、かなりの自律性を享受していた者がいたことも確かである。このような奴隷の中におけるエリートは、皇帝の奴隷の場合のように、不動産管理人、銀行家や商人として労働に従事しており、公務員のような重要な役職に従事したり、自らの家長の家業のために契約を締結し、資産管理を行っている者もいた。「支配人」（*institor*）（学説彙纂XIV, 3, 11, 3; XV, 1, 47 参照）の場合を考えてみたい。そのような奴隷は、様々な種類の万屋（tavern）を管理していた。具体的には、パン屋、床屋、酒屋、ホットドリンク、惣菜屋などであり、さらには書店や食料雑貨店なども管理していた。ネロ帝が西暦67年にギリシャとの関係改善のためにオリンピアの祭典に参加することを決めたときに、ネロ帝が、自身の解放奴隷であるヘリオスに、ローマにおいて逮捕および有罪を宣告する権限を委ねたというのは冗談ではなかったのである。

　奴隷制度に関する古代ローマ法は、前節で言及した道具としてのロボットというアプローチに関する不整合に対処する方法を提示するものといえることから、ロボットと奴隷を比較することには意義がある。ローマの法律家が、法人格を有さない単なる物のための行為者性と自律性の諸形態を発明したとき、その目的は自分の奴隷が行う事業から不利益な影響を受けることを望まない家長の側の利益と、奴隷と安全に取引し事業を行いたいという奴隷の相手方の要求との間におけるバランスをとることであった。（ある種の）ロボットが自らの行為について直接的に法的責任があるものとみなす考え方は、このようにローマ法上の制度である特有財産（*peculium*）にその先例がある。このような機械の（生産者や設計者ではなく）所有者に過大な負担を課し、ロボットの使用を躊躇させるような立法がなされることを避けるために求められる考

え方は、場合によっては「ロボットが弁償すべきである[62]」という考え方のみが正しい解釈となる可能性があるという考え方である。

4.4.1 デジタル特有財産

　ロボットの行為に関する新たな法的責任のあり方をめぐる考えについて、刑事法学者と民事法学者の間には大きな違いがある。刑事法学者は、このような機械が原因となって生じた危害または損害に一般的に着目している。つまり、法に違反する行為であって、故意または過失による犯罪、その他前節でチンピラロボットの現象学を用いて検討した問題である。一方、民事法分野においては、民法における権利侵害の有無にかかわらず、19 世紀末以降、法的な検討課題として、契約の締結や人間同士の権利義務の確立において双方に利があるように機械を利用してよりよい方向に導くことができるか否かが熱心に議論されてきた。ソフトウェア・エージェントに係る認知オートマンに関する現在の議論は、1880 年代末にドイツの学者達がオートメーションと法について独創性に富んだ指摘をしたことにまで遡ることができるが、過去数十年にわたって技術が直面してきた問題として、法律分野におけるロボットは行為者そのものではなく、単なる道具であるという伝統的な考え方である。

　一方で、このような機械を法人と同じく登記するべきだという見解も表明されている。例えば、そのような考え方を示すものとして、カーティス・カルノーの「分散型人工知能に関する法的責任（Liability for Distributed Artificial Intelligence）」（1996）、ジャン・フランソワ・ルージュ（Jean-François Lerouge）の「電子的行為者の使用（The Use of Electronic Agents）」（2000）、エミリー・ワイツェンボック（Emily Weitzenboeck）の「電子的行為者と契約形成（Electronic Agents and the Formation of Contracts）」（2001）などが提唱している。「電子的行為者との契約（Contracting with Electronic Agents）」（2001）のアンソニー・ベリア（Anthony Bellia）のように、ロボットへの贈与を提案する学者もいる。ジョバンニ・サルトル（Giovanni Sartor）の「認知オートマンと法（Cognitive Automata and the Law）」（2009）のように、このような機械に係る経済的な透明性を高めることが最優先であると指摘する者もいる。例えば保険モデルのように、さらなる政策的な実現性が求められるだけでなく、そのような検討が不可欠ですらあるが、上記のような提案に共通しているのは、古代ローマの法制度における特有財産に関する先例があるということである。

62　［訳注］法的責任を負うべきである。

ユスティニアヌス法典の「学説彙纂」によれば特有財産とは「その家の家長が奴隷または権限を与えた子息に付与した金銭若しくは資産」のことであった。「奴隷が運営する事業は、実質的に有限責任会社（limited company）のように独立した事業を認めることを目的として考案されたものではあるものの、当該事業に係る資産は、引き続き技術的には依然としてその家の家長の資産として位置付けられている」（Watson 1988：xxxv-xxxvi）。

　ある種の有限責任会社の原型として、特有財産制度は、自らが所有する奴隷による事業や商業活動によって損害を被ることを避けたいと考える家長たちの要求と、奴隷と安全に取引を行うことを希望する奴隷の相手方の保護というバランスを図ることを目的としていた。一般的には、家長の法的責任は奴隷が保有する特有財産の価値を限度とするが、後者に関する法的な取引の安全性の保証を義務付けるものであった。例えば、当該奴隷の契約上の相手方は、この交渉が当該奴隷が有する権限または経済的な自律性の範囲を超えるものか否かを確認することができ、一方、「学説彙纂」に示されている言葉を引用するならば、「当該奴隷との契約を望まない者は、それを禁止する旨を」公告（public notice）することができる（「学説彙纂」XIV, 3, 11, 3）。同様に、「当該当事者が一定の条件に基づいて奴隷との取引を行うことを希望する場合または特定の人物の仲介若しくは保証により取引をすることを希望したとき」にも、この制度が適用された（学説彙纂、XIV, 3, 11, 5）。しかし、様々な種類の万屋を管理する「支配人（instritor）」の事例に戻り、公告の意味を確認することとしたい。

　公告を行うにあたっては、その文言を地上に立っている者から容易に判読できるように平易な文字で書かれなければならない。すなわち、当該店舗の前または当該事業が実施される場所であって、閑地ではなく人目に付く場所で行わなければならない。通知内容の文言はギリシャ文字で記すべきか、ラテン文字にすべきかという点については、誰もこの文字を知らないとの指摘がなされないようにするため、時宜に応じて表記される文字を選定すべきである。

　当該公告は原則として継続的に公表される必要があるが、契約がその通知の発出前に締結されたときまたは当該公告を秘匿すべき契約に該当する場合、支配人訴権（Institorian Action）が有効となる。ゆえに、商品の所有者が通知したにもかかわらず、誰かがそれを取り除き、または経年劣化、降雨その他の要因により判読できず結果として公告が公表されていない状態もしくは判読できない状態になったとき

は、その公告通知を指示した者が法的責任を負うこととなる。しかしながら、行為者が当事者を欺罔する目的でこれを除去したときは、当該行為者による悪意ある行為は、当該行為者を指名した者の権利侵害と判断される。ただし、当該契約を詐欺により成立させたものはこの限りではない（学説彙纂、XIV, 3, 11, 3-4. S. P. Scott 翻訳、「市民法典」、IV, Cincinnati, 1932）。

法的な確実性、経済的および契約上の保証または透明性の確保といった問題は、現代の自律ロボットの事例においても同様の問題が生ずることは明かである。古代ローマの法律家の先例に倣うことができるにせよ、ローマ人は、その活動や立場に応じて、「支配人（*dispensatores*）」や「通常の奴隷（*ordinarii*）」等の複数の種別で奴隷を区別し、その区別によって訴訟や訴権を設定していた。さらに前述の「支配人訴権」以外にも、「船主訴権（*actio exercitoria*）」や「分配訴権（*tributaria*）」等[63]もある。したがって、ロボットが自らの家長の代理として行為しているのか、第三者との間の仲介人として行為しているのかを問わず、ロボットが行う権限を有している事業活動または商業活動の種類を区別する必要があり、当該ロボットの行為がそのような場合に一般的に適用されるルールや慣習の適用を受けるということも理解しなければならない。

ヨーロッパ（またはアメリカ）の大学での会議、講義や会合のスケジュール調整を行う i-Jeeves のようなパーソナル・アシスタント的なロボットの事例（未来的な話ではなく）について考えてみたい。オックスフォード大学、バルセロナ大学、ハイデルベルク大学、アテネ大学そしてパリ大学から同時に招待者を受け入れる場合の最適な方法について検討を行う際に、渡航する教授が各大学を一度だけ訪問する最も短期間の旅程を組むといった調整をロボットが行う必要はない。そのような調整ではなく、むしろ私たちがロボットに期待しているのは、予算、時間的効率、平均的な気候状況といった複数のパラメータに応じて、i-Jeeves が渡航条件やロジの利便性をチェックすることである。i-Jeeves は、その判断に至るまでの確認事項を報告し、直接ホテルの部屋や航空券などを予約してくれる。このような契約は、当然のことながら有効な契約であるのみならず、電子的な特有財産のおかげで、関係者各自の異なる利益の調整が公平に実施されることになる。ビジネス、取引または契約においてロボットもしくは人工的行為者を採用することにより、個人の法的責任はロボットのポートフォリ

63　詳細については、Ŝtaerman and Trofimova（1975：82）を参照されたい。

オ価値（場合によってはこれにプラスして一種の強制加入保険）の範囲内に制限されると裁判において主張することが可能になると考えられ、その一方で当該ロボットの特有財産は、人間である相手方当事者または他のロボットに対して法的義務の履行を担保することができる。

　他方、ロボットに法的責任を認めることによって、ローマ法の考えをさらに明確にすることもできる。2.3.2節中で確認したとおり伝統的な法人概念に関して生ずる問題として、法制度は、第三者と取引するロボットの設計者、製造者および使用者の責任を区別することになると考えられ、その結果、自らの特有財産の保証に基づき、ロボットのみがロボットが原因となった損害に係る法的責任を負うものと考えられる。このような解釈にはいくつかのメリットがあることは確かである。契約に関わるロボットの相手方にとっては、このような機械が負う個人的な法的責任は、法的に認められる権限を超える行為なのか、当該法的権限を与えることについて誰が法的責任を負うのかということは関係がない。使用者や管理者の側にとっては、ロボットが負う個人的な法的責任のおかげで、人間は、3.3.2節中でみたような帰納的推論や特定の瑕疵のみならず、この機械の機能不全可能性に関する責任も回避することができる。さらに、特有財産や保険料の算出において依拠しているデータの算定はさておき、ロボットが負う法的責任は特定の応用場面では有用であると考えられる。本章の最終節では、新世代の AI 運転手やインテリジェント・カー・シェアリングの観点から、この仮定を個別に検証する。

4.5　無人輸送手段革命

　ロボット技術の分野において最も劇的な変化を遂げている分野の１つが、無人輸送手段（unmanned vehicle：UV）の設計、製造および使用である。現在、この技術は民間部門よりも軍事部門において際立った発展をしているが、政府機関間の輸送、国際的需要の増加、公的な研究開発支援および強力なソフトウェアやハードウェアの利用が可能になるなどの様々な要因により、これらの技術が民間部門においても急速に利用が進みつつある。具体的な活用の場面としては、国境警備、法執行、緊急事態や事故への対処、遠隔探索作業や修理、都市交通、農業などが挙げられる。「無人輸送手段に係る人間の法（The Laws of Man over Vehicles Unmanned）」（2008）においてブレンダン・ゴガーティ（Brendan Gogarty）およびメレディス・ハガー（Meredith

Hagger）が述べているとおり、UV 技術によってもたらされる関連コストの削減は、「民間の多くの管理者を奮い立たせるもの」である（前掲論文 110 参照）。その結果、この新世代型 UV の製造と使用をさらに拡大するために必要な法的な規制を検討するが法律家にとって重要となっている。とりわけ、3 種類の無人輸送手段に関する検討を行うことが求められている[64]。

　最初に取り上げる無人輸送手段は、航空分野における導入事例である。すなわち、無人航空機（UAV）である。3.3 節において既に述べたように、現在に至るまで、50 年以上にわたり当該技術は軍事目的で開発されてきた。さらに、非致死的な方法による被疑者の逮捕、監視業務や警備、警ら活動や立ち入り検査などにおいて利用するために設計された UAV が既に実装されている。ピーター・シンガーが「殺人アプリケーションの世界（A World of Killer Apps）」（2011）において強調しているように、「マイアミ、フロリダ、そしてオグデン、ユタのような都市の警察署は、立ち入り検査用の無人航空システムを導入するための特別なライセンスの発行を求めていた」。しかしながら、その進歩は予想以上に急速であり、ドローンは既に公的機関、民間事業者や個人ですらも手が届くものになっている。合衆国と欧州連合の双方において、商用輸送手段と同じ空域を UAV が共有することを許可するための規制と手続きの整備がなされようとしている。法執行目的における利用はさておき、EU 規則 216/2008 の第 3 条において定められているような航空機および関連製品の定義について考察する。この定義によれば、UAV をその対象に含むのに十分なほど広範な定義であるように思える。同様に、2011 年春に、合衆国議会は、「合衆国市民の空域は、2015 年までにこのようなシステムをより広範に利用できるようにするために、開放されるべきである」との決議を採択している（Singer 2011）。3.5 節において既に述べたとおり、軍事利用における免責や刑事責任といった問題ではなく、UV 技術の民

64　3.5 節で述べたように、当該無人輸送手段については、メンテナンス請負業者や安全対策請負業者、航空管制やインターネットの管理者が、自律的または半自律的な機械によって通信障害、環境条件、コリジョン（collision）等の回避のために利用する複雑なマルチエージェント・システムの一部として理解する必要がある。このような機械の利用においては、現実世界における物体認識、ナビゲーション、タスク管理などにおいて必要な情報を、ロボット同士が共有するためのインターネット上のネットワーク化されたリポジトリに接続される機会が増えると考えられる。学者の中には、インテリジェント無人システム、無人航空機、ロータークラフト・システムのようなロボットに言及している。しかしながら、本節では、このようなネットワーク接続を中心とするロボットの応用事例に関するシステム的な特徴ではなく、UAV、UUV および UGV が現在の法的枠組みに与える影響について考察を試みる。

間利用は、制御不能、接続問題、自動的なリカバリや自動操縦に関する規制といった安全性に関する問題について、人間の責任と契約に関する法的責任の問題の検討の必要性を認識させる結果となっている。

　2つ目のUV技術は、遠隔探査作業やパイプラインの遠隔修理、油田などにおいて、水面および水中で利用される無人輸送手段（UUV）に関するものである。UV装置においても、UUVは最も開発が進んでいる分野の1つである。ゴガーティおよびハガーは、UUV技術の黄金時代は、「UAV革命の10年以上前に遡るものである」（前掲論文104参照）と指摘している。UUVの開発および民間部門における利用の増加により、現行の海事法に関する法的枠組みにおいて、数多くの条項の修正が立法者に求められる状況となりつつある。例えば、1972年のIMO海上における衝突の予防のため国際規則に関する条約（COLREG条約）では、UUVは実際には当該法規制の基本理念には影響を及ぼすものではないと考えられる。4.1節で既に検討したとおり、ロボットの応用事例の現代的特徴という観点からは、UUVはダ・ヴィンチ外科手術システムのように合理的かつ安全で制御可能な機械であるといえ、非常に危険な（ある種の）UAVとは異なるものである。自律的に作業を実行することができるUUVは、カリブ海の油田において被害の発生を防ぎ、管理者に警告を発したり修復を実行しており、そのような自律的装置の適法な利用においては、過去の技術革新において醸成した法的概念同様に、すなわち、事故発生の蓋然性とその結果発生するコストを法律家が把握することができる。

　3つ目のUV技術は、この技術に関する最も大きな課題をもたらす技術である。自動運転車の（軍事利用ではなく）民間利用である。未来のUGVが人間による運転免許や特別の免許等を要するか否かにかかわらず、UV自動車やAI運転手によって、UAVとUUV双方についての民間利用が提起する法的課題の検討をより詳細に行うことが可能となる。設計者や製造者が対応しなければならない複雑な問題としては、高速道路上の自動運転におけるUGVにかかする不確実性と予見不可能性の増大が挙げられる。リスクに関しては、このようなUVは深海を探索する無人船よりも、むしろ無人航空機に類似するものといえる。しかしながら、法執行目的で空中を警戒するUAVの利用とは異なり、UV自動車を利用するリスクは、主に契約上の義務や不法行為分野における厳格責任に関する問題であり、憲法に基づく安全保障や人権に関する法的課題ではない。このような状況に鑑み、UGV技術の提案者は、「現行の民間交通安全に関する制度の大幅な見直しと明確化およびUVに関する特別の規制の整備」

を求めている（Gogarty and Hagger 2008：121）。

　次節では、デジタル世界の特有財産といった機械の行為に関わる新たな法的責任が、新世代の AI 運転手やインテリジェント・カーに対応することが可能か否かという問題について検討する。本章最終節である 4.5.2 節では、例えば、ロボットが契約の相手方に影響を及ぼすという問題ではなく、第三者に損害を与えるような事例のように、契約を超えた範囲における責任の事例に対応しなければならない機会が増える（もしくはそのように強いられる）ということを UGV をめぐる問題の考察を通して焦点を当てる。このシナリオによって、ローマ法におけるアクィーリア法（*Aquilian*）による保護のような法的責任のあり方について検討することができる。

4.5.1　AI 運転手とインテリジェント・カー・シェアリング

　幹線道路を、知能を備えた自動車が自動的に走行する様子は、SF 映画では一般的な光景であるが、過去 50 年にわたって、多くの州、法人および民間事業者はその夢の実現に向けて取り組んできた。1960 年代には、完全自律型の UGV を製造するというアイディアが、アメリカ、日本、ドイツおよびイタリアなどの国々において検討がなされた。欧州委員会は自律型自動車に関するプロジェクトである EUREKA プロメテウス計画（1987 年から 1995 年）への資金提供を開始している。1990 年代末に、合衆国議会は、国防高等研究計画局（DARPA）に、2015 年までに軍事部門の UGV を開発し、陸軍戦力の 3 分の 1 を自律的な戦力に移行するために、自動運転車に関する競技会を開催する権限を承認した。TALON や Panther M-60（Singer 2009）のような合衆国陸軍の UGV 装備が存在するが、今後は、民間部門における開発の進展が見込まれる。

　前述の DARPA のグランド・チャレンジ競技会について考えてみたい。最初のレースは、モハベ砂漠において 2004 年 3 月 13 日に開催されたが、完走車は皆無であった。その 1 年半後には、第 2 回レースにおいて 5 台が完走することに成功し、毎年行われるオックスフォード大学対ケンブリッジ大学のボート競技のようなライバル意識が生まれ、2004 年冬[65] には、2005 年 10 月 8 日にカーネギー・メロン大学のレッド・チームがスタンフォード大学のレースチームに敗れている。2 年後、カーネギー・メロン大学は、「アーバン・チャレンジ」競技会において雪辱を晴らす機会を得た。2007 年 9 月 3 日、第三回 DARPA 競技会は、市街地での 96km のレースに関するも

65　［訳注］2005 年と思われるが原文のママ。

のであったが、あらゆる交通規制を遵守したうえで 6 時間以内の完走を条件とするものであった。急速な技術進歩のおかげで、このような過酷な条件が設定されたルートを完走することだけではなく、可能な限り早く完走することへの挑戦がなされている。ジェネラル・モータースとタータン・レーシング・チームが協力することで、カーネギー・メロン大学がスタンフォードとフォルクスワーゲンのチームの車両に勝利し、4 時間 10 分で時速 22.53km の平均速度により、1 位でゴールラインを切った。3 年後の 2010 年には、欧州委員会は、「インテリジェント・カー・イニシアチブ」を公表した。そのウェブサイトでは、その目的について、「自動車が衝突せず、交通渋滞が劇的に減少し、自動車の燃費が向上するとともに公害の発生を現在よりも低減する世界を実現すること」であるとしている。

　毎年、欧州連合の路上では、130 万件の軽度の事故が発生し、自動車事故で 4 万 1000 名が死亡している（一方、アメリカでは 2008 年に 3 万 7000 人以上の死亡事故が発生している）。さらに、交通渋滞は、ヨーロッパの主要な道路網の 10％に影響があり、そのための対応コストは毎年 500 億ユーロと見積もられているが、これは欧州連合の GDP の 0.5％に相当する金額である。道路を利用した移動により、欧州連合のエネルギー総消費量の 4 分の 1 以上のエネルギーを消費している。したがって、欧州委員会の指摘を引用すると、「インテリジェント・カー・イニシアチブは、新しいパラダイム、すなわち自動車が衝突せず、かつ交通渋滞が劇的に減少したパラダイムに向かおうとする企てである。ヨーロッパのデジタル・エコノミーを加速するためのi2010 戦略の一環として、インテリジェント・カー・イニシアチブは、市民、産業界そして EU 加盟国の共通の欧州的な解決策を見出し、情報通信技術を基盤とするインテリジェント・システムの導入の向上を企図するニーズに対する 1 つの回答である」。

　その間、スタンフォード人工知能研究所の所長であり、前述の 2005 年の DARPA競技会で優勝したロボット自動車スタンレー（Stanley）の開発チーム主任でもあるセバスチャン・スラン（Sebastian Thrun）の監督のもと、Google は独自の無人自動車を開発しテストを実施している。2010 年時点で、このような自動車は、人間による補助がなされつつも 23 万 km もの距離を走行し、人間による補助なしに独力で1600km を走行した。1 年後、Google がロビー活動を行った結果、ネバダ州知事は、最初の公道での自動走行車の走行を許可する法案を可決した。ネバダ州下院で（36対 6 で）可決され、上院で（20 対 1）可決され、本法により交通・輸送を規律している条項の改正がなされ、さらに、「ネバダ州陸運局がネバダ州内の幹線道路上での自

律走行車の走行を許諾する法規を採択するものとする」と定めている（AB 511、2011 年 6 月）。安全とパフォーマンスに関する基準の整備には長い時間を要すると考えられるが、ニューヨーク・タイムズのジョン・マーコフ（John Markoff）が、Google の学者数名の言葉を引用して報告しているように[66]、ここで問題となることは、「人間である運転手がいかなるエラーもオーバーライドすることができる」実験的な自動車に関する問題ということである。

このような取組みは、ネバダ州内で自動的に走行し、かつ、公道上の様々な所で一般的に走行するようになる完全自律的な UGV の導入を視野に入れるための端緒にすぎない。そういった自動車に関するアダプティブ・ヘッドライトやクルーズ・コントロール、ブラインドスポット・モニタリングやドライバー状態チェックシステム、交通標識認識、プリクラッシュ・スキームのような重要な構成要素についての技術の急速な進歩にもかかわらず、法律家が新たな種類の困難な問題に対応する心構えをしておく必要が生じる可能性がある。実際、このような自律的な自動車が事故を起こした際には誰が法的責任を負うべきだろうか。「無人輸送手段に関する人間の法律（The Laws of Man over Vehicles Unmanned）」の表現を引用すると、人間と自動車が交通に関する立法に基づいて自動車の支配権を共有しているときに、いかにして過失認定をすべきであろうか。コンピュータの人工知能だけが当該自動車をコントロールしていたことが明らかであるとき、この自動車が事故を起こした場合には誰の過失責任を問うべきであろうか（Gogarty and Hagger 2008：120-121）。さらに、都市の持続可能性やグリーン・ポリシーの名の下に、例えば AI カー・シェアリングというスキームについて考えると、責任分担の新たな形態についても検討が必要である。

4.3.2 節において前述したとおり、個人の法的責任に関する伝統的な責任分配の方法は、このようなシナリオを取り扱うときには機能しない。そこで、以下の 3 つの点について述べたい。

第 1 に、人間が行うやり取りのための単なる道具ではなく、行為者としてのロボットの行為に伝統的な法律の考え方で対応するには困難がある。実際問題として、人間はこのような自律的で知的ですらある自動車に対して、他の自動車を避け個人の無謀運転を防ぐなどしながら、幹線道路上で自動運転をするという複雑な認知作業を実行させている。

第 2 に、人間がこの自動車による自動運転を許可しているという事実をもってして、

66　Google Cars Drive Themselves, in Traffic, October 10, 2010, A1 of the New York edition

当該自動車による決定の法律効果が必ずしも本人に帰すことにはならないという点である。一方で、3.5節において既に検討を行ったように、カーティス・カルノーに法的な因果関係を構成できなくなることを予言させたAI機械の設計者、製造者、ディーラーおよび使用者の責任分配の事例を彷彿とさせる。他方で、環境に優しいAIカー・シェアリングが導入されることによって、このシナリオはさらに一層複雑なものとなる。というのはこのような機械は多くの人間の所有者との関係を考えなければならないからである。

最後に、第三者の保護について考慮しなければならない。ロボ・トレーダーの事例における行為者性の形態と比較して、第三者をめぐる問題は、契約上の義務という問題にとどまらず、コモンローの法律家が民事法上の専門用語で不法行為と称している契約関係にない場合の法的責任の問題も考える必要がある。ロボ・トレーダーの事例では、個人は当該トレーダーに対して、オークションを承認し提案を提示し、価格を比較する等の目的で第三者と取引する際の自身の代理として行為する権限を付与している。AI運転手の事例では、個人はこの運転手に高速道路上を自動運転する権限を付与すると考えられるため、結果として理論的には、誰もがこの機械による無謀な行為の影響を受けるおそれがあることになる。

デジタル世界の特有財産のような新たな形態の法的責任に関する考察により、4.4.1節で紹介した新世代のUGVのような法的課題の解決に成功するかもしれない。結局のところ、路上で個人を自律的に輸送するために、その要望に応じて契約を締結するAI運転手の役割を推察することはできる。ロボットの契約上の相手方は、AI運転手の法的責任に関して、このような機械が原因となって生じた損害の保証義務が担保されていることを認識することができる。使用者と管理者の双方は、AI運転手の法的責任によって、当該機械に係る予見できない機能不全の可能性に関する法的責任を回避することができる。インテリジェント・カーにどの程度の賠償責任を課すのかという点が重要になるが、Googleの無人自動車や欧州委員会のi2010戦略が実施されることによって、リスク水準を決定するうえで必要な事故の発生確率と、それに対処するために必要なコストに関する十分なデータが提供されることになると考えられる。よって、特有財産の資産価値と強制加入保険のあり方を検討することで当該機械による行為に係る新たな法的責任を明らかにすることができる。このようなアプローチは多くの学者が提案しているものである。例えば、トム・アレン（Tom Allen）およびロビン・ウィディソン（Robin Widdison）の「コンピュータは契約を締結できる

か（Can Computers Make Contracts?）」（1996）、イアン・カー（Ian Kerr）の「行為者を介した電子商取引を成功させるために（Ensuring the Success of Contract Formation in Agent-Mediated Electronic Commerce）」（2001）、ウッドロー・ベアフィールド（Woodrow Barfield）の「ソフトウェア・エージェントに関する法律問題（Issues of Law for Software Agents）」（2005）、フランシスコ・アンドレイド（Francisco Andrade）他による「契約に従事する行為者：法人格と代表権（Contracting Agents: Legal Personality and Representation）」（2007）、その他、前掲のジョバンニ・サルトル（Giovanni Sartor）（2009）およびチョプラおよびホワイト（2011）など、数多くの学者がこのアプローチを提案している。

　しかしながら、ロボットに関する新たな形態の法的責任は、このようなロボットがもたらす新世代の法律問題について、どのような問題であっても適切な解決の方途を導き出すものとなるであろうか。このアプローチは、行為者としてのロボットと道具としてのロボット双方において同等に適用できるものであろうか。ロボットに係る法的責任は、不法行為分野における様々な問題を取り扱うだけで十分といえるであろうか。

4.5.2　不当な損害

　本章では3つの異なるタイプのロボットについて詳細な検討を行った。まず4.1節で検討したようなロボットの導入事例として、人間による産業や交渉において用いられるロボットについて考察した。ダ・ヴィンチ外科手術システムのような合理的に安全で制御可能な機械と、今日のUAVを用いて実行される極めて危険な活動についても考察した。人間の産業活動においてロボットを利用する際には、現在の契約法や不法行為法が、このようなロボットが原因で生じた損害には適切に対応することができるため、そのような機械に伴い基本となる法概念の再考が必要になるわけではない。製造物責任と機能不全に関する法的な厳格責任に関する裁判上の請求権、表明保証違反、過失責任または証拠に関する考察、つまり、4.2.2節ですでに議論したマラケク対ブリンマー病院事件における立証責任の仕組みを検討することで明らかになった問題について考えることで、『法の経済分析（*Economic Analysis of Law*）』（1973）においてリチャード・ポズナー（Richard Posner）が肯定しているように、「新たな活動というものは危険を伴う傾向があるが、それは経験則に基づいてどのような危険が存在するのか判断することができないためである。その活動が新しいという事実は、

それに代わる適切なものが存在することを意味している」（前掲書（2007 版）180 参照）。

　2 つ目のロボットの導入事例は、法的な行為者としてのロボットに関するものである。契約内容やその条件との関係において単なる有体物という位置付けではなく、例えばロボ・トレーダーの事例では、機械自身が契約内容や条件を決定する能力を有することが示されている。現在の民事法の規定（刑事法に対するものとして）では、このような機械の認知能力に起因する問題やこの種のロボットが原因となって生じた法的責任を適切に解決することができない。そのような機械に関わる設計者、製造業者、管理者、使用者および第三者相互間の一連の責任（を理解するの）に有益な方法として、三種類の誤作動、すなわちロボットによる特定の瑕疵、帰納的推論の瑕疵および機能不全に応じて 4.2.2 節および表 4.1 を用いて前述した。伝統的な立場からみた法的な考え方は、最後には「ヘーゲルの夜」となって、あらゆる種類の法的責任は同じく灰色の闇に霞んでしまうことになるものの、どこでこの活動の範囲を限定するのか定義しなければならない。民事法分野における厳密な意味における行為者としてのロボットに関する新たな法的責任、例えば、デジタル特有財産の理論を用いることで、「それによって生ずる危険の内容に関わらず適切な対応ができるように」（Posner 2007）、どのようにこの脅威を予防するか明らかにすることができる。第三者と取引をする際に、ある個人のために行為するようそのロボットに権威を与えることは、このような機械と安全に交渉または取引をすることを望むロボットとの取引における相手方の要望と、自らが管理するロボットによる判断や行為によって損害を被ることがないようにしたいと考える個人との間で、両者の要望を適正なバランスの下で実現するうえで、新たな特有財産という考えを用いることが求められる。最初に紹介をしたロボット、すなわち、道具としてのロボットを、自らの権利に基づいて契約締結能力を有する法人格として取り扱うことには意味がないが、このような能力を新世代のロボットであるロボ・トレーダーに当てはめて考えることは大きな意義がある。

　最後に、人間が行うビジネスや交渉の行為者としての位置付けではなく、社会生活において本人の活動を仲介するロボットの存在について述べたい。AI 運転手の例で明らかになったように、このようなロボットを用いてビジネスを行うことが可能ではあるものの、第三者、つまりロボットが関わるビジネスによって創出された権利義務の履行とは直接的に関係がない個人との間で取引を行うことになる。国連の「世界産業用ロボット報告書 2005」において示されているとおり、このようなロボットは、

「家事、娯楽、障害者支援、個人の移動、ホーム・セキュリティおよび調査のためのサービス・ロボットの家庭での利用または個人的な利用に関係がある」ものである。人間による取引を仲介する役割を担うロボットは、前述のAI運転手が幹線道路上で事故を発生させたというシナリオを想起させるものである。新世代の玩具ロボット（娯楽）または子守りロボット（家事および障害者支援）について考えてみたい。このようなロボット、例えば「宇宙家族ジェットソン」のRoseyのような子守りロボットが、年老いた母親の介護に従事するといった場合に、当該ロボットが原因となって、母親の知人に危害を及ぼしたとき、誰が法的責任を負うのか不明である。

　このようなシナリオは、特有財産という契約上の仕組みの範疇を超えており、ローマの法律家がアクィーリア法（*Aquilian*）による保護という専門用語で定義した問題を含むものである。すなわち、自身の過失を原因として他人に生じた不法または偶発的損害に関し、その（原因たる）個人が法的責任を有すると判断する一般的な考え方に基づく責任形態である。2.2節で議論した *Alterum non laedere*（他人を害せざること）といえる。デジタル版の特有財産は、契約を超えた責任に関する事例、例えば、交通事故のような場合に適用することができるが、社会的な交渉における1対1の契約というシナリオではなく、多対多者間の契約において不当な損害からの保護といった様々な義務が存在する。3.4.3節で検討したとおり、危険な動物に準えることによるロボットの分野における厳格責任ルールについて考えることが求められている。同様に、人工的行為者の制御に関する過失責任や、さらには個人が使用する人工の従業員の自律的活動に関する代位責任の問題まで検討が必要である。家庭用のサービス・ロボット、一種のAIの子ども、AIの動物もしくはi-Jeevesのようなロボットには異なる種類の法的責任が関わっており、誰が立証責任を負うのか決定する方法も対極的なものであるため、ここで重要なことは、取り扱っているロボットが様々な場面で用いられていることを意味している。これらは、ロボットに関する法律においても、さらに異なる専門知識を必要とする事例である。犯罪と契約に関する章の次は、コモンローの法律家が不法行為法分野と定義している問題について考察を深めることとする。

第5章　不法行為

すべてが――きっぱりすべてが準備される時を待っていたら、永久に始める機会は来やしない。

イワン・ツルゲーネフ『父と子』[67]

概　要

　契約外の責任、つまり、ロボットが、その契約における相手方ではなく、第三者に損害を与える場合に焦点を絞る。コモンローの法律家が不法行為と定義する分野は、国家によって不当な行為による損害を補償するように課された私人間の義務を取り扱う。ここで、ロボットの自律性の高まりにより誘発されるであろう新しい種類のハードケースは、他人の行為に関する新しい種類の法的責任をどのように解釈すべきか、ということに関係してくる。史上初めて、法制度は、人工の状態遷移システムの「決定」について人間が責任を負うと見なすことになる。さらに、この種の法的責任は、我々が取り組んでいるロボットの種類、すなわち、子守りロボット、頑具ロボット、ロボット運転手、ロボット従業員等に決定的に左右される。例えば子供、ペットもしくは従業員のような他者の行為に関する伝統的な責任形態は、新しい厳格責任政策で補わなければならず、もしくはその代わりに、保険モデル、認証制度および立証責任の配分という仕組みによって緩和しなければならないといったように、この分野はロボットに関する法分野の中で最も革新的な側面の1つである。

　刑事責任および契約に関する法的責任に関する事例に加えて、個人責任が関係するさらなる事例が存在する。このような事例は、個人の過失を原因として他人に発生した損害によって生じる。コモンローの法律家が不法行為と定義しているこの種の契約

67　[訳注] ツルゲーネフ（湯浅芳子訳）『処女地』（岩波書店、1974）227 頁。

を超える責任は、4.2.2節中で議論したようにマラケク対ブリンマー病院事件でも問題となった。

　原告の主張は、実際には、製造物責任および誤作動に関する厳格責任から生じた損害を中心に展開しており、ロボットの設計者および製造業者は、その製品の製造上の欠陥もしくは設計上の欠陥が原因となって第三者に発生した損害について法的責任があるとみなすべきであると主張していた。このような法的責任間の形態の相違は、立証責任の仕組みとをあわせることでよりよく理解することができる。例えばアメリカでは、製造物に関する厳格責任事件において、原告は被った危害の直接的原因として、製造業者の管理下にあったときからこの製品に欠陥を有していたということがその被った損害の近因であることを示さなければならない。逆に、誤作動に関する厳格責任を取り扱う場合には、この製品に関する欠陥の状況またはこの製品の欠陥の正確な性質についての直接証拠は不要である。それよりも、原告は誤作動の発生に関する状況証拠、もしくは、当該事故の合理的な副因がないことのみならず、この製品を異常な使用法をしていないということを証明する証拠によってこの欠陥の存在を証明しなければならない。

　誰に立証責任を負わせるかについてのこの一連の複雑な概念と方法のせいで、製品には極端なくらいに詳細で、時にして奇異なラベルが貼付されるということが生じている。こうすることによって製造業者は、この人工物、例えば、ロボットの不適切な使用法を含めてリスクや危険についての警告を発しているのである。厳格責任が課されるか否かは、しばしば、当該製品のある種の性質に関する不適切な警告の提示、もしくは製品の特定の性質に関する情報提供が欠けていることに基づくが、この種の不法行為責任については理論的根拠を推測することができるように思われる。リチャード・ポズナー（Richard Posner）『法の経済分析（*Economic Analysis of Law*）』は以下のように根拠を記す。

　　製造物責任に関する厳格責任についての経済学的な根拠は、合理的なコストにおいて、稀にしか発生しない不良品の予防のために消費者ができることがほとんどないということである。製造業者側に事故のコストを課すことで、価格が上昇し、結果として消費者は他の、より危険ではない製品を代替物とする。より安全ではない製品を製造販売するような活動は減少し、これに伴って製品事故件数も減少するだろう。厳格責任を用いれば、効果的に、製品の危険性に関する情報を当該製品の価

格に組み込むことができて、当該危険について全く気が付いていない可能性がある消費者も危険な製品から離れて別の代替物を購入するようになる（Posner 2002：§6.6 参照）

厳格責任ルールと並んで、過失を基礎とする2つのタイプの責任も、前章までで考察した。一方では、チンピラロボット（Picciotto Roboto）の現象学の第3段階（そして最終段階でもある）は、3.4.3 節でみたように、人工の行為者と関係する制御の過失に基づく、ロボットの行為についての法的責任の事例と関係がある。そこでは、私の別荘でのガーデンパーティ中に友人数名を攻撃するロボットを例として挙げた。ここで、この例は不法行為法の領域に適用することができる。パーティの最中、妻の16世紀のデルフト陶器の花瓶を破壊する、友人が所有するロボットのイメージを想起する。他方で、マラケク対ブリンマー病院事件における原告の裁判上の主張は、損害賠償が製造物や誤作動に関する厳格責任から生じたということだけではなく、ロボットの設計者と製造者がある種の行為基準を遵守する義務があるとする過失責任とも関係する。マラケクは、実際、相手方がこの義務に違反し、その結果原告に損害が発生し、原告にとっての実際の損失が発生したと主張した。このような事例では、個人の法的責任は、相当な注意を欠いていたということに基づいており、すなわち、予見可能な危害を防ぐための、一般人の義務違反に基づいている。ロボットが、例えばISO 8373 における産業用ロボットであれば、結果として、3.4.3 節および 4.3.2 節ですでに考察したような伝統的な過失に基づいた責任が生じる。しかし、ロボットが家庭もしくは個人での使用のためのサービス・ロボットである場合には、以下の3つの理由により、法律家が対処しなければならない可能性があるハードケースの数がますます増える。

第1に、過失を基礎とする製造物責任、および、周囲の環境やロボットの面倒をみている人間と自らのやり取りによって技能を獲得するロボットの能力に関する原告の立証責任について考えてみよう。このような機械が周囲の環境に適応可能であり、相互作用可能であり、かつ自律的になればなるほど、このロボットの製造業者がある種の行為規範を遵守していなかったこと、もしくはサプライヤが予見可能な被害を防ぐための措置を講じていなかったことを証明することはますますユーザーにとって困難になるということがわかる。このシナリオは今日の厳格責任ルールに関する経済学的な正当化の根拠を揺るがすだろうか。

第2に、このようなロボットの使用に関する過失責任は、不法行為法分野における現在の厳格責任のセーフガードに追加される可能性が大きい。厳格責任は伝統的に飼っている動物、自らの従業員およびほとんどの国の法制度においては自身の子供の行為に関して個人の責任にも適用されるから、このシナリオは目新しいものではない。しかしながら、法制度がどのようにして、このような家庭用ロボットの使用についての過失責任の事例に取り組むかは明らかとは言い難い。このような事例は、動物、子どももしくは従業員の行為に関する厳格責任についての現行ルールに準ずるべきなのだろうか。

　第3に、一部の学者によれば、例えば自分のサービス・ロボットが危害を加えることを「意図していた」という理由で課される、人間に対する不法行為に関する法的責任のような、新世代の故意の不法行為に取り組む心構えをするべきであるという[68]。ここで、個人がどのように自分のロボットを取り扱い、もしくは面倒をみているかに依存する第三者の行為についての責任に関連する新世代の事例を認めるために、ロボットが人間のような意図を持つことができるという考え方をとる必要はない。

　刑事法や契約法分野とは異なり、刑事法における罪刑法定主義または民事法における契約当事者自治のような、それを使えば不法行為に関する法的責任の新しい事例のほとんどを定義することができるような明晰な原理は存在しない。確かに、個人的使用や家庭での使用のためのサービス・ロボットの生産および採用は、まだ始まったばかりであるが、今後数年の間にその使用が劇的に増えるとうことは、予言能力を要することなく明らかである。したがって、ヘーゲルと彼の『法の哲学（*Philosophy of Right*）』の中での警告には失礼ではあるが、「ミネルヴァの梟は迫り来る黄昏に飛び立つ」ことを認め、明日の時代のサービス・ロボット、家庭用 AI 機械等の影響をおそらく受けることとなる一連の原理、概念、法律論のあり方を研究する必要がある。

　次の、5.1 節での焦点は、このようなロボットの使用および設計、組み立てにすら適用される契約外の責任の最初のもの、つまり、「故意」の不法行為の事例に当てられている。このシナリオは、チンピラロボットの現象学と密接な関係がある一方で、ボズナーによる「故意という概念は、単なる一時しのぎのためのものである」という命題に特別な注意を払っている。様々な理由があるが、本節の目的は、なぜ「故意」という概念が、ロボット解放前線には失礼ながら、ロボットによる不法行為においては重要ではないかを示すことにある。

68　これは、2.1.1 節および 3.1 節中でみたロボット解法前線の考え方である。

5.2節は、相当な注意の欠如を基礎とする第2類型の不法行為に関する法的責任を取り扱っている。不法行為としての過失についてどのように責任が認定されるのかを理解するために、立証責任がどのように機能するかということに焦点を当てている。例えば、各国の法制度の中には、自分の子どもの行為を防ぐことができなかったということを証明できるときには、両親は責任を回避するというものがある。同様に、動物の所有者は、偶発の出来事の発生を証明することができるときには、法的責任を負わないとすることもある。（ある種の）ロボットが、AI未成年者の一種と考えるべきか、逆に賢いペットと考えるべきかにかかわらず、この新世代の個人用もしくは家庭内使用ロボットに関する主要な法的問題は、だれがそのロボットを所有、製造もしくは販売したかでではなく、自分の機械をどのように訓練し、取り扱い、もしくは管理しているかに関わることが多いだろう。

　最後の不法行為に関する法的責任の類型は、5.3節中で比較的重点的に取り扱う。すなわち、法律が当該個人の意図もしくは相当の注意を払っていたかどうかにかかわらず、自身の従業員についての使用者責任として発生するようなものである。リスクと責任を配分する形態として、ほとんどの法律制度においては、使用者は、その契約上の業務時間に従業していた従業員の行為が原因となって生じたいかなる被害についても厳格責任を負うということになっている。これが現代のロボット法における理論的水準である。すなわち、この種の代位責任は従業員の行為に対する法的責任を統べる現状の厳格責任ルールに基づいて家庭用および個人用ロボットによる損害に対する法的責任は定められるべきと論じられている。本節の目指すところは、この厳格責任体制を、個人用および家庭用サービス・ロボットの使用を促進するため（そして人間をこれから保護するため）に緩和することができるかどうかを探求することである。

　最後に、予防原則の名の下で、どのように立証責任がロボットの製造や使用のリスクを懸念する人から、リスクを割り引いて考える人に移るのか、不法行為政策の問題を今日の予防原則に関する議論に接続して5.4節で検討する。今取り扱っている個人用ロボットもしくは家庭用ロボットのタイプに応じて、誰が何を証明しなければならないかを決定することで、このアプローチは、メタ技術としての法律に関する本書の最終章のための基礎を築く。

5.1 悪質な故意

　契約外の義務というものは、一般に何らかの意味で被害をなしたとみなされている当事者の意思に反して課されるものであるが、故意の不法行為、過失責任、そして厳格責任という3類型に分類することができる（Gordley 2006）。罪刑法定主義に従って刑事法で生じる状況とは異なり、不法行為に関する法的責任についての条文や規定は開かれており、特定の行為の違法性を先例との類似点を描き出すことによって決定することができる。技術革新によって立法者が新たな犯罪（もしくは新たな犯罪の新たな環境）に関する規制に規範を追加するという介入をせざるを得なくなっている一方、裁判所は、このような事例の新規性にもかかわらず、不法行為法に関する先例との類推による判断の原理に従い、ロボットの不法行為責任に関する事項を定義することができる。もちろん、これは法律上の権利の問題や不法行為責任の問題は単純な裁量の行使によって解決するべきであるといっているわけではない。むしろ、法的な類推に関する事項は、ロボット技術の進歩が法律家による不法行為法分野の取扱いに影響を与えているかどうかを確かめるべきことを示唆する。刑事法におけるチンピラロボットの話に続いて、ロボットによる不法行為の現象学を概観してみるべきではないだろうか。不法行為者による自発的な不正行為に基づく種類の不法行為についてはどうだろうか。

　「故意」というこの考え方そのものを強硬に批判している学者がいるということは特筆すべきことである。例えば、「懐疑主義的法律学（The Jurisprudence of Skepticism」（1988）の中で、リチャード・ポズナーは、「『故意』という概念は、不法行為的な行為のある種の特徴、例えば、被害者に対するその行為の（大きな金額の）被害額とその行為を避けるために危害を与えた者にかかる（少額の、もしくはマイナスの）コストとの間の大きな乖離の代用品以上の役割を果たすものではない……それは無知の告白であり、経済学がこの無知を追い払う役に立つとすれば、［故意という］この概念を無くすために役に立つということであろう」（前掲論文868参照）と議論している。さらに、ポズナーによれば、刑事法においても故意という概念そのものを捨てるべきであるようだ。「懐疑主義的法律学」の言葉を借りれば、「故意といったような心理的なものは、法が洗練されるにつれて消滅すべきである」。なぜなら、「法が成熟すると、刑事責任であっても責任は徐々に「外部性を帯びる」。つまり、意図し

た行為の問題以上のものとなる」（同書参照）。

　実際に、個人の故意を無関係とすべきとする事例はある。例えば、3.3.2節中で戦争の正当化事由を検討した際に、私は、軍の司令官や政治当局は戦場におけるロボット兵が決定したことすべてについて厳格責任を負うべきであると主張した。さらに、ロボット法は、ポズナーの考え方に従って、故意というものが不法行為責任を決定する際に演じている役割を捨てるべき、さらなる事例についてもヒントを与えてくれる。理論的にいえば、3つの場合が存在する。

(a) ある人間が、自身の悪意のないロボット行為者を使って故意の実行を企てたところ、この機械がその計画を逸脱して何か他の違法行為を実行するような場合
(b) ある人間が悪意あるロボットと共謀した故意の不法行為
(c) あるロボットがその悪意のない人間である主人の意思に反して故意に犯した不法行為

　仮説事例(a)は 3.4.2 節で前述した刑事法における他人による犯行に対する責任モデルを思い出させる。逆に、仮説事例(b)と仮説事例(c)は、誰か人間の故意ではなく、この機械の行為が関係する、道徳的に邪悪なロボットという SF でお馴染みの図の類である。仮説事例(b) は、3.4.3 節で議論した、刑事法における共犯の責任の未来的な例である。逆に、今日の法学の技術水準に従えば、仮定(c)の責任は人間による不法行為としての過失に必ずしも依存しないということになる。

　しかしながら、ほとんどの法制度や学者は、ポズナーの考え方のすべてに賛成することには躊躇している。実際、第 3 章の導入部分で強調したように、この「志向姿勢（intentional stance）」は、目的論的に行為することが可能な人間やある種のロボットのような複雑な実体による行為を説明し、予見するための唯一の一貫した戦略を提供してくれる場合がしばしば存在する。加えて、不法行為責任のみならず、刑事責任に関連するすべての種類の問題を、コストの大小の問題として把握することには大いに問題がある。例えば、行為者の刑事責任と人の犯意が重なる不法行為責任の事例などがそれに当たる。さらに、刑事法で生じる平等と正義の原則は、刑法においてみられるように、異なる事例は異なる方法で取り扱われるべきであり、また、残忍な殺人事件や憎むべき暗殺事件のような故殺の量刑を決めるためには判事や陪審員がどのように各事例に取り組むかに従うべきであるということを示唆している。これは、「悪質

な」故意に関するこのようなシナリオがロボットに関する法律においてとりわけ大きな課題を投げかける、といっているわけではない。刑事法においては、何らかの不正な行為を犯すための道具として自分のロボットを使用する人間は、厳格責任を負うとみなされ、すなわちこのような人間は、例えそのロボットがその計画を逸脱して何か他の違法行為を実行したとしても、社会に対して自らの責務を負うべきである。契約法においては、ロボットを利活用する者による誤った行動は、契約外の責任とそれ以前の契約上の義務の双方の主張の関連付けるための架け橋となる。不法行為法においては、伝統的な法的な考え方では、ロボットを危険な動物と同視するか、ロボットの利用を超危険な諸活動と同視するかのいずれかであり、厳格責任ルールがあらゆる状況に適用される。結果として、人間の悪質な故意の有無による不法行為に関する法的責任に関する仮説は横に置いて、合理的な予見可能性、代位責任および相当な注意という概念に焦点を当てることができる。この立場から、ロボットの使用についての、今日の厳格責任ルールと過失責任に基づく不法行為責任と関係することになる、新世代のハードケースを理解することができる。厳格責任ルールは、故意の犯罪[69]や契約法[70]をうまく処理することができない可能性があるが、法律家が、頑具ロボットや子守りロボットのような個人または家庭で利用するために導入されたロボットが原因となって生じた損害に関する過失責任責任の問題にどのように取り組むべきかも、明確とは言い難い状況である。これらすべての場合について、ヒューマン・ロボット・インタラクション（HRI）研究が特に関係があるように思われる。例えば人間のような社会的知性を示すようなロボットの能力といった、社会的スキルに関する要求事項と同様に、人間との接触やロボットの機能および役割についての様々な種類に注意を払うことで、HRIアプローチは、ロボットの行為についての不法行為責任を考察する際に考慮しなければならない人間とロボットの相互作用の重要な特徴を理解する役に立つ。

　次の焦点は、「世話人パラダイム」に関連するHRI研究、つまりロボットの世話人としての人間というパラダイムに当てられる。カースティン・ドーテンハン（Kerstin Dautenhahn）の「社会的知性を有するロボット（Socially Intelligent Robots）」(2007)の表現を借りれば、ロボットの感情的、社会的「ニーズ」を特定して、これに対応する人間の役割に注意を払うべきである。人間は、当該ロボットに「幸福」であり続け

69　3.4.2節、3.5節参照。
70　4.4.2節参照。

てもらう必要がある。これは、人間の子どもや動物の赤ちゃんに対する行動に特徴的な行動を当該ロボットに対しても示すということを示唆している。ロボットにおけるこのポピュラーな対比によって狙いとするところは、この対比がロボットに関する法律、より正確には、不法行為法分野でどのように機能するかを検討することを意図している。

5.2 子供、ペットおよび過失

ロボットの相互作用、環境への適応性そして自律性が拡大していることで、近年、子どもや動物の赤ちゃんとの対比が提案されている。『犯罪ロボットと幸福な犬 (*Guilty Robots, Happy Dogs*)』(2008) の中で、デービッド・マクファーランド (David McFarland) は、人間の子どもやペットについてそうするように、ロボットにも善悪の判断を十分に教育するべきだから、我々は「未知の世界にもっと入り込むこと」を強いる「異邦人の心」を扱っていると示唆する。『道徳的な機械 (*Moral Machines*)』(2009) の中で、ウェンデル・ワラック (Wendell Wallach) およびコリン・アレン (Colin Allen) は 、同様に、ロボットやその他の人工の行為者の行為の目的とリスクのバランスをとって、個々の人間が承認できる範囲内にその行為を限定するために、「善悪の判断をすることができる機械を建造する」という目標を強調している。法的な観点でいえば、この責任は一義的にはこのような機械の使用者ではなく、その設計者や製造業者にかかる。これに応じて、3.4.1 節で、我々の現象学の第 1 段階、すなわち設計によるチンピラロボットに関連するこの責任の刑事法上の特徴を設計の点で考察した。それから、ロボット応用に関する設計と工学技術がどのように契約上の義務に関する条項や条件に影響を与える可能性があるかを判断するために、ロボット応用のスペクトルを 4.1 節で説明した。フランシス・グロジンスキー、キース・ミラー、マーティー・ウルフ (Frances Grodzinsky、Keith Miller、Marty Wolf) (2008) がロボットの設計者と製造業者の新しい「強い道徳的義務」として提唱したものは、後に 5.4 節でさらに検討する。それにもかかわらず、ロボットのソフトウェアおよびハードウェアプログラミングは、不法行法分野におけるこれらの機械の振る舞いに対する責任を確立させる条件としては、重要であるが不十分である。

意義深いことに、日本で始まった年 1 回開催される IEEE RO-MAN は、1992 年以来、自然のシステムと人工のシステム双方における社会的行動、コミュニケーション、

そして知性に注目してきた。ロボットは「箱から出してそのまま使える」機械のような単純なものではないから、その行動は、人間がロボットを訓練し、取り扱いもしくは管理する方法に決定的に依存する。エディンバラで開催された 2009 年度 AISB 大会で NAO ロボットの調査をした際に、私は、アルデバラン社（Aldebaran）のチームが、ロボットが動いたり、歩いたり、踊ったり、そして人間もしくは他のロボットとやり取りしたりするために、組み込まれた NAOqi ソフトウェア・システムだけではなく、ロボット自身の身長 57cm のヒューマノイド型ボディの使い方をどれだけ教育しなければならなかったかに感動した。レスターにあるデモントフォート大学が主催した 2010 年度 AISB 大会で私は、ヴァイオリンを演奏することができるようになった NAO の進歩を楽しむ事すらできたのだ！　人間とロボットの相互作用に関する最近の研究の観点に従いつつ、人間中心の HRI アプローチとロボット中心の HRI の方法論を区別しよう。前者においては、その思想は、ロボットの行為を人間が合理的に受け入れられるような範囲に収めようということにある。「社会的知性を有するロボット」の言葉を借りれば、「人間中心の HRI は第 1 に、人間が受け入れることが可能な快適な方法で、ロボットがいかにしてそのタスク仕様を満足させることができるかということに関心がある」（Dautenhahn 2007：684）。逆に、ロボット中心の HRI アプローチの場合には、その力点は「生物としてのロボット、つまり、自身の動機、動因および感情に基づいて自身の目標を追求する自律的主体」という考え方に置かれている（前掲論文 683）。

　この後者の観点は、ロボットの設計者や製造業者ではなく、使用者の法律上の責任を、不法行為法分野において、より正確にいえば過失責任に基づく不法行為責任においていかに理解されるべきかに役に立つように思われる。ロボットの「社会的ニーズ」はその設計者が定義し、当該機械の内部制御アーキテクチャによってモデル化されるが、ロボットが自分のニーズを満たすことによって「環境の中で生き残る」ようにするのは、使用者である。『社会的ロボットの設計（*Designing Sociable Robots*）』（2002）中で、シンシア・ブリジール（Cynthia Breazeal）による人間の顔の特徴をもったロボット頭部である Kismet に関する独創性に富む研究では、このロボット中心の方法論がどのように機能するかが示されている。この機械を自身の動機に基づいて自身の目標を追求する自律的主体として取り扱うことによって、人間は、このロボットの内なるニーズを抽出し、それに対応することによって、ロボットの社会的動因を満足させなければならない。

このロボットは、「幼児図式（Kindchenschema）」（ベビーパターン、ベビース
キーム、シェーマ「べべ」とも呼ばれる）を満足させる子供に似た特徴に特化して、
これを強調した性質を有しており、「赤ちゃんや幼児」として、もしくは「子犬ロ
ボット」として扱われる。この幼児図式は、人間（およびその他の多くの動物）の
育児本能に訴えかける幼児、子どももしくは動物の赤ちゃんの特徴を組み合わせた
ものであり、それぞれの行動の引き金となる。幼児図式の概念は、子供と対面した
ときには、「子どもたちの面倒をみている」時に含まれているある種の社会的行動
パターンが、赤ちゃんの典型的特徴であるある種の合図に本能的に反応して、開放
されるのだと主張する民俗学者であるローレンツに遡る」（カースティン・ドーテ
ンハン「社会的知性を有するロボット」698 頁参照。文中における引用はブリジー
ルの研究およびカール・ロレンツ（Karl Lorenz）「動物および人間社会における部
分と群（Part and Parcel in Animal and Human Societies）」（1971）。

ロボット中心の HRI からは、人間がこのようなロボットをあたかもそれが本物の
ペットや人間の子どもとして認識しなければならないということにはならない。例え
ば、「就学前児童の生活におけるペットロボット（Robotics Pets in the Lives of
Preschool Children）」（2006）の中で、ピーター・カーン（Peter Kahn）等は、この
ようなやり取りが根本的な存在論的な類型を曖昧にしたり、子どもたちの社会的、道
徳的発展に影響を与えうるかを判断するために SONY のロボット犬 AIBO と子供た
ちとの相互作用を調査した。このような人工のペットは、守ってあげたいという感情、
さらには二重の相互予期（mutual double anticipation）すら相手に生じさせるが、カー
ンが示したように、子どもは AIBO を本物の犬以上のものであるとは認識せず、
さらにこれに対して何らの道徳的地位を与えない。
　しかしながら、ロボットとの社会的相互作用の中に人間の大人にとってすら代償を
払うことになるような感情的、肉体的、および生理学的活動が含まれる、より複雑な
事例を想像するのはそれほど難しいことではない。人間が他の人間との相互作用の場
合と同じ報酬や満足をロボットとの相互作用から得られるかどうかは、ほとんどの場
合文化的文脈や、例えば情緒をもったロボットやセックスロボット、介護ロボット、
医療用ロボット、あるいは AI 運転手等といった、我々が取り扱っている事例の種類
に左右される未解決の問題である。「例えば、老人や特別なニーズを有する人々と信

頼関係をもつためのロボットを創造しようと目指すことは倫理的に正当なこと」なのだろうかと悩む者もいる（Dautenhahn 2007：699）。ピーター・スーリンズ（Peter Sullins）が「イントロダクション：ロボット倫理における未解決問題（Introduction: Open Questions in Roboethics）」（2011：236）において少なくとも情緒をもったロボットの分野では、「私たちはロボットと付き合う方を好むようになるだろう」と熱烈に断言する者もいる。さらに、『ロボットとの愛とセックス（*Love and Sex with Robots*）』（2007）の中でデイビッド・レビー（David Levy）は、この技術は多くの個人の夢と希望を叶えることができるから、このような機械は我々の社会であっという間に広がるということはどうやっても避けることができないと主張している。この議論の道徳的な面は横において、ロボットの（一部の）使用の拡大を法制度はどのようにして規律すべきなのだろうか。特に、人間の主人の過失に起因する、新世代の家庭用ロボットが原因となって生じた損害についてはどうなるだろうか。

　人間とロボットの相互作用についての最近の研究のパラメータを考慮に入れると、このような過失は、製造業者が、ロボットがどのようにそのタスク仕様を完遂するように設計したかということよりも、個人によるそのロボットの扱い方に関係があるだろう。一旦「箱から出されるや」、ロボットの面倒をみるという役割を人間がどのように果たしたかによって、同じ型番のロボットも数日もしくは数週間で全く異なる行動をとる。その結果個人の責任は、時に自分のロボットの社会的動因を満たしたかどうか、つまりそのロボットの内なるニーズを探り、それに応えたかどうかによって決定されるということになる。この考え方に基づけば、例えば、動物や子供のような他者の行動についての不法行為法における伝統的責任とロボットの行為についての不法行為としての過失責任に関する新しいシナリオとの間の実り豊かな類推を描くことができる。人間の相互作用の手段としてのロボットに対する伝統的な責任よりも、むしろ家庭および個人使用のための新世代ロボットについて重要なことは、一般人であれば他人を予見可能な被害から防衛しなければならないという注意義務に関することである。次の5.2.1節では、アメリカ不法行為法における過失責任という制度に焦点が当てられる。5.2.2節ではこれを大陸法の制定法アプローチ、例えばイタリア民法典における契約外の義務のようなアプローチと比較する。後者の考え方によって、5.3節でみるような自律型ロボットが原因となって生じた損害についての厳格責任ルールの分析を紹介する。

図5.1　不法行為法における過失に対するコモンローのアプローチ

5.2.1　アメリカの親

『自律型人工の行為者の法理論（*A Legal Theory of Autonomous Artificial Agents*)』
の中で、チョップラおよびホワイト（Chopra and White）は、他の行為者の面倒を
みる責任を負っている個人についての過失責任を5つに分類している。「比較と類推
は挑戦的であり、人工の行為者の多様で高められた能力や、ますます大きくなるこれ
らに委託された責任範囲が、多様な法分野における行為者やその他のアクターといか
に比較されるようになるかを説明する役に立つ」（前掲書135参照）ため、チョプラ
およびホワイトは、動物と飼い主だけではなく伝統的な本人と代理人、主人と奴隷、
両親と子供、看守と囚人の間の関係を用いることを提案している。この文脈において
は、ロボットと子どもまたはペットへの対比に焦点を絞るためにロボットの代理人、
奴隷および囚人との対比は横に置いておいていいだろう。図5.1中の「法的変数」を
フィルターにかける、このより厳格な考え方は、（ある種の）ロボットの行為につい
て個人が負う過失責任をどのように把握することができるのか理解するためには十分
である。

　はじめに、チョプラおよびホワイト（2011）の言葉を借りると、「未成年の子供が
故意に他人に危害を加えたり、もしくは他人に不合理な身体的被害をもたらすリスク
を生み出したりしないために子どもをコントロールする、合理的注意を払うという親
に課せられる義務の中に、人工の行為者に関連する類推がありえるかも知れない」
（前掲書133）。多くの国の民事法制度とは異なり、アメリカの親の責任は、当該未成
年者の危険な性質および親がまさにこの事実を知っていたもしくは認識していたとい
う事実に左右される。「親の法的責任（Parental Liability）」（1989：28）中でのラン
ダール・ハンソン（Randall Hanson）の言葉を借りれば、「その未成年者には特定の
種類の被害もしくは危害を起こす性質があり、かつその両親がこの危険な性質につい
て気が付いていたということを示すことができる場合」、子どもが原因となって生じ
た損害に関する過失責任が存在する。「両親が、繰り返し発生した危険な行為を目撃

していた場合、子どもの行為を正すための行為をしなければならず、さもなければ過失に基づく請求に関する法的責任に直面する可能性がある」。

　他方で、自分が飼っている動物が原因となって生じた法的責任に関する事例では、人間にとって危険であると知られている、もしくは危険だとみなされるような動物とペットを区別するべきである。最初の仮説は、3.4.3節で考察したものである。危険な動物の所有者または飼い主は、この動物が原因となって生じたいかなる損害についても厳格責任を負う。これは、所有者や飼い主に何ら違法な、あるいは非難すべき行為がなかったにもかかわらず、である。逆に、平和的だとされるペットが原因となって第三者に被害もしくは損害が発生したときには、アメリカ不法行為法は興味深いことに、これを親が自身の子供に注意を払うという責任と対比させている。チョプラおよびホワイトの言葉を借りれば、「ペットの飼い主は、飼い主に過失があり、その動物が危害を発生させた場所に不適切に連れてこられ、かつその危害が既知の凶暴な性質もしくは性格の結果である場合に、過失責任の主体となる」（前掲書134参照）。とはいえ、もし「その飼い主が、類似の動物の特徴とはいえない危険な特質もしくは性格について知っていたにちがいないか、知っていたはずだという理由がある場合」（前掲書130参照）、この飼い主（もしくは所有者）は、この問題があるペットが原因となって生じたすべての危害について厳格責任を負う。

　しかしながら、予見可能な未来におけるロボットの所有者もしくは使用者は、自分の機械が、類似のモデルに典型的ではないような危険の特性や性質を示しているかどうかを判別することはほとんどできないだろう。さらに、ロボットの行為の自律性や予見不可能性が増してくると、機械の使用者もしくは所有者が裁判において、自分のロボットが原因となった危害、損害もしくは被害は合理的に予見不可能であったと主張することで責任を回避することは難しくなってくる。加えて、このような機械には面倒をみてくれる人間から知識と技術を習得する能力があるということは、落ち度はロボットの設計者や製造業者、もしくはサプライヤにはめったにないということを示唆する。むしろ、厳格責任ルールの正当化根拠によれば、ロボットの所有者もしくは使用者は、ロボットの行為が類似のロボットに典型的なものであるかどうか、合理的に予見可能かどうか等とは無関係に、この機械に何が起きているのかを最も理解し、だからこそロボットの危険な行動を予防する最良の立場にいるという議論ができるだろう。このリスクは家庭向けサービスや個人の娯楽のためにロボットを購入して使用することを個人が躊躇することにある一方、当然ながらこのリスクを回避するために

保険証券を導入することができるだろう。さらに長期的には、例えば2、3世代後の AIの子供や人間の飼い主と相互作用するスマートな人工ペットロボットが登場した ときに、この機械の面倒をみる人間の義務が、動物や子供がもっている危険な特性を コントロールするという現在の責任に類似しているとはみなされなくなるのではない かと考えることができる。しかしながら、頑具ロボットや子守りロボットの使用者や 所有者が、今日の不法行為法における通常人と最終的にみなされるために、長期間待 つ必要があるかどうか、という問題も提起される。さらには、今日のアメリカで親が 負う法的責任との類推が、サービス用機械や家庭用ロボットについての過失責任に関 する将来事例へのアプローチとして唯一のものなのだろうか。

5.2.2 イタリアの親

　これまで、故意の不法行為、過失責任および厳格責任、ポズナーのいうところの 「一時しのぎ」に関して英米法的な区分に従って不法行為法領域を考察してきた。確 かに、これは、大陸法の民事法学者が、契約外の責任と呼んでいるものに注目するた めの唯一の方法ではない。例えば、イタリア民法2043条は、ローマ法の伝統的原則、 すなわち「他人を害せざること（*alterum non laedere*)」を採用しており、これによ れば、2.2節および4.5.2節で先にみたように、個人は自身の過失を理由として他人 に発生した損害について法的責任を負う。　これを基礎として、イタリア民法典は、 個人がこのような責任を回避することができる2つの場合を定めている。すなわち、 「正当防衛」（2044条）と「緊急避難」（2045条）である。この法典は結果として、他 の行為者の行為や危険な活動等についての法的責任等、主体の問題に従って個人が負 う責任を特定している。簡単にまとめると、この不法行為責任制度は、図5.2に要約 できる。

　ここでは、イタリア民法2048条および2052条、つまり子どももしくは動物が原因 となって生じた被害についての法的責任についての条文に注意を払うだけで十分であ る。いずれの場合も、アメリカの制度における不法行為についての法的責任とは異な り、イタリアの親は、その子供および動物が原因となって生じたあらゆる危害もしく は被害について厳格責任が認定される。例えば、この親が、自分の子供が特定の種類 の被害を起こす特性を持っていることに気が付いていたかどうか、この動物が危険な 動物なのかペットなのか等には関わりなく、である。法的因果関係の問題を含むハー ドケースは別にして、民法2048条および2052条に基づいて親が責任を負うために原

図5.2　A不法行為法への（制定法としての）民事法アプローチ

告が証明しなければならないことは、14歳の子供が私の妻の16世紀のデルフトの花瓶を割ってしまったとかペットが私の子供を噛んだなどといった、コンメディア・デッラルテ[71] の法的に可能なあらゆるバリエーションにおける原告が被った実際の損失や実損害額と行為者の行為の間の「法的な十分条件」に集中している。

　しかしながら、イタリア民法は、また同時に、このような無過失責任に対して立証責任の転換によって制限を加えている。一方では、親は、自分が子どもの行為を防ぐことができなかったことを証明したときに責任を回避することができる。他方で、動物の所有者もしくは飼い主は、偶然の介在する事故が発生したということを示す必要がある。悪魔は細部に宿り、単にこれらの証拠を法廷に持ち出すという問題ではないことは明白である。子どもの行動についての責任を取り扱う際に、例えば地元のマフィア（のチンピラロボット）が私を誘拐したがゆえに昨夜偶然あなたの家を私の子どもが燃やすことを防ぐことができなかった、などと証明すべきである。より難しいのは、偶発事故の証明である。雷が私の別荘の庭にいた犬の鎖に落ちて、その結果犬が逃げ出すことができて、まわりにいた私の隣人に噛みついた、といった事故である。それにもかかわらず、AIの子供やペットの使用についてのアメリカの厳格責任モデルに関する裁判の申立ての例と比較すると、この厳格責任ルールを緩和するイタリアの方法には利点がある。その真意について3点示したい。

　第1に、責任の連鎖を断ち切るために、予見不可能なロボットの行動ではなく、被告を取り巻く環境や事件に注意を払う必要がある。チョプラおよびホワイト（2011：135参照）が強調しているように、「人工の行為者が法的人格を認められていない世界では、法的な行為者であるか否かを問わず、人工の行為者の行為は『因果関係の鎖を断ち切る』ことはできず、それ自体で危害の近因足りえない」。ロボットの所有者

71　［訳注］イタリア発祥の即興仮面劇。

や使用者に、偶発事故や一連の状況が法的な因果関係を切断したということを証明する立証責任を負わせることで、不法行為法におけるアメリカモデルのいくつかの欠点を防ぐことができる。実際、何年もの先の未来には、ロボットの所有者や使用者は、いつ特定の機械がそのモデルのロボットに特徴的でない危険な特性や性質を示すかを正確に理解できないため、被告人は第三者への被害のリスクを合理的に予見できなかったと証明することはほとんどできなくなる。逆に、イタリアのモデルに従えば、ロボットの所有者や使用者が、そのロボットの行為についての被害の予見可能性の欠如や予測不可能性にもかかわらず、責任を回避できるますます多くの事例が出てくることになる。この点は、人間が結果としてロボットによる他者への被害を防ぐことができない事件もしくは一連の状況の抗えなさという性質に関係がある。このようなシナリオは、いくつかの法制度の一連の危険な活動についての責任を規定するやり方に似ている可能性がある。つまり、その人が被害予防のために、あらゆる「適切な措置」をとったということの証明があるときは、法的責任を負わないということである。

　次に、法的因果関係の鎖を断ち切るかもしれない事故もしくは状況に焦点を絞ることによって、法的な責任分配に関する他の事例にも注意が引かれるべきである。この仮説は、動物が原因となって生じた損害についての責任よりも、イタリアにおける子どもの行為についての法的責任を回避する親に近い。過失責任に関する事例にイタリアのアプローチから類推すると、原告は、ロボットと原告が被った実際の損失もしくは損害との間に法的な十分条件が存在するということを証明する必要があるということが示される。これを基礎として考えると、イタリア民法2048条に従えば、被告人は、例えば原告の過失または故意の行為により、そうすることができなくなったために、ロボットの危険な行動を防ぐことができなかったということを証明するべきである。この不法行為責任政策についての正当化根拠は何度も強調されてきた。「代理法と契約形成（Agency Law and Contract Formation）」（2004）の中で、エリック・ラスムセン（Eric Rasmusen）は、他者たる行為者についての責任を負う個人ではなく、第三者が被害もしくは損害を防ぐための最良の立場におり、「最安価費用回避者」とみなすことができるような事例が数多く存在するということを示している。4.3.2条中ですでにみた契約上の義務の分野におけるロボットのエラーおよび誤作動の影響と同様に、第三者が、例えばロボットであるアシモフが「酔っぱらっている」ように見えるといったような、表面上から欠陥がある、あるいは間違った行動をとっているように見えることによってロボットの誤作動に気が付くべきだったのに気が付かなったと

いったような事例について考えることができる。このような場合、被告は第三者の過失、そして場合によっては故意の不当な行為でさえもありえるのだが、この機械により引き起こされた被害の原因である、あるいは少なくともそれに寄与したと主張することができる。

　最後に、立証責任の転換によって厳格責任ルールに制限を設けることで、この契約外の義務に対するアプローチは、ロボットの行為についてのあらゆる種類の責任がグレーであるとする新たな「ヘーゲルの夜（Hegelian night）」を防ぐことができる（この点は、4.5.2 節参照のこと）。これら複数の被害の種類を区別するために、イタリア民法は、自分の動物、子ども、自動車、危険な行動等が原因となって生じた損失もしくは損害についての責任を個人が回避することができる様々な方法を提供している。例えていえば、ロボットの場合、人間の事業に関する道具としてのロボットと、社会生活中の行為者としてのロボットを我々は区別するべきである。道具としてのロボット、例えば第 4 章の導入部分中で言及した ISO 8373 適合の産業用ロボットの事例では、製造物責任に関する厳格責任や誤作動に関する厳格責任のような伝統的な契約外の責任を適用するのが公平であると思われる。しかしながら、個人または家庭向けのサービス用機械のような行為者としてのロボットを取り扱う場合には、どのようにして被害の可能性を把握すべきか、という問題は難しい。概して、頑具ロボットもしくは子守りロボットが原因となって生じた被害について、個人がロボットの危険な行動を予防することができなかったということが証明されれば法的責任を回避できるという、自分の子どもが原因となって生じた被害についてのイタリアの親が負う責任になぞらえるべきなのだろうか。逆に、個人は偶発事故が生じたことを示すことによってのみ責任を回避できるという、イタリア民法による動物の行動の管理のようにロボットを捉え、立証責任を強化するべきなのだろうか。はたまた、4.4.1 節で説明した個人事業のためのロボット、i-Jeeves 2.0 のような、個人の労働者や従業員としてロボットを考えるという考え方はどうだろうか。実際に、この 3 つのシナリオを考えてみよう。

(a) ほとんどの時間家で子どもと一緒に遊んでいて、ときどき子どもと一緒にあなたの子守りロボットを連れ立って公園に外出する頑具ロボット

(b) 公園にあなたの子どもや頑具ロボットとともに出かけた後一緒に家に戻る際、ショッピングモールに立ち寄って牛乳やキャンディーを買う子守りロボット

（c） 請求書の支払いをしたり、拘束力ある契約を締結したり、子守りロボットを雇ったり、頑具ロボットを購入したりする等の目的で、あなたの家業のために資産を管理し、使用する i-Jeeves 2.0

　ロボット応用の多様性は、不法行為法上の被害についての様々な種類の法的責任を要請する。法的な観点からは、スマートな人工動物や、AI の子どもという頑具ロボットのメタファーは、他者の行動についての過失責任の新たな事例を提供する一方で、i-Jeeves と子守りロボット双方の法的責任は、伝統的な労働者や従業員についての責任になぞらえて考えることができるかどうか推察することになるだろう。ここでは、不法行為責任は、故意の不正行為にも相当な注意の欠如にもよるものではなく、立証責任の転換による制限を認めない代位責任によるものとなる。さらなる類推、すなわちボットと労働者との間の対比に照らし、焦点を、新世代の AI 従業員が原因となって生じた損害についての、人間の厳格責任に絞り込む。

5.3　AI 従業員と厳格責任ルール

　これまで、不正もしくは非難すべき行為が一切ないにもかかわらず法的責任が確立される 2 つの場合を検討してきた。つまり、4.2.2 節中の人間が行う事業の道具としてのロボットに関連する製造物と誤作動に関する厳格責任と、2.2.2 節中の危険な動物としてみなされる、あるいは前節中の子どもやペットについてのイタリアの親の責任による、人間の相互作用の行為者としてのロボットについての厳格責任である。しかしながら、ほとんどの国の法制度は、人間の相互作用の行為者としてのロボットについての法、具体的には、従業員が労働契約上の活動に基づいて従事した何らかの違法行為についての雇用者の法的責任にかなう、さらなる種類の厳格責任を提供している。図 5.3 はこのようなロボットの行為についての様々な種類の厳格責任を説明している。

　ここでは、分析の焦点をアメリカのコモンローの法律家が「代位責任（respondeat superior）」の法理と要約し、大陸法の法律家が、イタリア民法 2049 条のような厳格責任条項を用いて検討しているものに限定し、深く考察しよう。子供や動物の行為についての厳格責任の仮説とは反対に、イタリア民法もアメリカの法制度も、この無過失責任に制限を課していない。この理由は、一方では、従業員の階層的な従属関係と

図5.3　不法行為法におけるロボットに関する厳格責任

雇用者の法的な権限にある。例えば、イタリア民法2104条および2105条によれば、従業員は善管注意義務、誠実義務および忠実義務を負っている。逆に、雇用者の権限は、従業員を指揮、統制および規律する権利を有するとされている。

　他方、特にアメリカの学者が明言しているように、社会的リスクと社会的責任のそのような分配方法は、経済学的基礎付けにより正当化される。『自律型人工的行為者のための法理論（*A Legal Theory for Autonomous Artificial Agents*）』（2011：128-129）の中で、ポズナーの『法の経済分析』の第6節を引用しながら、チョプラおよびホワイトは、「代位責任（respondeat superior）」のような厳格責任ルールのための経済における理論的根拠は、ある特定の活動を行う確率を変える被告のインセンティブの観点から最もうまく説明されるとする。法廷は、ある特定の活動がどれだけ注意深く実施されたかを検討するため、典型的に過失の基準を適用するが、この活動にどれほどの水準で従事しているかを最初に問題にしたりはしない。厳格責任は、厳格責任を負うことになる潜在的危害者が事故を予防するかどうかを判断する際に、活動の水準や注意を払うための支出の変更の可能性も検討に入れることが期待される、というニーズに対応している。さらに、業務時間中に従業員が原因となって生じた損害を処理するにあたって、雇用者に対する厳格責任は、第三者にこのような契約外の義務が満たされるということを保障する。多くの場合、従業員には自らの行為が原因となって生じた損害を補てんする資金が欠けているため、不法行為責任の脅威に必ずしも反応ない。レオン・ウェイン（Leon Wein）が「知的人工物の責任（The Responsibility of Intelligent Artefacts）」（1992）において議論しているように、代位責任の正当性は、「不法行為者がもたらした損失と不法行為者との間の論理的関係をその根拠とするものではなく、財政的に支払い能力のない当事者に法律上の責任を課さずに、損失の補償を提供するという政策をその根拠としている。結果として、雇用

者は、当該損失を起こした不法行為に直接影響を与えておらず、参加もしていない場合であっても、従業員の自律的行為の責任を負うのである」（前掲論文110）。

　この枠組みの取り扱いづらい部分は、従業員が原因となって生じた被害と当該従業員が労働契約上の行為に基づいてこのような被害を起こしたという事実の間に存在しなければならない連結に関するものである。代位責任制度を緩和するために、例えば、イタリアの裁判所では、「必要なとき（necessary occasion）」の問題としてこの関係が理解されることを要求している。しかしながらロボットの分野に立ち戻ると、その業務上の活動をしていないサービス用機械というものは想像し難い。法律家がSF的シナリオを認めない限り、雇用主が、自分のロボットが被害の原因となったが、そのロボットは一旦業務を終えた後に他のロボットと喫茶店で少し自由時間をとっていたのだと主張することを認めることはできない。さらに、契約の相手方の義務や利益とは異なり、不法行為法における第三者は、このようなロボットが実際にその法的な権限の中で行動しているかどうかを確かめる必要はないのである。したがって、代位責任に関する厳格責任に基づけば、ロボットの所有者や雇用者は、時には、過失責任がこの厳格責任制度に付け加えられる可能性はある（しかし決して厳格責任制度を覆すことはない）が、24時間体制でそのロボットの行為について厳格責任を負うことになる。

　この結論は厳しいものであり、またこれではまず個人がロボットを購入して、使用しようとは思わなくなる可能性がある。代位責任に関する厳格責任ルールは、危険な動物もしくはイタリアで子どもたちが原因となって生じる損害についての厳格責任ルールよりも一層厳しいものである。後者の事例では、ロボットの危険な性質を知らなかったということが合理的であるとか、偶発事故が起きたとか、人間がこの機械の有害な行為を防ぐことができなかった等、いかに立証責任を転換することで無過失責任を緩和し、結果ロボットの所有者や使用者が法的責任を負わないかをみてきた。しかしながら、チョプラおよびホワイトが『自律型人工的行為者のための法理論』（2011：130）中で正しくも主張しているとおり、「代位責任」法理をある特定の状況に適用するということは、問題の人工的行為者は、責任や第三者との相互作用の面において使用者のために動く法的な行為者として、理解されることを要求する。言いかえれば、この厳格責任制度はあらゆるロボットの活用事例に適合するものではなく、むしろ4.5.1節中で検討した、例えば大陸法中の行為者としてのロボットのような特別な種類の機械に当てはまるものである。不法行為に関する法律上の責任に関するこのシナ

リオとどのように取り組むべきかを個別に探求してみよう。

5.3.1　デジタル特有財産再考

　娯楽、障害者補助、個人の移動、もしくはホーム・セキュリティや監視のような、サービス向けロボットの家庭や個人での数ある使用の中で、4.3節では、個人事業や専門的事業のためのサービス・ロボットについて検討した。リスクはあるが、このようなロボットは契約を作成したり、もしくは人間と人間との間の権利義務を設定したりするにあたって極めて有用でありうる。新世代のロボ・トレーダーが行う業務に照らせば、強調したように、この機械が作成した契約は有効である。さらに、デジタル特有財産のような新しい形の法的な説明責任を通じて、様々な人間の利害間に公正なバランスをとることは実現可能である。ロボットを事業や取引、もしくは契約を行うために採用することによって、人は自分のロボットのポートフォリオの価値に限定された法的責任を主張することができ、特有財産がロボットの契約相手に義務が本当に果たされる。しかしながら、不法行為法領域では、ロボットが設定した権利義務が単にその契約の相手方だけではなく、このような契約に関係がある、例えば保険会社のようなあらゆる第三者にも関係するという、ずっと複雑なシナリオに対峙することになる。むしろ、人間生活の仲介者としてのロボットが原因となって生じた被害という仮定においては第三者の範囲が広がり、偶然このロボットに遭遇するすべての人間、もしくは他のロボットも潜在的に含めることができるようになる。他人に対する違法もしくは偶発的な損害が、ロボットの行為を原因として起きた場合、誰が損害賠償を支払うべきだろうか。

　伝統的な観点は、例えば、前節で説明した代位責任に関する契約外の責任等を基礎として、個人に厳格責任を負わせる。この厳格責任ルールを緩和するために、ロボ・トレーダーの所有者や使用者は、伝統的な雇用者がそうするように保険を用いることもありうるだろう。この保険証券に関する技術論はさておき、一般的な考え方は、保険会社は危害が職場で発生したときだけではなく、雇用者にロボット従業員が原因となって生じた危害について責任があるとされる場合にも、保険金の支払いをするというものである。このシナリオは、雇用者がロボット行為者を使って事業を行う確率を変更するインセンティブとしての、厳格責任の経済学的な正当化根拠を想起させる。一方で、保険のプレミアムが、ロボットを用いた事業のコストに加算されるが、このような機械が合理的に安全で制御可能になればなるほど、代位責任条項があるにもか

かわらず、より多くの個人がそれを使うリスクを受け入れるようになるだろう。

　しかしながら、2つの要素からなる方法でロボット法に対するこのアプローチを改善することができる。一方では、人間が負う厳格責任が、ロボットのポートフォリオの価値あるいは保険契約に付加された特有財産による保証にまで限定するべきだと定めることで、特有財産の仕組みを拡張するかもしれない。例えば、1952年10月7日にローマ条約で規定された、外国航空機が原因となって地上にいる第三者に生じた損害に関するモデルについて考えてみよう。この国際条約の適用は、当該航空機の操縦士側の厳格責任を基礎としているが、立証責任の転換によって、この厳格責任に対する制限だけではなく、事故に関する補償制限制度を提供している。5.2.2節で検討したような、イタリアの親が負担する契約を超えた責任と同様に、ローマ条約第6.1条は以下のように規定する。

　　損害が、もっぱら当該損害を被った者、もしくは、その従業員や行為者の過失、その他の不法行為並びに不作為が原因で生じたということを証明した場合、さもなくば本条約の条項に基づき責任を負ういかなる者も、責任を負わないものとする。責任を負うとされる者が、その損害を被った者、あるいはその従業員や行為者の過失その他の不当な行為または不作為が寄与したことを証明した場合、損害賠償額はこの過失その他の不法行為並びに不作為が当該損害に寄与した程度にまで制限される。

　ロボ・トレーダーの事例において代位責任という厳格責任に固執すると決断する場合、ローマ条約第11条は、人間側の厳格責任をロボットの特有財産の価値に制限するという考え方をどう解釈すべきか示唆している。ローマ条約の場合、支払うべき金銭的賠償額は、当該損害の原因となった航空機の重量を基礎として決められている。ロボットに関する事例では、例えば子守りロボットの義務とi-Jeevesの義務を区別するために、特有財産の量は、機械の「労働契約上の活動」を基礎に設定することになるだろう。

　他方で、特有財産の元来の仕組みを拡張して、ロボットをビジネスや民事法における行為者そのものとして、伝統的な人工的な人格と同じように考えることもできる。4.5.1節中で言及したように、学者の中には、ロボット個人の説明責任は、ロボットが特定の権限を越えて行為を行ったかどうか、どの当事者がそのような権限を付与し

たことに対する責任を負うのか、人間は機械の誤作動の可能性について責任を回避できるかというような、数多くの議論が分かれる問題を単純化することができるだろうという理由で、この考え方を承認する者もいる。換言すれば、ロボットの個人責任を認めることによって、我々は他者の行為に対する契約外の義務の新しい仮説を追加するという複雑さを防ぐことができる。すなわち、動物や子供、従業員といった（ある種）のロボットであれば、第三者に対して危害および現実の損失もしくは損害を発生させたことについての法的責任を直接負わせるということである。このような場合においては、ロボットの特有財産は、人間が厳格責任を負わなければならないか、過失が認定されるかにかかわらず、契約外の義務が満たされることを保証する。概して、この枠組みは、「行為者の取引開始権限に関して行為者に騙されたことがある第三者がその損害について当該行為者を提訴できるという人間の事例のより完全な類似物を提供する」（Chopra & White 2011：162）。さらに、この「より完全な類似物」は本章でこれまで検討してきた立証責任の複雑な仕組みを単純化してくれる。例えば、頑具ロボットの行為について責任を負う子守りロボットのような、他のロボットの行為について法律上責任を負うようなロボットというより未来的なシナリオを思い描くこともできるが、5.2.2節中で先に示唆したとおり、誰が証明しなければならないかという法的メカニズム、つまり、立証責任がいかに法律分野で機能するかによって、技術に関する難題を適切に処理することができる。人工の行為者を扱っているのであれ、自然人たる行為者を扱っているのであれ、法的な論証は今日と変わらないだろう。

5.4　立証責任

　法の領域における答責性と法的責任の問題は、立証責任の仕組みと複雑に絡み合っている。ローマ法の格言によれば、*onus probandi incumbit ei qui dicit, non ei qui negat*、すなわち、立証責任は被告ではなく、事実にせよ法的問題にせよ、それに関して主張をなす側の当事者が負う。刑事法においては、立証責任は、被告人が特定の規範もしくは制定法が禁止している何らかの作為または不作為を理由として有罪であると主張する検察官が負う。契約法においては、立証責任は、自身の契約相手が当該契約に違反していると主張する側の当事者が負う。不法行為法では、立証責任は、原告に生じた被害の原因としての被告人の不正行為の証拠の提出義務がある原告が負う。不法行為に関する裁判上の主張は伝統的に故意の不正行為、過失責任および無過失責

任に分類されるが、さらにもう1つの区別がロボットによる不法行為の場合には必要となる。このようなロボットは、動物や人間と同じように行動するため、ロボットは他者の行為に対する新しい種類の人間の責任を提起する。このような機械の設計、生産、供給および使用についての契約外の様々な種類の義務に照らせば、不法行為責任の問題は、人間の事業の道具としてのロボットに関連する不法行為と社会的相互作用の行為者としてのロボットを区別するべきだということを示唆している。

　道具としてのロボット、すなわち、第4章で紹介した ISO 8373 に準拠する産業用ロボットについての不法行為責任の場合、法的責任に関する裁判上の主張は、主に、このような機械の設計者、製造業者、およびサプライヤの製造物および誤作動に関する厳格責任から発生する。故意の不正行為や刑事訴追の例は別にして、不法行為責任は、厳格責任または不法行為責任に関するものになるだろう。そのような時に、いかに立証責任の仕組みをロボットの不正行為という領域に適用できるのか、以下のようにまとめることができる。まず、ほとんどの国の法制度において、そのデフォルトルールは、厳格責任規範によって与えられている。これは、原告の主張は、ロボット応用と厳格責任原理体制に基づく原告に生じた被害の間の法的な十分条件に依存しているという意味である。米国コモンローの法律家の専門用語に従えば、すでに3.5節および4.2.2節中で議論したように、被告の違法行為や犯罪行為にかかわらず、当該因果関係について「合理的な事実認定者であれば彼（原告）が有利であると認定することができるような証拠」が存在しなければならない。

　次に、コモンローと大陸法の伝統の間、当事者対抗構造と非当事者対抗構造、証拠提出責任と説得責任から事件を担当する陪審員と裁判官に至るまで、重大な違いがあるように、いかにこのメカニズムがある当事者にさらなる証拠を集め、提示する義務を割り当てるかは取り扱う法制度に左右される[72]。しかしながら、厳格責任制度から、

72　例えば裁判官が、裁判所がそのような証拠は存在せず、したがって事実上の裁判上の請求も反論も特定の事件においては存在しないと自ら納得するまで調べ上げる非対審構造と、このような無制限の裁判所による証拠調べは許されていない対審構造との間の違いを考えてみるとよい。さらに、米国法では、証拠提出責任は、現代の民事訴訟手続は「ディスカバリー（証拠開示制度）」、すなわち、当事者が訴訟相手に証拠を単に依頼するだけで獲得することができるようにするための一連の道具立てまで拡張されているので、その重要性はますます低くなった。加えて、アメリカ法のおける tiebreaker（同点決勝）ルールのような説得責任の機能は、証拠の事実認定が同票数のため陪審が評決することができないような稀な事件だけのものである。ヨーロッパのほとんどの国の法律制度とは異なり、この事実を認定し、また、陪審員の事実認定が同票数だった場合には判断するという陪審の権力は説得責任を基礎とするものであり、部分的に法規を制定する際に立法者が考慮していたあらゆる「道徳感に従った選択」を否定するものである。

被告人に無過失責任が当然に発生するということにはならない。多くの場合、被告は自分がいかなる種類の被害をも予防するための適切な措置をとったということ、さらには、ロボット応用に伴う問題と原告側に生じた損害との間にはそのような因果関係は存在しないということを実際に証明することができる。例えば、被告人は当該製品が結局欠陥品ではなかった、この欠陥は原告側に発生した危害の直接的原因ではなかった、もしくはこのような欠陥は当該製品が製造業者の制御できる範囲を離れた後に生じたということを示すことができる。（製造物責任に関する厳格責任ではなく）誤作動に関する厳格責任の場合には、被告人は、当該事故に関する合理的な副因の存在などとだけでなく、ロボットの異常な使用があったことを提示することもできる。

　第3に、厳格責任ルールは、ロボット応用の事例における設計者、製造業者およびサプライヤについてのさらなるの責任を妨げない。例えば、過失責任の請求を考えてみると、原告は、被告がある義務に違反したことを原因として原告に対してある危害を発生させ現実の損失を生じせしめたことにより、ある種の行為基準に対する適合義務を証明することができる。この種の責任は、ロボットのサプライヤと製造業者との間での法律上の責任分配のあり方、もしくはロボット応用に関する設計者のような、被告人側の従業員の過失行為に対する代位責任のあり方に関連するかもしれない。いずれにせよ、このような法的責任の形態が、前述の厳格責任体制に付け加えられることになる。

　他方で、民事法分野には、媒介としてのロボットもしくは代理人としてのロボットについての不法行為責任に関する事例が存在している。前者のロボット、すなわち人間の産業の道具としてのロボットについて生じるのは、原告は厳格責任制度のもとで、ロボット応用に伴う問題とそのような機械によって生じた損害の法的十分条件を示す責任があるということである。しかしながら、誤作動に関する厳格責任もしくは製造物に関する厳格責任に加えて、後者のロボットは被告が他者の振る舞いについて厳格責任を負うという不法行為責任に関するさらなる事例を引き起こす。ここで、この責任は、このような機械の製造業者やサプライヤではなく、おそらく使用者が多くの場合負担することになるだろう。当該事例が不法行為としての過失責任に関するものか厳格責任によるものかにかかわらず、立証責任の分配の仕組みは、裏付けとなる類推によって様々である。ロボットと従業員、子供や動物との対比によって、ロボットの行為の不法行為責任に、予見可能な範囲の未来においてどのように取り組むことができるかについて光を当てることができる。

まず、サービスや家庭での使用のためのロボットを AI 従業員に例えることができる。使用者の代位責任は、原告が一旦法的な十分条件たる証拠を提示したら、人間がその責任を回避することを許さないだろう。これは、ロボットを危険な動物として考えるか、もしくはロボットの使用を超危険な諸活動と考える不法行為法学者の意見とも合致する。したがって、2.2.2 節および 3.4.3 節中ですでに見たように、厳格責任ルールはこのようにあらゆる状況に対して適用される。

　次に、個人的もしくは家庭での使用のためのロボットを、5.2.1 節で説明したように、アメリカ法における親の責任下にある子どもと比較することができる。この場合、被告は類似の典型的とはいえないようないかなる危険な性質や特性も機械はいないということを証明する必要がある。予見可能な未来において、被告人が法律上の責任を回避することができる余地はほとんどなくなってしまうだろう。

　第 3 に、ロボットをイタリア法における親の責任下にある子どもと比較することができる。この場合、このロボットの危険な行為を回避できなかった、あるいは思いがけない偶発事故が発生したということを証拠で示せば、被告人は法的責任を回避できる。アメリカ型の不法行為法モデルとの統合がいくらかみられるかもしれない一方、それでも被告の、目的の実現は 5.2.2 節で強調したように、依然として特に厄介なものになる。

　しかしながら、法制度は、デジタル特有財産のような形式の制限付きの法的責任も承認する可能性がある。このローマ法の制度を、契約外の義務の分野に適用することによって、ロボットについての厳格責任をロボットに割り当てられたポートフォリオの金銭的価値を上限とすることができるし、代わりに特有財産による保証を保険契約の条項に追加することもできる。さらに、特有財産というローマ法の制度の類推を拡張して、（いくつかの種類の）ロボットについての個人の答責性の一形式とすることもできる。前述のとおり、ロボットに対して「個人の答責性」を付与すれば、他人の行為についての契約を超えた義務という新しい仮説における困難な問題を回避することができ、この考え方を支持する学者もいる。このような「人間の事例へのより完全な類似物」（Chopra and White 2011：162）は、第三者への危害および現実の損失損害について直接ロボットに法的責任を負わせることができるだけではない。ロボット個人の答責性は、例えば、5.2.2 節で検討したような頑具ロボットの行動の面倒をみる子守りロボットの義務に関する過失責任もしくは厳格責任のような、他のロボットの行為について責任があるロボットに関する一連の事例にも適合するだろう。

それにもかかわらず、ある学者は、最善の意図を持ち、最高の情報を得た設計者ですらロボットの行動のあらゆる結果の可能性を予見することはできないという理由で、このシナリオは問題があるとする。費用・便益分析やデジタル特有財産のような法的技術のほかに、ロボットの行動の予見不可能性が増しているという理由から、ロボットの設計者や生産者に関する「強い道徳的責任」という新しい責任を主張するものも存在する（Grodzinsky et al. 2008）。別の者は、人間の個人と契約締結可能なロボットを生産するという目的が倫理的に正当化できるかどうか疑問を持っている者もいる（Dautenhahn 2007）。戦場におけるロボットの採用や、ネットワーク中心のアプリケーションの複雑性の増加とともに、軍隊ではなく、民間部門で「機微な技術」が使用されることになったことは、一部の学者に「予防原則」の呼びかけを促した（Veruggio 2006）。競合的な規定ではあるものの、この原則は基本的に、危険な影響について（科学的に）確信が持てないときは、行為を回避するために立証責任を転換するべきであるというものである。この原則を表す法律用語を 2000 年 2 月の欧州委員会報告書を用いてさらに説明することができる。「予防原則は、科学的証明が不十分、非包括的あるいは不確実であって、かつ事前の科学的評価で環境、人間、動物もしくは植物の健康に対する危険たりうるような影響が、EU が採択した高い保護レベルに不適合となる可能性が懸念される合理的な根拠がある場合に適用される」。

　ロボットの予見不可能な行動と、人間の健康や環境に対する影響にほぼ依拠するリスクと脅威を取り扱う際に、分析範囲を拡張して、予防原則の実施が部分的であれ全体的にであれ、どのように個人の権利義務に影響するか検討しなければならない。次節では、予防原則を法的に理解する 4 つの異なる方法を、それぞれの方法が立証責任の仕組みにどのように影響するかと並んで検討する。その後で、5.4.2 節における焦点は、代替となる原則である開放性に従った予防原則の限界に置く。この分析は、メタ技術としての法律と、法制度がロボットの行為者適格性をどのように把握するのかを扱う最終章への導入となる。

5.4.1　予防原則

　予防原則は、今日の法制度において、我々が取り扱っている問題の複雑性に由来する損害、リスクおよび科学的不確実性といった事柄に取り組む際に重要な役割を果たす。2006 年の電磁気安全国際委員会およびベネヴェント決議の言葉を借りると、「有害な影響の兆候があるたびに、それが依然として不確実なものであっても、何もしな

図5.4　予防原則を使った立証主張の転換

いでいることによるリスクは、これらへの暴露を制御するための行動をとることのリスクよりもはるかに大きいものだろう。予防原則は、リスクが存在するのではないかと疑っている者からリスクを否定する者に立証責任を転換する」。とりわけ、立証責任の転換がどのように決定されるかに依拠する様々なレベル、すなわち、図5.4で説明するように、予防措置の司法、行政、立法および政治の各レベルの分析を区別するべきである。

　「司法レベル」では、「裁判所」による判決を参照する。特定の状況下で裁判所は、立証責任を転嫁して当該事件の被告人にそれを負わせるために、原告が立証責任を負う（*actori incumbit probatio*）原則を放棄することができる。これは、国際司法裁判所に対して提起されている数多くの訴訟の中で何組かの当事者が主張してきた。例えば、太平洋におけるフランスによる核実験に関する1995年判決のニュージーランド対フランス事件でのニュージーランド側の主張は、フランスは自らの活動の安全性を証明するべきであったというものであった。「状況に関する審査請求書（Request for an Examination of the Situation）」の中での申立人の言葉を借りると、予防原則の下では「事前に自らの活動が環境汚染を引き起こさないことを示す立証責任は、潜在的に有害な環境に対する行為に従事することを望んでいる国家が負う」（§34）。同様に2003年のマレーシア対シンガポール事件では、マレーシア側弁護士エリュ・ローターパクト（Elihu Lauterpacht）は、「予防原則の権威について議論する者もいるかもしれないが、マレーシアは、本裁判所が広く一般に支持されている考え方である環境に悪影響があるかも知れない行為を提案している国家が、自分自身に対してではなく、その影響を受ける可能性がある者に対して、環境に対する現実の危険の可能性は存在しないことを示すべきであるという見解を拒絶するべきではないと主張する」と発言した（Foster 2011：247による引用）。

　予防原則の次のレベルは、行政機関の規制権に関係がある。4.2節で考察したダ・ヴィンチ外科手術システムに話を戻すと、このような応用の生産者は、医療目的でのロボットの商業化と使用が申し分なく安全であることを積極的に示す必要がある。科

学的証拠を基礎として、イントゥイティブ・サージカル社（Intuitive Surgical）は、米国食品医薬品局による認証、例えば Z-0658-2008「リコール区分クラスⅡ ダ・ヴィンチ外科システム 8mm 長カニューレ」を獲得することができた。同様に、欧州の法制度では、EU 指令 93/42/EEC が、医療機器の安全性を保証する膨大な臨床データを要求している。このような器具の生産者は、例えば、「機器の意図された目的および採用されている技術に関して現在入手可能な関連の科学的文献の一式」を提出しなければならない（付属書 10, 1.1.1）。この目的は、「通常の使用状況下における、あらゆる望ましくない副作用を判定し、この機器の意図したとおりの使用を踏まえて、この副作用がリスクを構成するかどうか評価する」ことである（付属書 10, 2.1）。同様に、4.5 節で先にみた UAV の事例でも、予防的に「特別認可に関連する責任を果たす能力および手段」を示すべき立証責任は、この無人飛行機の生産者および製造業者が負っている。民間航空分野の共通ルールに関するものであり、欧州航空安全機関（EASA）を設立した EU 規則 216/2008 の 8(2) 条の言葉を借りると、「このような能力および手段は証明書の発行によって認められる。特別認可はオペレーターに与えられ、そのオペレーションの範囲はこの証明書中で特定できるものとする」。

　予防原則の第 3 のレベルである「立法レベル」は、国家もしくは国際機関の立法者が設定する法的義務に関するものである。このような義務には、法律上の推定の制度が含まれている場合がある。そのため法廷は、本章中の無過失責任のいくつかの事例でみたように法廷自身の裁定権を用いずに、この推定条項を適用して立証責任を転嫁するべきだということになる。しかしながら立法者は、このような予防条項を、「ケース・バイ・ケース」という基準で制定することもできる。世界貿易機関（WTO）の諸協定に基づいて、例えば、衛生植物検疫措置の適用に関する協定（SPS）の 3.3 条は、「科学的に正当な理由がある場合または加盟国が第 5 条の 1 から 8 までの関連条項に従い自国の植物検疫上の適切な保護の基準を決定した場合に」は、関連する国際基準に基づく措置以上に厳格な SPS 措置を加盟国に採用させるため、予防原則アプローチを必然的に組み込んでいる。同様に、EU 規制 258/97 の 12(1) 条に基づいて、EU 法では、加盟国が新種の食品の使用が人間の健康または環境を危険に晒すことを考慮するため、「詳細な根拠（detailed grounds）」が要求されている。欧州司法裁判所が 2003 年 9 月 9 日付でモンサント対イタリア事件（C-236/01）で宣告したように、「リスク・アセスメントの結果のような、関連する加盟国が提出した証拠は一般的な性質のものではありえない。それにもかかわらず、簡略化した手続に基づく新食品の

初期安全性分析は限定的な性質を持っていること、……およびセーフガード条項に基づく措置が本質的に一時的なものであることに照らせば、加盟国は、そのような新食品が包含する可能性がある特定のリスクの存在を示す証拠に依拠する限りにおいて、自身の立証責任を果たしたことになる」。

　予防原則の最後のレベルは、とるべき政治的選択に関するものである。今日まで、この原則は生物種の絶滅、公衆衛生、もしくは世界温暖化のような非常に微妙な問題とかかわるものであった。立証責任は、全体として環境（の重要部分）に対して直接与えられる結果を理由として、現実に活動を行おうと主張する者が負担する。ロボットの脅威とリスクを考えることにより、当事者の中には結果としてロボット分野にもこの原則の適用を呼びかけるものもいた。例えば、「EURON ロボット倫理ロードマップ（2007 EURON Roboethics Roadmap）」では、「技術に対する、そして技術内部での委任と説明責任の問題は我々皆の日常生活の問題である」と強調されている。今日、「私たちの安全、健康、生活、貯蓄などの重要な局面が」「機械に」授けられている。「専門家は、機微な技術を使う際に、予防原則の適用が推奨される」（Veruggio 2006：12）としている。

　しかしながら、ロボット分野への予防原則の適用可能性は、不確実性と無知といった問題にどのように取り組むかについて３つの問題を生じさせる。まず、予防原則を適用するための閾値、すなわち、機微な技術の使用が発生させうる被害についての科学的不確実性の存在およびその程度について考えてみよう。『国際法廷および裁判所における科学と予防原則（*Science and the Precautionary Principle in International Courts and Tribunals*）』（2011）の中で、カロライン・フォスター（Caroline Foster）は、このリスク水準に関する数多くの学術的な定義をまとめている。すなわち、懸念に値する合理的根拠があると信じる理由、危害の原因またはリスクのもっともらしさに関する良識的な信念、存在すると信じられる脅威または無視できない環境へのリスク、危害の可能性または損害の合理的可能性が存在しなければならないとする。フォスターの言葉を借りれば、「結論としては、……予防原則を適用するためには科学的不確実性に関するいくつかの必要最小限の閾値が明らかに存在しなければならない。しかしながら、この閾値は実践においてまだ特定されていない問題として残っている」（前掲書 257）。

　第２に、予防原則は不合理で、保護主義的な、リスク回避的な、もしくは単純に逆説的な結果につながる可能性がある。カール・ポパー（Karl Popper）の反証主義に

関する古典的な認識論的議論を考慮すると、すなわち、「論理的観点からは、科学理論は最終的に証明可能なものにはなりえないが、最終的には反証可能なものであるべきだという前提に立っている」（Popper 1935/2002）。それゆえに、予防原則に関する事例では、行動をとる前にリスクの存在を証明するよりも、不存在を証明する必要がある一方で、証拠に基づかない仮説が否定されるまで活動できない状況が存続するという、ある種の「逆ポパーのパラドクス」を援用する者がいる。「予防原則を基礎とする予防（The Principle of Precaaution-Based Prevention）」（2006）の中でジョバンニ・レッザ（Giovanni Rezza）が主張するように、「潜在的な危険源に晒されることに関する潜在的なリスクを減じるための介入は、この仮説が確定的に間違っていることが証明されるまで実施されるはずである。仮説は原則としては反証可能なものでなければならないのだが、にもかかわらず、（GMO は安全ではないといった）帰無仮説を裏付ける証拠が集まることは定義上ありえない。というのも、禁止が早期に実施されるからである。逆ポパーのパラドックスにおけるように、介入は、この証拠のない仮説が反証されない限りは／されるまでは、継続されるであろう」。この観点に従えば、独立した研究だけが、合理的な決定を下すための十分な知識と経験上のデータを生み出すことができるということになる。

　第 3 に、法律家は、部分的であれ全体的であれ、不確実な何かを扱っているとき立証責任の観点から適切に語る。それにもかかわらず、本書を通じて立証責任の分配は、携わっている分野ごとに様々であり、予防原則には議論の余地がある場合が数多く存在するということをみてきた。実際には、ここで筆者が「開放性の原則」と呼びたいと考えているものを推奨するための強い理論的根拠が存在するかも知れない。「自分が無知であっても行動せよ！」とは、1997 年 6 月 26 日に連邦最高裁判所がインターネットのような手段の特定の性質を理由として、通信品位法（CDA）の一部を無効としたときに、実際に言われたことである。スティーヴンス判事の言葉を借りると、次のようになる。

　　連邦控訴審裁判所の判断と異なり、本法廷においては、政府は、子どもたちを保護するという法益に加えて、「同じくらいに重要な」インターネットを発展させるという法益が CDA の合憲性を支持する独立した理由となるとう主張をしている。……政府が、「品位のない」そして「明らかに攻撃的な」インターネット上のデータが無規制に利用できるせいで自らや子どもたちが有害な素材に晒されるという理

由で、数多くの人々がこのメディアから遠ざかっていると想定しているのは明白である。

　我々はこの議論がめったに見ないくらいに説得力がないと理解している。この新しい思想の自由市場の劇的な拡大は、この論の根拠に矛盾する。記録によれば、インターネットの成長は、驚異的なものであったし、これからもそうであり続けることが示されている。憲法判断の伝統として、それを否定する証拠が欠けている状況において言論に関する政府規制は、自由な意見交換を奨励するのではなく、むしろ干渉するものだと推定する。（強調は筆者）

　予防原則は、自ら実行する任務を計画するロボット兵や小さなドローンの編隊といったロボット分野にも適用されるだろう。しかしながら、NAO や、日本のポップスターであるロボット歌手 HRP-4C のようなさらなる活用例に照らすと、予防原則は、「汎用性の高い」ルールを提供するものではない。ここで、立証責任は行動を防ぐことを望む者が負い、その結果として科学者や企業は、自由に自分の研究や事業を継続することができる。実際、予防措置とは無知による行動の禁止を意味するものではなく、「あなたの行為の影響が人間のあるべき生活の永続性に合致するように行動」することが要求されるということである（Jonas, 1979）。自律的な殺人兵器や、ビジネス目的のサービスへの応用、エデュテイメントや監視などのための家庭向け機械のようなロボットを採用するべきかどうかについての今日の議論を参照しながら、「規範としての責任性」がどのようにロボット法において機能するかを、本章の最終節で探求することを目指す。

5.4.2　ロボットの開放性

　ロボットがハンス・ヨナス（Hans Jonas）がいう「人間のあるべき生活」を危険にさらすような極端な事例と、これに影響しないと思われるような極端な事例の狭間に、ロボットに関する判断がいかに難しいかを示す著しく広大なグレーゾーンが存在する。予防原則が金融部門におけるネットワーク中心のロボット応用と戦場における半自律型殺人兵器の双方に浸透すべきかどうか考えよう。3.2 節で強調したように、潜在的な危害を理由にある種の技術を禁止するべきかどうかに関して 2 種類の問いを区別しなければならない。一方では、3.3.4 節および 3.4.1 節中で議論したが、致死兵器を完全に自律型にするべきかどうか、そしてロボット兵を統べるにはどのような

限界を引くか、条件であるべきかに関する今日の議論で示されているように、技術の合法的使用は政治的判断に依存する。他方で、3.5 節、4.2 節、4.5 節および 5.4.1 節ですでに精査したように、法律家は科学的証拠や法的因果関係を基礎として、技術を実質的に合法的に使用できるかどうかを確認する。ここでは、これらの事例においてどのように立証責任が配分されるかに力点が置かれる。

まず、予防に関して行政レベルや規範レベルではなく、政治レベルに注意を払わなければならない。第 4 章の導入部分および 4.1 節中でみたように、この問題は、ある範囲を照らすことで理解することができる。一方の極では、自律型ロボット兵について考えてみよう。予防の名の下に、立証責任をロボットの設計、製造および使用にはリスクがあると疑っている者から、このリスクを割り引いて考える者に転換し、このようなロボットは合理的に安全で制御可能であると政府が予防的に示すことは意味のあることである。過去何年かの間、このような自律型兵器の信頼性に関する必要なテストをすることなく結局は展開されてしまったロボットもあるが、自身で判断することで深刻な被害を発生させるロボットのさらなる採用は、戦争犯罪もしくは人道に対する犯罪と解釈することもできるだろう。逆に、この範囲の対極では、NAO や HRP-4C といった他のロボット応用について考察しよう。これは人間のあるべき生活として認識するものとはぶつからないため予防原則ではなく開放性が適用されるべきであるということが明確である。しかしながら、このような範囲の両極の間で、開放性と予防の賛否を平均化するという問題ではない。「開かれた社会」という理想を承認するべき哲学的根拠に加えて（例えば Popper 1945、Hayek 1960 等）[73]、ロボットの行為に関するリスクと脅威にもかかわらず、予防原則の提唱者がリスクや脅威が当該技術の潜在的利益を上回るという証拠を示さない限りは研究開発を継続するべきだとする、前節で言及した法的根拠について考察しよう。結局のところ、これは（ある種の）ロボット兵の禁止を提唱する者たちが、例えば小型の自律型殺人兵器の編隊といった特定の活用に関するさらなる研究について、証明しようとしていることである。

これに基づいて、次に、予防に関する規範レベルおよび行政レベルによって課される制限に注意を払うべきである。開放性の原則に従えば、ロボットの製造業者は、ほとんどの場合において自らが開発中の機械にリスクがないことを証明する必要がないが、そのような機械の商品化や使用の前に安全基準を遵守する必要はある。これは、前節で特に強調したことである。EU 指令 93/42/EEC のような行政による認証や規

73　詳細は 6.4.1 節で触れる。

範的基準に従って、その機械は安全であるということが証明されたときにだけ、証明書が発行される。この基準は、例えば、ダ・ヴィンチシステム外科手術ロボットのようなロボット応用の様態に応じて異なるものになるが、立証責任の転換は、人間によって採用されるすべてのロボットに関して、他の者が製造し、採用する前に、この機械の安全性に関する証拠が存在していなければならないことを意味する。このことは、法廷の裁定権と、いかに責任や立証責任といった事柄をどのように判定するべきかということに関する予防原則の水準につながる。

　本章の導入部分で、不法行為法領域における過失責任についての伝統的な事例のような、産業用ロボットと、個人もしくは家庭での使用のためのロボットとの間に区別を設けるということについて強調した。そして過失責任の事例について、5.2 節、図5.1 および図5.2 で、アメリカモデルとイタリアモデルを比較することで考察した。次に、AI 従業員の行為に関する無過失責任、より特定していえば厳格責任についての事例を、5.3 節および図5.3 で分析した。このような様々な不法行為責任に照らして、5.4 節では、2 種類のロボット、すなわち道具としてのロボットと行為者としてのロボットの行為についての責任の重要な違いを述べた。現行の製造物責任や誤作動に関する厳格責任等は産業用ロボット、より一般的にいえば人間の相互作用の道具としてのロボットの使用に適切に対処しているが、行為者としてのロボットの行為についての不法行為責任に関する新世代のハードケースが顕在化しつつある。この種のロボットの行為についての無過失責任は、立証責任の適正分配によって緩和できる。そのうえ、法制度は、責任の分配とリスクの分配を適正に均衡させるために、デジタル特有財産や強制保険政策のような責任を制限する形態をも承認することができる。

　この後者の立場についてのメリットとデメリットは、人間中心主義の抽象化レベルで考えられてきた。道具としてのロボットと行為者としてのロボットとの間の区別は、実際には、このような機械を独自の権利義務を有する自律的な法的人格として認識するべきかどうか、それ以上の議論の余地を残すものである。この問題に関する検討は、3.2 節、4.3.3 節、そして改めて 5.2.2 節で行った。頑具ロボット、子守りロボット、もしくは i-Jeeves 2.0 に関する法的人格に焦点を当てるのではなく、これらの機械の行為についての人間の責任の問題に注意を向けてきた。したがって、人間の法的責任の源泉として、あるいは逆に、憲法上の権利義務の新たな候補というよりも、（制定法としての）民事法における行為者としてのロボットについて記述してきた。厳格責任政策と過失責任の形態の間の選択や、予防と開放性の間のバランスをいかにとるか

という、数多くの政治的選択をしなければならないが、このような決定の多くは、ロボットが有すべき法的な行為者としての性質の種類に関係するだろう。刑事法、契約法および不法行為法の分析の後に、ロボット法の研究は、かくしてメタ技術としての法律という考え方によって定義される抽象レベルと憲法の諸原理によって完成される。次章では、どの種類の法律上の行為者適格性をロボットは有するべきかを、技術革新を規律するための一連の概念と法的推論の方法を使って探求する。

第6章　メタ技術としての法

きっと気に入るさ！　テレフンケンのU-47みたいなんだ

フランク・ザッパ「ジョーのガレージ」

概　要

　前章で言及した様々な種類のハードケースからすると、法の目的が技術的イノベーションの過程を規律することであるとしても、その目的にうまく対応できないとは必ずしもいえない。もっとも、ロボットの法的人格適格性、免責条項、契約における人工的な行為者性、そして他者の行為に対する新しい類型の責任に関するこのような法的難問は、法の存在と内容が、法源に基づいて常に決定できるか、また、どのようにしてできるのか、というさらなる問題を提起する。今日のロボット法の法的難問を論じる前に、本章のねらいを述べておきたい。どのロボットの事案を優先するべきか、そしてさらには、唯一の正答が存在するのか、法制度は代替的解決の余地を残しているのか、または国際合意を通じた政治的決定が下されるべきではないかについて決定することである。例えば、軍事ロボット分野において、ある特定の類型のドローンの設計を適法と考えるべきかに関する今日の議論に照らし、法的専門知識に基づく妥当な歩み寄りが問題となっている。本書の刊行日現在、国連総会と潘基文事務総長の双方が休眠状態にあることとは対照的に[74]、ロボット兵士の利用に対する免責条件と、民間の産業用およびサービス用ロボットの投入に関する無過失責任が関連していることは注目に値する。

　アリストテレス（Aristotle）が『形而上学（Metaphysics）』（VII1、1028 A10）で

---

[74]　［訳注］本書第3章概要および6.3節で触れられているように、2010年に国連総会の報告で完全自律型兵器システムの是非について問題提起がなされたことを指す。

示唆した「存在（being）」という概念は、法分野にも拡張することができる。「アリストテレスは多くの方法で法を語った」（1984）。何世紀にもわたり、法は、形式や一連の制度、構造や上部構造、機能や手続、社会制御の道具や社会的コミュニケーションの手段と捉えられてきた。法源を考慮することで、法学者はさらに、政治的計画と自生的秩序、制定法そして慣習を区別する。比較法を簡潔に概観すれば、大陸法とコモンローの伝統の相違、そして大陸法系における成文法典と英米法系における判例法の優位に関する相違を思い出せる。そして、包含的実証主義と排除的実証主義、命令主義と規範主義などのいくつかの法実証主義の派生形と同様に、古典的および近代的自然法論の伝統、リアリズム法学と「法と経済学」、新旧の制度主義といった様々な学派は、法の本性を解き明かすことを目指している。このような立場の違いは、混乱をもたらしたり理解を妨げたりすることすらあるが、数学的現象である不完全性とのアナロジーは、最先端の状況を説明するうえで役に立つかもしれない。法現象は法の持つ言語よりもはるかに複雑であることから、法は多くの方法で語られるのである。

『法と立法と自由（*Law, Legisklation and Liberty*）』第 1 巻（1973）においてフリードリヒ・ハイエク（Friedrich Hayek）は、「例えば『フェアプレー』を構成するすべてのルールを誰かが明文化することに成功したという話は聞いたことがない」と述べている（Hayek 1973：76）[75]。法の本性を定義しようとすると、回答はその問い自体によって伝えられる情報よりも多くの情報を求める[76]。

　本章ではメタ技術としての法に焦点を当てるが、だからといって、法が何であるか、また、法はどうあるべきかを示唆するものではない。つまり、技術の進歩とイノベーションに関する課題に法制度が対処する方法を理解するために、適切な抽象化のレベルを設定するという考え方である。2.1.3 節で述べたように、抽象化のレベルは、分析の観察事項を表す一連の特徴によって構成されるインターフェースとして把握することができる。とりわけ技術的人工物の設計、製造、利用に関する正統性の条件を決定する手段として法を理解すると、この抽象化のレベルは、結果として得られるモデルとともに、制度分析を可能とする。こうした 2 つの観察事項は 5.2.1 節と 5.2.2 節で検討した。すなわち、制度における行為者の法的責任を定義する技術の商業化と利

75　［訳注］ハイエク（西山千明翻訳）『法と立法と自由 I（ハイエク全集 I -8 新版）』（春秋社、2007）102 頁。

76　ロリ（Lolli）（2008）とクロード（Calude）（2008）が議論したように、この命題はグレゴリー・チャイティン（Gregory Chaitin）（2005）の研究に基づく。

図6.1　法と技術の課題

用に係る規制枠組と禁止である。実証的な証拠、または逆に、単なるイデオロギー的偏見に基づいて、禁止令が確立される。予防原則に関する今日の議論は、いかに実証的証拠とイデオロギー的偏見がときに衝突するのかを示すが、我々は社会および価値観が技術に影響を与える方法に注意を払わなければならない。法的観点からすると、ある技術が禁止されれば、その結果は、チンピラロボットの現象学の第一歩によって定義される。つまり、単にその技術を利用するだけでそれが犯罪となり、さらに禁止された技術の設計者と製造者が訴追される。

　他方で、技術の適法な商業化と利用に向けた規制枠組は、システムに対する憲法上の保護措置、そして、もしあるとすれば、2001年のサイバー犯罪条約（ブダペスト条約）など国内外で採択された規定に依存する。5.2.2節においては裁判所の司法権と行政府の監督権限、そして司法過程の異なる段階を通じて立証責任がいかに分配されるかに関して、このモデルのさらなる「変数」を検討したところである。個人が法的責任の問題に直面した際の諸条件について要約することで、図6.1では、技術の進歩を規律することを目的とした、概念の複雑なネットワークと法的推論の方法を描写した。

　これに基づき、これまで4種類の異なる事例を分析してきた。

(a) 違法または適法なロボットの応用を利用した犯罪（3.4.2節および3.4.3節）

(b) 刑法分野における免責と積極的抗弁の事例（3.5節）

(c) 契約法と不法行為法の両分野にみられる、例えば過失を基礎とした責任のような個人の帰責性に依存する責任の事例（4.2.2節および5.2節）

(d) 不法行為における厳格責任と、契約法と不法行為法の両分野においていかに証明責任が転換されるかについての事例（4.2.2節および5.2節）。

しかしながら、多くの学者が、技術の進歩とイノベーションに関する課題を規律するという法の目的は、アキレスの後を走る亀のイメージとつながらざるをえないと考えている[77]。ここでは、1930 年代からクロロフルオロカーボン（フロン類）が使用されていたが、家電製品におけるフロン類の使用が法により禁止されるまで半世紀を要した理由について考えてみよう。予防原則によって不合理なリスク回避が行われるという、上記とは対照的な危険性については、5.4.1 節で検討した。一種の逆転したポパーのパラドックス（Popperian Paradox）において、何か活動をする前に、そこにリスクがないことを証明する必要があるのなら、不毛な行動停止につながる可能性がある。このような両極端の狭間にて、技術を規律するという法の目的は、それでもなお有効であり得る。このことは、例えば、「1994 年関税および貿易に関する一般協定（GATT）」20 条に基づく EC アスベスト規制事件で示されている。同条は、自由貿易という国際合意について環境保護を理由とした例外的措置を認めるものであるが、例外条項の適用を主張する側の締約国が人間の健康を保護するために制限が必要であることの立証責任を負うとされる。1996 年 12 月にフランス政府が、アスベスト（およびこれを含有する製品）の利用と輸入を禁止する政令を制定した。その後、カナダは 1998 年 5 月 28 日に EC との協議を要請した。これは、クリソタイル（白石綿）に対する輸入禁止措置が、GATT 20 条(b)に適合しているかを判断するためである。2000 年 9 月 18 日、世界貿易機関（WTO）のパネル（紛争処理小委員会）は、フランスの政令が国際合意における「貿易の技術的障害に関する協定（TBT 協定）」で認められた要件を充たしていないと判断した。しかし、数か月後の 2001 年 3 月 12 日、上級委員会はその決定を覆した。上級委員会は「アスベストおよびアスベスト含有製品の禁止は、WTO 協定に基づく EC の義務と矛盾しているとはいえない」としただけでなく、「アスベストおよびアスベスト含有製品に関する禁止措置について TBT 協定が適用されないとのパネルの見解を変更し、同協定は統合的に把握すべき措置全体に適用されると判断した」のである。法という規制の道具のおかげで、ヨーロッパ人はもはやアスベストを輸入し利用する義務を負わなくなった。

　確かに、法の専門性は、技術のレースがもたらす危険と脅威のすべてを防ぐものではない。また、今日の複雑な制度の発展によって、人間が環境に適応する必要性が消え去るわけでもない。さらに、このような進歩的な試みは、ジャレド・ダイアモンド（Jared Diamond）が『文明崩壊——滅亡と存続の命運を分けるもの——（*How*

77　上述の第 2 章の導入部分を参照のこと。

Societies Choose to Fail or Succeed)』(2005)[78] で強調したように、滅亡につながる可能性すらある。このことは、地球温暖化に関する現在の議論の複雑性に言及すれば十分であろう。それでも、技術的応用の開発・利用に関する伝統的な規制枠組とは異なり、ロボット技術の重要な特異性が強調されるべきである。人間の産業活動の手段としてのロボット以外にも、行為者としてのロボットという類型が存在することは、2.3.2 節、4.4.1 節、5.4.2 節で検討した。このようなロボットは、動物、子ども、そして大人の人間と同様に、適切に行動する[79]。そのため、ロボットは単に法分野における責任の発生源と考えられるだけではなく、自分自身の部分的人格を有する、制度における行為者として考えられるべきである。チョプラおよびホワイト（Chopra and White）(2011：189) の表現を借りれば、「適切な種類の能力、意図を持つシステムを備えた人工的主体は、法的人格を強く示唆する。それは、我々との関係性の豊かさとその行為形態によって、さらに強まる」のである。したがって、そのような機械の行為に対して人間が負う新しい責任類型だけに焦点を絞るべきではなく、未来の法制度において、ロボットを法的人格とみなすべきか、適格な行為者とみなすべきか、ということについても検討すべきである。この点は、本書のイントロダクションと、2.4 節で既にみてきた表 1.1 を思い起こさせるだろう。

　本章は、法的人格、適格な行為者または法制度における責任発生源として考えられるロボットの責任の条件を踏まえて、このモデルの法的な観察事項を十分に分析することを目的としている。すなわち、表 1.1 の「Is」、「SLs」、「UDs」の 3 種類である。

　まず、ここ数年間で特に人口に膾炙した、ロボットの法的人格に関する議論を分析する。そこでは、3 つの規範的立場が示されている。自ら権利義務を享有することができる個人の能力は、その故意によって自らを拘束し、または逆に他者を拘束する、権利・義務を生じさせる能力と区別されている。もし、当分の間、ロボットの法的人格が必要でない、または、不都合でさえあるとみなされることを認めれば、法的責任に関するシナリオの 9 つの可能性のうち 3 つ（表 1.1 の I-1、SL-1、UD-1）が除外されることになる。

　6.2 節では、ロボットが意図的な行動を通じて、人間のために権利および義務を生み出す能力に注目する。ロボットが意識、自由意思および人間に似た意図を有しない

78　[訳注] ジャレド・ダイアモンド（楡井浩一翻訳）『文明崩壊——滅亡と存続の運命を分けるもの——』（草思社、2012）より、原題の直訳は「いかに社会が滅亡と存続を選んだか」。

79　第 2 章の導入を参照のこと。

としても、ロボットの自律のレベルは、民法上の関連する効果を認めるうえでは十分である。ますます多くの学者が、ロボットを契約法分野における新たな行為者として考えるのが望ましいと主張しているが、免責、厳格責任、およびその帰責性に基づき発生した損害についてロボット自身が責任を負う場合、すなわち表 1.1 の I-2、SL-2、UD-2 の事例について詳細に検討する。

6.3 節では、I-3、SL-3、UD-3 の事例を扱う。現場でビジネスを行って契約を締結する AI 行為者が答責性を負うというよりも、ほとんどの法制度において、その機械の行為について人間が責任を負うとされる可能性が高いだろう。しかしながら、伝統的な厳格責任と、過失に基づく答責性に加えて、新しい種類の責任も想定されうるところである。また、ロボットの行為に対する新しい種類の刑罰と同様に、コミュニティにおいて不当または不穏とされるやり方で、ロボットに損害を与えたり破壊したりする人間が起こす新しい犯罪類型についても考えてみよう。後者の禁止は、例えばロボットの所有者が直接の名宛人となるわけではない。それでもなお、機械に対する新たな懲罰的制裁が、所有者にも影響を及ぼす可能性がある。

本章の最終節は、ありうる誤解の防止を目的としている。法をメタ技術とみなしたからといって、技術が今日の法制度に影響を与えないことを意味しない。人工的人格の行動を人間の集団に紐付けて還元することができないとしても、その責任と行為主体性について、法が史上初めて認めるにあたり、SF は必要ない。新しいとされる法的人格、適格な行為者、そして新たな責任発生源のいずれかにロボットを識別することによりロボットの行為に関する 9 つの可能性のうち 4 つ（表 1.1 の I-3、SL-2、UD-2、UD-3）が、法的重圧の下で最終的に判断される。検討対象分野間にある重要な相違点を踏まえ、分析と政策立案に関する新しいシナリオを特定することが目的となる。これによって、人間とロボットの相互作用のための新しい環境の設計に関する、本書の最終的な提言が導かれる。

6.1　法的人格としてのロボット

ロボットおよび一般に自律的な人工的行為者に法制度が人格を付与すべきかどうかについて、学者は過去数十年にわたり、ますます激しく議論を重ねてきた。この議論には、哲学者、社会学者、コンピュータ・サイエンティスト、軍事専門家と同様に、法律の専門家も関与している。ピーター・シンガー（Peter Singer）が「殺人アプリ

ケーションの世界（A World of Killer Apps）」（2011：400）で報告しているように、「米空軍は、今日、レーダーによって標的とされているなら、パイロットが自分の身を爆撃で守るのと同じ権利を、無人偵察機も享有していると主張した。先制的『自』衛権を無人システムに認めることは、ある観点からみれば合理的であるが、ロボットの『権利』という大義に向けた大きな（そしておそらく意図せぬ）第一歩となりうる。同様に、国際的な危機を引き起こす法的紛争の予兆にもなりかねない」。

　ロボット解放前線の支持者は、ロボットが自らの権利を享有すべきであるという考えを明らかに是認している。さらに、この命題は、ロボットの法的人格に対する批判者によっても、一部は支持されている。例えば、「人間でないものの権利（Rights of Non-Humans ?）」（2007）において、グンター・トイブナー（Günther Terbner）は、「物の社会化」と人工的行為者が人間の制御を超えて行動し決定するという事実から生じる危険について主張する。こうした自律性は、カール・マルクス（Karl Marx）とマルティン・ハイデガー（Martin Hidegger）を悩ませたような社会関係における疎外や物象化の問題を伴う。それでもトイブナーによると、「複数の法的特徴は……慎重に境界付けられた法的地位を政治的に結合した生態的な行為項（actants）に与える可能性がある。そしてこのような現実性のあるフィクションは、経済、科学、医学、宗教その他の社会のどこかにおけるアクターとしては必ずしも現れずに制度化された政治においてのみのアクターとしてその活動をするかもしれない。法的な行為能力は、異なる社会的文脈において選択的に帰属させることができる。その結果、法は動物や電子的行為者といった新しい法的アクターの参入の余地を認める」（前掲論文20）。

　法分野における適格な行為者としてのロボットと、人間の相互作用の単なる手段としてのロボットを区別することで、法制度が新しい法的アクターを規律するための、ありえる複数の方法に焦点を絞るべきである。人間の産業活動の手段として、ロボットは、契約の条項および条件の対象、契約外の義務の発生源、または個人の犯罪意思の手中にある、それ自身は責任を負わない手段と考えることができる。反対に、法分野における行為主体としてのロボットを想定すると、これよりもはるかに複雑なシナリオを考慮に入れなければならない。2.3.2節の図2.6において、法的人格に関する4つの異なる条件について検討した。理論上は、以下のようなものを法制度が許容しうる。

(a) 自らの権利義務を享有する独立した法的人格

(b) 未成年者または重篤な精神疾患を有する者に与えられるような、一定の権利を有する憲法上の人格、すなわち、完全な法的能力を有しない法的人格

(c) 企業のような人工的法的人格に生じるように、独立しておらず、他者に依拠した法的人格

(d) 契約上の義務と非契約的な義務の双方を負う（ある種の）ロボットの答責性のような、民法分野における厳格な形式の人格

　当然のことながら、視野を広げて行為者適格性の他の形態も考慮すべく、図2.6の法的変数についてさらに分析しなければならない。「人間でないものの権利」におけるトイブナーの分析に戻ると、法領域における新しいアクターの参入は、「法的主体性の様々な段階の相違、単なる利益・部分的な権利・完全な権利の相違・限定的な行為能力と完全な行為能力の相違、行為者・代表・信託の相違・個人・組織・企業・その他の形態の集団的責任の相違」（前掲論文20）など、法的行為者としての適格性のすべてのニュアンスに関係する。

　ここで、民法分野において一般に用いられる「制限能力者」の形態と区別するために、1948年の世界人権宣言第1条が確立した「法的人格」の標準的な概念について考えてみたい。この視点は、ミレイユ・ヒルデブランド（Mireille Hildebrandt）、バート・ジャープ・クープス（Bert-Jaap Koops）、デービッド・オリバー・ジャケー・シフレ（David-Olivier Jacquet-Chiffelle）による「答責性の間隙の架橋（Bridging the Accountability Gap）」（2010）において検討されているが、そこでは「契約のような民事上の行為をする能力を有する法的人格」と「あらゆる種類の法的行為をする能力を有し、民事および刑事双方の責任を負いうる法的人格、すなわち、道徳的人格でもある法的人格の種類」が区別されている（前掲書550）。同様に、「認知オートマンと法（Cognitive Automata and The Law）」（2009）において、ジョバンニ・サルトル（Giovanni Sartor）は、最終的には2種類の人格に帰することになる3つの規範的区分を提案する。

　人格の帰属を論じるうえでは、3つの規範的地位を区別しなければならない。

(1) 自身の法的立場を有する能力、すなわち、自らの権利義務を享有する能力

(2) 意図的な行為を通じて、自ら権利義務を生じさせる能力

（3）　意図的な行為を通じて、別の者に権利義務を生じさせる能力、である。

　広く解すると、最初の2つの地位のみが法的人格を特徴付ける。第3の地位は…他から独立している。法的人格を享有することは、他者を拘束できることを必ずしも意味しない。これは、一般的に、関係する者からの委任を前提とする（Sartor 282）。

　4.5.1節と5.3.1節で強調したとおり、ロボットに関する答責性の新しい形態は、契約法および不法行為法の双方において特に有益なように思われる。なぜなら、このようなアプローチ、例えば、デジタル特有財産といったアプローチは、特定の法的権限を超えて行動するロボット、そのような権限を与えた際の責任問題、または、機械が誤作動した際に人間が責任を回避すべきかなど、数多くの論争の的になっている問題を単純化するからである。もっとも、支持者によっては異なる主張をしている。デジタル特有財産のような人工的な答責性の形式が、ロボットと奴隷を似たものとして扱うことになり、非倫理的で人間中心主義の偏見を有しているとして不満だと主張するのではない。むしろ、そのような答責性による形態によって与えられる自律性が不十分であると論じられている。それは、我々が契約の分野において、人工的主体を厳密な意味での行為者として適格なものとして受け入れることを認めたならば、その結果として法的人格が伴うからである。『自律型人工的行為者のための法理論（*A Legal Theory for Autonomous Artificial Agents*）』の表現を借りれば、「人工的主体の人格に関する哲学的な反対論——すべてではないがそのほとんどが『何かが欠けている』という主張に基づいている——は、欠けているといわれている行為または属性を示す人工的主体を十分に想定できることから成り立ち得ない。仮にそうであれば、哲学的概念としての人間に最も近い法的類似性を備えるため、原則として、人工的主体は独立した法的人格を有するに値するとすべきである」（Chopra and White 2011：182）。

　人間に関する哲学的概念は、次の6.1.1節において深めていく。今日の法制度が法的人格をロボットに付与すべきかどうかを確かめることを目的とする。さらに、法制度が従属型と独立型のいずれとしてロボットの法的人格を認めるべきかに関して、概念上というよりもむしろ実務上の理由を6.1.2節で検討する。それに基づいて、6.2節においては、これらの機械に関する法的な行為者適格性について、より厳格な形態を受け入れるべきかを確かめることに焦点が絞られる。

6.1.1 ロボット解放前線

　過去 2000 年にわたって、法律家は「人（person）」の意味を議論してきた。『法学提要（*Institutes*）』や『学説彙纂（*Digest*）』では、ガイウス（Gaius）の論説と注釈において、168 の異なる文脈で、この言葉が繰り返されている。もっとも、『人とは何か？（*What is a Person ?*）』（1917：299）における、「彼（ガイウス）が、人（ペルソナ）を定義したり説明したりした箇所はどこにもない」というウィリアム・ソーバーン（William Thorburn）の主張はおそらく正しいだろう。この言葉は、頻繁に、特定の個人（例えば対人訴権）、訴訟手続や法律行為における当事者の役割（例えば原告）、自由人と奴隷の地位（例えば自権者（権利能力者）とその反対である他権者（被保護者））、さらには、自然人と法人の区別にいたるまで、様々なものと結び付けられて用いられている（学説彙纂、46, 1, 22）。同様に、もう一人の著名なローマ法学者であるキケロ（Cicero）は、『法律（*On the Laws*)』（De Leg. 2. 48-49）において、裁判の当事者を示すためにこの言葉を使用しており、また、言葉の本来の意味である「仮面」としても使用している。さらに、キケロ（1999）は、人格、社会的役割または機能、人の気質または気性を定義するために「ペルソナ」という語を使っており、一般的にいえば、個人の「パーソナリティ」を示すような道徳的および精神的な特徴を強調するために用いている。

　確かに、「ペルソナ」に関するローマ人による定義は、自身の権利義務を享有する法的主体としての人格という現在の意味とは似ていない。また、それを予期してもいない。例えば、法的主体は「人工的人格」でありえるという今日の考えは、カノン法の専門家によって 13 世紀以降深められた「（架空の人物としての）代表」という概念に遡るべきである。法人の古典的定義については、トマス・ホッブズ（Thomas Hobbes）の『リヴァイアサン（*Leviathan*)』第 16 章にみることができるが、これには、バルトールス・デ・サクソフェラート（Bartolus de Saxoferrato）（1313-1357）の先行研究が存在する。バルトールスは、『ユスチニアヌス法典注釈（*Commentary on Digestum Novum*)』（48, 19; ed. 1996）において、人工的人格は、本当は人格ではないと考えている。それでも、真理の名の下でこの擬制が存在し、そこで我々法律家がこれを確立した。「人工的人格は人格ではないが、それは真実の名の下に法律家の手によって確立された（*universitas proprie non est persona; tamen hoc est fictum pro vero, sicut ponimus nos iuristae.*)」。そして、この考え方は、19 世紀中頃における法実証主義や形式主義にも勝利した。『現代ローマ法体系（*System of Modern Roman*

Law)』（1979：1840-1849）で、フリードリヒ・カール・フォン・サヴィニー（Friedrich Carl von Savigny[80]）は、例えば、法は、事業法人、政府機関、海事法における船舶等に対して人格を与える権限を有するものの、適格に自身の権利義務を享有するのは人間だけだと主張する。

　他方で、古代ローマ人は、女性や奴隷を含む人間の人格と「ペルソナ」という概念を関連付けた。しかしながら、以下にみられるとおり、「法的人格」の概念は、啓蒙主義とあいまって初めて平等と権利享有という考え方と結び付いたのである。「自明の真理として、すべての人は平等に造られ」（1776 年アメリカ独立宣言）[81]、「人は自由かつ権利において平等なものとして出生し、かつ生存する」（1789 年フランス人権宣言第 1 条）[82]、そして「すべての人間は、生れながら自由で、尊厳と権利とについて平等である」（1948 年世界人権宣言）[83] へと至る[84]。同様に、刑事手続の改革と法典の体系化を通じて、法の構造を合理的に説明しようという試みは啓蒙主義の遺産の 1 つである。動物を裁判にかける慣習について考えてみよう。個人が唯一の法の領域における適格なアクターとして残った時に（この慣習は）ついに終わりを迎えたのである。しかしこれは、何にでも権利を与えることができるという法の権限が正式に克服されたということを意味しない。むしろ、法制度を合理化するという衝動は、企業、政府、船舶などの人工的な法的人格の権利義務について、その行動の唯一の関連する源としての人間集団に還元することが可能であることを意味する。

　ローレンス・ソルム（Lawrence Solum）が「人工知能の法的人格（Legal Personhood for Artificial Intelligences)」（1992）という独創的な研究によって示したように、こうした両面性は、ロボットの法的人格に関する今日の議論にも影響する。ここで、ソルムは、「人工知能の可能性に関する議論と、地位または人格の境界に関する法理論をめぐる議論に光を当てるかもしれない思考実験」を提案している（前掲論文1256）。その思考実験は、アメリカ合衆国憲法修正第 13 条に関するものであり、同条項が（一部の高度な）人工的行為者に対して正統に拡大適用することができるかが検討されている。法制度がロボットに対して独立した法的人格を与えるべきか判断するために、ソルムは、弁証法的な方法で考察を進める。すなわち、人工知能（AI）の

80　［訳注］原文では Carl ではなく Augst となっている。

81　［訳注］高木八尺ほか編『人権宣言集』（岩波書店、1957）14 頁。

82　［訳注］高木八尺ほか編『人権宣言集』（岩波書店、1957）131 頁。

83　［訳注］高木八尺ほか編『人権宣言集』（岩波書店、1957）403 頁。

84　2.3.2 節を参照のこと。

権利を認めるという考えに対して提示されうる3つの反論を考慮に入れている。ラテン語格言のとおり「真実は時間の娘（*Veritas filia temporis*）」であるが、現代という時代の息子として、ソルムが考慮するすべての反論は、今日の法制度の立脚する人間中心主義と対応しなければならない。より具体的には、以下のとおりである。

(a) 「AIは人間ではない」（前掲論文1258-1262）。啓蒙主義の発想を参考にして、現在の法制度は、中世の偏見や迷信を克服し、法の領域における唯一の考えうるアクターとして最終的に人間だけを残した。そうだとすれば、どうして法制度が人間中心の立場を放棄するべきなのだろうか。ロボットに完全な法的人格を付与することの利益は何であろうか。知的機械が人間の後を継ぎ、種としての人間が絶滅に直面すると発表した学者もいたが[85]、それではなぜ我々はロボットに憲法上の人格的権利を付与するべきなのだろうか。

(b) 「何かが欠けている」という主張（前掲論文1262-1276）。ロボットは、意識、意思、欲望、関心などの人格性にとって重要な要素の一部を欠く。現在の最先端の水準に照らし、結果としてロボットは、一連の刑法分野において帰責するための前提条件を欠く。刑事的答責性と法的人格は、法的人格として認められるべき個人の道徳的責任と結び付いているところ、法律家が公民権訴訟を提起し、最終的にロボットが憲法的人格権を享有していることについて米国連邦最高裁を説得するのは絶望的であるように思われる。その理性と良心に依存する自然の法的人格の責任を考えてみよう。人間は、深刻な精神疾患または感情的および知的な未熟さを理由に、責任のない権利を享有することがある[86]。これを基礎に、我々は、ロボットの人格性を子どもや精神障害者の権利になぞらえるべきだろうか。

(c) 「AIは財産であるべき」（前掲論文1276-1279）。ジョン・ロック（John Locke）という巨人の肩の上に乗り、『統治二論（*Two Treatises of Government*）』25-51章における私有財産論に従えば、ロボットは人間の労働の成果であるため、製造者は、ロボットを所有する権利を有することになる。では、『家父長論（*Patriarcha*）』（1991）におけるロバート・フィルマー（Robert Filmer）の

85　第2章の導入部を参照のこと。モラベック（Moravec）（1999）とカーツワイル（Kurzweil）（2005）の論考が、この可能性を示している。

86　2.3.2節を参照。

父権主義的見解に対してロックが行った批判と同じことが、この議論に当てはまるだろうか。言い換えると、4.4 節で前述したように、ロボットを正しく現代の奴隷と考えることができるのであれば、なぜロボットを解放する必要があるのだろうか。もっとも、ソルムの表現を借りれば、「自由人の権利と比べれば非常に脆弱だとしても、奴隷でさえ憲法上の権利を享有しうる」（前掲論文 1279）。そうであれば、どのような権利がありうるか。「適正手続と尊厳に関する措置の一部」（参照）にそれらは関係するだろうか。

重要なことに、ソルムによれば、ロボットの人格性を否定することができる法的理由や概念的原動力はないという。迷信と特権ではなく、合理的な選択と実証的証拠を根拠として、法は、人格性を付与すべきである。ソルムは、啓蒙主義の遺産を強く主張しており、「利益および財は客観的で公共的なものと見做しうる――これは感情に対しては特権的な一人称的アクセスが存在する（少なくとも存在すると主張する議論がある）のとは対照的である」と主張している（前掲論文 1272）。結局のところ、ソルムの再反論は以下 5 点に要約できる。

第 1 に、「AI は人間ではない」との反論について、企業などの他者依存的な法的人格と、人間の独立した法的人格を、あらかじめ区別しておく必要がある。私有財産のような、ロボットの行為に関する新しい形態の答責性は、刑事裁判所でロボットに有罪判決を言い渡すには不十分な自律性のレベルであるとしても、契約法分野において関連する効果を発生させるうえではおそらく十分であるだろうから、今日の法制度における人間中心主義とも両立しうる。さらに、ローマ法における私有財産のメカニズムを厳格に適用すると、ロボットの権利と義務について、その行動についての唯一の関係する源である人間に遡る。そこで、私有財産をもつ自律的機械のような、人間でない者の法的行為者適格性を認めることは、今日の法的枠組の支柱を一切揺らがさない。

第 2 に、「何かが欠けている」という主張については、3 章の導入部分で示したとおり、この議論に関するすべての変数はロボットの意図という観念に左右される。ソルムは、「もし普通の生活の中で、人が AI に直面する際、意図を有する意思のあるシステムとして扱うことがプラグマティックなのであれば、サール（Searle）がいう『中国語の部屋（Chinese Room）』によって生じる直観は法的にはあまり意味がない」（前掲論文 1269）と説得的に述べている。民法分野について考えてみよう。ロボット

が、例えば意図的に損失を出さないという制約条件の下で、入札や、均一分布のなか
から無作為に選択して注文する場合、ロボットは自分が何をしているか本当は理解し
ていない。その意味で、ジョン・サールの言うことは正しいかもしれない。しかし、
法的な視点からみれば、重要なのはロボットの自意識ではなく、例えば4.3.1節で検
討したダブル・オークション実験で、そうした機械が人間より優れた結果を残すこと
ができるかである。

　第3に、欠けているといわれている行為または属性を示すロボットを十分に想定す
ることができるから、人間の独自性に基づいて「何かが欠けている」と主張すること
は、単純に根拠に欠ける。一方で、自由意思が法的人格の前提条件であると主張する
学者もいるが、しかしながら、その理論は物理的因果関係の難問にぶつかって終わっ
てしまう。すなわち、「人間の自由意思に関して最もありえる物語は、意識的な理由
付けと熟考という適切な方法を通じて生じた行動こそが自由であるというものである。
しかし、この意味で、AIも自由意思を有する可能性がある」(Solum 1992：1273)。
他方で、感情、欲望、快楽、苦痛を経験する能力がないと法的人格は認められないと
の考え方に反し、ソロムは、啓蒙主義者の中で最も有名な1人の発言を引用する。
「カントの道徳理論は、人格に感情が必要という前提に、一定の疑問を投げかけるか
もしれない。カントは、人間だけにとどまらず、合理的な存在すべてが人格を享有す
ると論じた」(前掲論文1270)。このケーニヒスベルク出身の哲学者が単に間違って
いる可能性もあるものの、ソロムは以下のように警告する。「仮に人間の感情が自然
法則に従うならば、(理論的には)コンピュータ・プログラムは、自然法則の働きを
シュミレーションできるのであり……AIが感情を抱くかもしれないと(または抱い
ているはずとさえ)信じているAI研究者がいることは驚くべきことではない」(参
照)。

　第4に、「AIは財産であるべき」という議論については、ソロムは人間の本質そのも
のが付随的であることを認めたうえで、以下のように論じる。「遠い未来において、
科学者が、原料からDNAを合成してゼロから自然人の精密な複製を作り出せるよう
になることを想像できる。しかし間違いなく、この人造人間は生まれながらにして奴
隷となるわけではないだろう」(前掲論文1278-9)。しかしながら、「AIは財産であ
るべき」という主張の弱点を示すために、遠い将来を想像する必要はない。結局のと
ころ、人間がロボットを投入する事例について4.4.1節と5.3.1節で検討したとおり、
それを所有しないことが利益にかなうのだ。実際に、そのような機械の直接的な答責

性は、契約上の義務および非契約的義務の双方を満たすという相手方の利益と、その機械の決定によって破産しないようにする必要があるというロボットの利用者の主張を、公正に均衡させることができる。

　最後に、ロボットの法的人格に対する最も強力な反論は、「AIは意識を持てない」という主張である（Solum 1992：1264）。ほとんどの学者が、意識や、どちらかといえば自意識が、法的人格の重要な前提条件であるとしているため、確かにこの点は重要である。例えば、『答責性の間隙の架橋』（2010）において、ミレイユ・ヒルデブランドらは、「関連する重要な基準は、自意識の発生である。それは、自意識の存在によって当該実体を責任ある主体として位置付けることができる。その実体に対して自らの行動について自らの行動として検討することを求めるからである。そしてそれは、意図的行動の前提を構成する」と主張している（前掲書558）。しかしながら、現在の人工的行為者がこの能力をもたないことが事実であれば、将来のロボットがこれを達成しうるのか、そしてどの程度まで達成しうるのかは誰もわからないとソルムは論じる。彼の表現を借りると「ア・プオリまたは概念的な議論のみに依拠してどのように答えを出せばいいのか、私にはわからない」（Solum 1992：1264）。

　そして、ロボットの法的人格の支持者は、機械が十全たる人格を持つことに反対するこうした議論はいずれも一貫性がないと主張するだけではなく、今日の人間中心主義的な法的枠組に対して疑問を呈しさえしている。チョプラおよびホワイトが『自律型人工的行為者のための法理論』（2011：27）で認めるように、「適切な状況下において、人工的主体は、原則として法的人格の各条件を充足することができる。そのような地位への反対は、人間優越主義と法的人格概念に対する誤解の組み合わせに基づいているのではないか」。

　例えば、「自由意思」論について考えてみたい。カントには失礼ながら、神経科学と認知心理学における近年の知見は、我々が独立しているとの考え方、すなわち、カントの自律性に関する概念が、自己妄想であることを示唆している。人間と異なりロボットは「単なるプログラムされた機械」であるという反論は否定される。我々の生物学的デザインと社会的条件付けの組み合わせは、ロボットのプログラミングとの間にあまりにも多くの類似性が認められ、「人工的行為者がプログラムされていることは明らかだが、我々はそうではないと言い聞かせて安心を得る」ことは難しい（Chopra and White 2011：176）からである。この線に沿えば、道徳的答責性とロボットの責任の間にある基本的な区別さえも消え去るだろう。学者は、これらの機械を単に

関連する道徳的行為の発生源となりうるもの――つまり、ルチアーノ・フロリディ（Luciano Floridi）の「情報倫理」における用語によれば、ロボットの道徳的答責性である――として考察するに止まるべきではない。後者の視点は、「道徳的主張の中心として了解されうる概念の拡大過程を最終的な完成に導くために、公平で普遍的」（Florid 2008：12）であることが目的となっているため、自らを実在中心主義的、受領者志向的、そして環境的マクロ倫理として表明しているものの、ロボットの「道徳感覚」を真剣に検討するには、もう一歩踏み込まなければならないだろう。

　チョプラおよびホワイト（2011：166）によると、「このようにいうと人間中心主義者の感性を害するおそれがあるが、人工的行為者は、法を認識し記憶する、より優れた能力を有しているため、人間よりも法令を遵守する可能性が高いと考えるのが妥当である」。さらに、このような法令を遵守するロボットがルールを万一破った場合でも、抑止、正当な応報、教育、模範目的など、現行法制度が人間を罰する理由はいずれも意味を失わない。ソルム（1992：1247）が提起したすべての「厄介な問題」に対して適切に対処することができるのである。刑罰の抑止論について、チョプラおよびホワイトは、ロボットが刑罰の脅威に応じて行為を変えられるよう、義務への服従を機械のプログラムに組み込むことができると主張している。『法理論』の言葉を借りれば、「現実的な刑罰の脅威は、最も機械的な費用便益の計算の中で、評価可能であることは明らかである」（前掲書 168）。刑罰の「正当な応報」機能に関しては、法令遵守や倫理的行為に報いる進化的アルゴリズムなどのメカニズムを利用することで、懲罰に値する理由をロボットに理解させることを現実的にするだろう。

　　人工的行為者が、報償が与えられる合法または倫理的な行動と、適切な懲罰が与えられる違法または非倫理的行動の間での選択に直面した際に、適切に反応してきたという経緯は、倫理的な刑罰に対する感受性を有すると理解するうえでの適切な根拠となりえる（ここでは、行為者がそのような選択をしたことの適切な理由を報告することができることを前提としている）。法的義務を理解し、それに従うだけの合理性を有する行為者は、少なくとも当該刑罰が目的達成を阻害する結果をもたらすのであれば、刑罰を避けるために自らの行為を修正するだろう。これによって、刑罰の抑止機能と正当な応報機能の区分を崩すかもしれないが、この２つはいずれにせよ関連する。抑止されうる実体は応報を受けることができるからである（Chopra and White, 前掲書 168-169。強調は筆者による）。

応報と抑止についてのこのような事案に照らせば、ロボットへの刑罰の教育的機能に関する主張のパターンを想像することは、それほど難しいことではない。ただし、5.2節で、人々がその機械を教育し、扱い、管理する様々な方法の法的関連性——例えば、NAOロボットにヴァイオリンの演奏方法を教える場合——について強調してきたものの、いくつかの区別は維持されるべきである。しかし、例えば、ストラディバリウスの名器である1721年製「レディ・ブラント（Lady Blunt）」にNAOが損害を与えた場合などのロボットの加害行為に対する個人の責任と、その加害行為に対するロボットの責任を区別することに加えて、さらに、人間の管制の対象となるロボットと、その行為を「許される」ロボットを区別しなければならない（Chopra and White 2011：180）確かに今日の法制度における動物への殺処分命令と、かつての動物裁判の間には、大きな相違がある。その理由は、関連する道徳的行為の源——例えば誰かを殺してしまった犬またはロボット——を、当該主体がその行為に対して道徳的に責任を負うという評価から区別する必要性に基づく。しかし、チョプラおよびホワイトの見解によると、「人工的主体の人格を否定することは、人工知能の可能性に反対する議論に共通する排他主義——支配的な一人称視点や（準）宗教的根拠に基づく——に暗黙のうちに基づいている」（前掲書172）。

　そこで、3.1節で検討したSFシナリオに戻ると、これらの主体が自由意思、自律性、道徳的感覚といった人間のような機能を備える限り、ロボットが法的義務に対する感受性、そして刑罰に対する感受性すら有する、一種の法的人格となるという事実を、遅かれ早かれ、我々は受け入れるべきである。もっとも、チョプラおよびホワイトの見解を支持しないことが、排外主義や頑迷な形態の人間中心主義を必然的に伴うかは議論の余地がある。やはり分析の出発点を見落としてはならない。ロボットに憲法上の権利を与えるべきかに関するソルムの考え方は、論理的というよりもプラグマティックな問題を提起する。興味深いことに、チョプラおよびホワイトもこの観点を受け入れている（2011：154）。「人工的行為者を法的人格とみなすことは、概して、発見というよりもむしろ決定の問題である。それは、人工的行為者の法的人格を否定または付与するにあたっての最善の議論は、概念的ではなくプラグマティックな観点から行われるからである」。

　こうした共通の観点から、民法分野においては、例えばデジタル特有財産といった制限された法的人格の形態をロボットに認めることが理にかなっている。これはプラ

グマティックな方法であり、契約上の義務および非契約的義務の双方を満たすという相手方の利益と、その機械の決定によって財産上の損害を負わないようにする必要があるというロボットの利用者および所有者の主張を、均衡させる。

　加えて、時間は希少な資源であるから、プラグマティックな観点から、例えば刑法のような分野において、どのような場合を優先すべきかといった問題に光が当てられる。3.2節で強調したように、ロボットと人間の間で一貫性を保つため、哀れなロボット人形が奴隷や性犯罪の対象にされるといった新世代の犯罪が想定される。現代において、ロボットの刑事的行為に対する新たな事案に取り組むほうが、その機械を濫用する人間に対する新たな形態の刑事答責性に取り組むよりも緊急性が高いことを認めたとしても、それは新たな形態の強固な人間中心主義や排他主義ではない。スーダン政府が無人航空機により南コルドファンのヌバ山にいる民間人を爆撃するという、人道に対する罪を犯した証拠を示す英国のドキュメンタリー映画に関して、サテライト・センチネル・プロジェクト（Satellite Sentinel Project）が2012年4月10日に報道した内容を考えてみよう。「驚くべきことに、最も反駁し難い視覚的証拠がスーダン軍（Sudan Armed Forces：SAF）自身から、スーダン軍が飛ばすドローンが爆撃前に撮影した、明らかに非戦闘区域である地域のビデオという形で出てきたのだ。この証拠は、スーダン政府がイランのドローンを運用していることを説得的に示す」[87]。

　しかしながら、一部の学者は、独立した法的人格をロボットに認めることは、より論理一貫した今日の法的枠組の見方を提供するとし、さらに、ロボットの法的人格と契約法における厳格な意味での行為者性が相互に関係する可能性があるとしている。したがって、ロボット解放前線の支持者たちの主張を支持すべきである。すなわち、従属的ではなく、独立したロボットの法的人格を認めるべきだということである。この考え方は、法理論におけるいくつかの争点を単純化し、「人間の場合とのさらに完全な類似性をもたらす」からである（Chopra and White 2011：162）。そこで、次節ではこのような議論を深めていきたい。法的人格としてのロボットを認めるプラグマティックな理由を比較検討することが目的である。

87　ジョナサン・ハトソン（Jonathan Hutson）「スーダン軍所有の無人航空機が撮影した映像により同軍の関与が明らかに」（http://satsentinel.org/blog/sudan-armed-forces-implicated-video-captured-their-own-drone）（2012年4月25日筆者最終確認）。

6.1.2 プラグマティックな立場

ロボットの法的人格の支持者が、自身に同意すべきと主張する理由は２つあるため、表1.1の仮説事例I-1、SL-1、UD-1を慎重に分析する。まず、単なる奴隷として扱われるロボットに関する倫理的逸脱を防ぐことを目的として、契約法上の厳格な意味での法的行為者性とロボットの法的人格が相関する可能性があることを認める者もいる。「ガラティア2.2からワトソンまで——そして再度ガラティア2.2へ？（From Galatea 2.2 to Watson —— And Bask?)」(2011) の中で、ミレイユ・ヒルデブラントは、以下の点を示唆する。すなわち、「コンピュータ・エージェントが法的行為者としての適格性を備えるためには、法的人格が必要であろう。そして、両者の『行為者性』の意味は、ボットおよびロボットやその他の人工的主体に対する法的人格の望ましさに関する疑問を投げかける」。もっとも、契約法上の行為者など、従属的または限定された法的地位の形態が、必ずしも独立した法的人格性の形態と結び付くものでないことを示すために、古代ローマ法における奴隷の法的地位の事例を用いる必要もない。例えば、欧州連合（EU）は、法的人格を享有することなく、ほぼ20年間存在していた。また、ロボットの場合、「過去との不快な類似点を想起させ」、「ますます高度技術化する世界において、人間性の役割に関して、いまも続く緊張関係を反映した」、「奴隷制に関する議論」を防ぐ手段として、法的人格をロボットに認める必要はない（Chopra and White 2011：186）。実際、ロボットに対して不正に損害を与えたり損壊したりする人間に対し、それらの機械の法的人格にかかわらず、法制度によって新たな犯罪類型を策定することができる。過去数十年間において動物虐待事案のために確立された法制度と同様に、ロボットを悪用する人間を訴追可能とする立法は、１つの解決策である。ただしこれは、ロボットに苦痛を感じる能力があることや、感情を抱いていることを意味するものではない（Solum 1992：1270）。むしろここで重要なのは、道徳的主張の中核となりえる概念と関係する。ロボットは、「情報客体」として、確かに尊重や保護に値する道徳的価値の運び手とみなされるべきだ（Floridi 2013）。

ロボット解放前線の第2の主張は、ロボットの法的人格を認めることで、今日の法的枠組の一貫性が向上するというものである。確かに、ロボットと人工的行為者の類似性は、契約法[88]と不法行為法[89]の両分野で生じている争点を解消するだろう。『自

88　4.5.1節を参照。

89　5.3.1節を参照。

律型人工的行為者のための法理論』（2011：162）において、チョプラおよびホワイト
は、「単に人工的主体に法的人格を認めることが契約上の問題に対する解決になりえ
るというだけではなく、法的人格性を持たない法的行為者に対するその他の代理権法
上のアプローチよりも概念的により好ましいからである。それは、人間の事例の場合
とのさらに完全な類似性を提供するからである」と述べている。しかし、独立型とい
うよりは従属型に当たるロボットの法的人格は「人間の排外主義と法人概念への誤解
の組み合わせに基づいている」と、同じ著者が主張してはいなかっただろうか（前掲
書 27）。その犯罪行為に関する答責性を負わないロボットの場合において、なぜ「人
間の場合との類推」を支持しなければならないのだろうか。憲法上の権利をロボッ
トに認めることによって、今日の法制度の機能をどのように改善できるのだろうか。

　後者の問題は、「概念的根拠に基づき、事前に AI が憲法的人格権を与えられるべ
き可能性を否定することはできない」（Solum 1992：1260）という議論に関して、前
節で分析した思考実験を我々に思い出させる。人間のような自由意思、自律性、道徳
的感覚が与えられた新世代ロボットが現実化すれば、ロボットに憲法上の人格権を認
めることを宣言することも視野に入れて、犯罪、不法行為法、契約法に関する新世代
の課題に法律家として取り組む準備をするのが合理的ということになるだろう。それ
でも 2 点の課題が残る。一方で、我々は様々な種類の一連のロボット応用の中で、そ
れぞれのものを区別するべきだと予測するのが合理的であると思われる。ヴァイオリ
ン奏者である NAO や、日本の歌姫ロボット HRP-4C が憲法上の人格性を認める格好
の候補となりうるのに対して、医療用精密測定機器製造用の、例えば ISO 8373 準拠
の産業用ロボットのような機械に法的人格を付与することの合理性を見いだすことは
困難である。さらに、我々は、米国空軍の無人探偵機が「ロボットの権利を認める第
一歩」を示すというピーター・シンガーの提案に従うべきなのだろうか[90]。換言すれ
ば、法制度は、米軍のグローバル・ホークのような、自律的で、知的ですらある人工
的主体にも法的人格を認めるだろうか。結論からいえば、ロボットの法的人格の支持
者は、この結論が無意味だと認めるだろうと考えている。

　他方で、仮に「関連する側面すべてにおいて人間と同様の」自律的判断を行う能力
を備えた人工的行為者の存在を認めれば（Chopra and White 2011：177）、ほとんど
の学者は、犯罪、契約、不法行為の概念のほかに、人と法的人格性の意味も変動する
と認めるだろう。『人工知能の法的人格』（1992：1260）において、ソルムは「生命の

90　6.1 節を参照。

表 6.1　ロボットの行為と法学の「事実上の制限」

ロボットの責任	免責	厳格責任	不当な損害
法的人格	SF	SF	SF
適格な行為者	I-2	SL-2	UD-2
損害源	I-3	SL-3	UD-3

形態に関するこの変化を考えると、我々の人格の概念が変化し、人間と人格の間に亀裂を生じさせるかもしれない」と主張する。同様に、「答責性の間隙の架橋」（2011：558-559）において、ヒルデブランドらは、以下のとおり論じる。「そのような権利と責任から、非人間的実体を完全に排除することは不合理である。新種の実在が、ある種類の自意識を発展させ、意図的な行為ができるようになるという経験的発見に応じて、権利帰属が決まるとの彼［ソルム］の指摘は、我々がそのような実在の出現によって、意識、自意識、道徳的主体の概念をおそらく再考しなければならないという限りにおいて、合理的なように思われる」。しかし、このシナリオがどこにつながるかは誰にもわからない。例えば、AI 法律家は自然法の伝統の支持者となるだろうか。それとも一種のリアリズム法学者、または、純粋法学のケルゼニアンと異なり、新しいロボットの秩序に関する実質的なメカニズムに焦点を当てるだろうか。

　それらの法的概念の意味が実際にどうなるかは、法律家のプラグマティックな理解を逸脱するだろうが、SF 小説家の想像に逆戻りしないようにしよう。ヴィルヘルム・ライプニッツ（Wilhelm Leibriz）がかつて述べたように、「すべての心は、その現在の知的能力に関しては地平線を有するものの、その将来の知的能力に関してはそうではない」（Allison P. Coudert 1995：115 から引用）。SF の力と法的分析の事実上の限界の間に線を引くことで、我々はこれらの機械の行為に対する責任についてのプラグマティックな問題に関連して、今日のロボット法の境界をたどるべきである。『自由の条件』（Hyek 1960：23）の言葉を借りれば、知らない、または知ることができないことについて「暗礁のなかではなにも見ることができないにしても、暗黒の領域の境界を確かめることはできる」のである[91]。だからこそ、近い将来、ロボットの独立した法的人格が法的課題になる可能性は低いだろう。上記 2.1.1 節、3.1 節、5.2.2 節で触れたように、ロボット法に関する SF 的方法論は、この技術の法的課題

91　［訳注］F. A. ハイエク（気賀健三ほか翻訳）『自由の条件 I（ハイエク全集 I-5 新版）』（春秋社、2007）38 頁。

を示すことが多い。しかし、不法行為法における他者の行為に対する責任の新しい形態が認められるのと同様に、独立型ではなく従属型の法的人格がプラグマティックな理由から優先される可能性が高い。この結論は表6.1によって描写しうるだろう。6.2節と6.3節で後述される適格な行為者または損害源として考えられるロボットの免責、厳格責任および不当な損害の問題を除いて、表1.1の最初の行を表6.1の太字部分のように改訂する。

　その結果、表1.1に示した9つの可能性のある法的責任のシナリオのうち3つ、すなわちI-1、SL-1およびUD-1は十分に動機付けられた根拠に基づき除外することができる。分析の範囲を広げ、犯罪、契約法、不法行為法の間に存在する相違点を考慮することで、27のシナリオのうち9つはこのように退けられた。犯罪捜査分野において、ロボットが適格な行為者であるとの積極的抗弁により免責されるとの仮説事例は、独立した法的人格としてのロボットに関するSFシナリオであるため、27のうち10に増える。そのため、モデルのI-2、SL-2、UD-2を検討する機が熟したといえよう。

6.2　厳密な意味での行為者としてのロボット

　当分の間、ロボットが独立した法的人格、すなわち、自身の権利義務を有するものとして認められることはほとんどありえないだろうが、多くの理由から、ロボットが「厳密な意味での行為者」となることを真剣に考慮する必要がある。法的事実の問題として、古代ローマ法における奴隷の例と、1993年から2009年までのEUの地位の例で確認したとおり、行為者性と法的人格は同一ではない。プラグマティックな観点からすると、これは理にかなっている。もし人工的行為者が自身の行為を認識できるなら、義務を負い裁量権を行使できるかどうかを法学者が確定しなければならないからである。「人工知能の法的人格」において、ソルムは、「責任からの反論」と「判断からの反論」の検討を通じて、この点を深く論じている（前掲論文1244-1253）。彼によれば、「我々はすでにAIを、法的人格［すなわち、行為者］、目的の限定された受託者としてみており、それは、コスト削減や自己取引機会の減少などプラグマティックな利点を伴っている。AIは真の受託者でないと反論するのなら、人間のバックアップが必要だろう。しかし、何千もの信託財産を管理しているAIが、数件でも自然人に裁量判断を任せる必要があるかというと、おそらくそのようなことはない」という（前掲論文1254）。

ソルムの言及から20年以上が経過した今でも、契約法におけるロボットの個人的な答責性は、ロボットと安全に取引や相互行為をするための相手方の利益と、ロボットの自律性拡大や行為予測不可能性によって損害を受けたくないというロボットの利用者および所有者の主張との間でバランスをとる方法として、一部の学者により支持されている。4.4.1節で強調したように、機械の機能不全や誘導・仕様の誤りに関する責任から人間が逃れるおそれがあるものの、例えばデジタルな私有財産のような新しい形態の答責性は有益である。なぜなら、そのような答責性は、ロボットが特定の法的権限内で行為しているか、また、権限を与える責任を誰が負うべきかという問題とは関係がないためである。保険モデルと認証システムを通じてリスクを分散させる従来のメカニズムに加えて、このような答責性の形態を認めれば、第4章で示したとおり、新世代のロボ・トレーダー、i-Jeeves、AI運転手のような、有用な応用の採用を妨げる規制を防ぐことができるだろう。

　このような文脈において、表1.1のI-2、SL-2、UD-2の事例に関連して、アイディアを再評価してみたい。理論的には、9つの異なるシナリオに焦点を絞るべきである。つまり、刑法、契約法、不法行為法における、厳密な意味での行為者としてのロボットに関する、免責（I-2）、無失責任（SL-2）、不当な損害（UD-2）である。もっとも、ロボットに独立した法的人格を認めず、また、刑事上の責任も負わないのであれば、これらの事例のうち6つのみ、すなわち、契約上の義務および非契約的義務の双方に関するI-2、SL-2、UD-2だけが法的に関係している。法制度における他の主体への責任、そして、損害の発生源としてのロボットに関する従来の規制とは逆に、すなわち、I-3、SL-3、UD-3の場合には、直接的な答責性の形態をロボットに課すことを通じて、法がどのように責任を規律するかが問題になる。仮説事例I-3、SL-3、UD-3によれば、例えばロボ・トレーダーを頑具ロボットと同じように扱い、潜在的な損害の発生源とみるなど、双方の事例で同じ類型のルールを立法者が確立できることは明らかである。もっとも、あべこべに進めることに意味はない。つまり、契約やビジネスを行うロボ・トレーダーとして、頑具ロボットを扱うのはおかしい。では、契約法や不法行為法において厳密な意味での行為者としてのロボットに言及する、I-2（免責）、SL-2（厳格責任）、UD-2（不当な損害）の事案の特異性は何だろうか。

　まず、免責に関する仮説事例からはじめると、（刑法ではなく）民法において、責任を免れる条件は、ロボットの履行不能時の免除を例として説明できる。人間の間で認められている契約取消しの原理は、イタリア民法1256条、スイス民法119条など

を根拠として、ロボ・トレーダーにも適用される可能性がある。しかし、こうした境界例に関する仮説事例とは別に、見逃してはならない重要な点がある。罪刑法定主義の名の下、検察官が特定の基準や法令に基づいて被告人が有罪であることを証明しなければならないように、刑法では無罪推定が原則となっている。つまり、免責は民法上の例外である。そのため、2.2.1節で言及したインターネット・サービス・プロバイダに関する免責条件と同じように、契約法における厳密な意味での行為者のセーフ・ハーバー条項として、どのような種類のロボットの行為が事前に免責されるべきか想像するのは難しい。商取引に関するロボットの責任を事前に回避するような事例を想定するためには、SF小説家の想像に戻らなければならない。これにより、4つのシナリオが残る。すなわち、機械による契約上の義務および非契約的義務の双方に関する、厳格責任（SL-2）と不当な損害（UD-2）の仮説事例である。

　第1に、例えば「分散型人工知能に関する法的責任（Liability for Distributed Artificial Intelligence）」におけるカーティス・カルノー（Curtis Karnow）といった学者の見解によると、契約法における「チューリング・レジストリ」に基づいて、厳格責任制度を課すことができるという（前掲論文193-196）。言い換えれば、予測不能な行為の増大に対処する手段として、ロボットや人工的行為者は、自身が引き起こす危害や損害に対して厳格責任を負う。そしてそのために、「『責任ある』原因を個々の場合に応じて選択する」ことの難しさを伴う（前掲論文191）。そこで、認証された人工知能を登録することで、加害行為に関するリスクから、レジストリが、保険によって、行為者の所有者・利用者を守る。そうすれば、ロボットの所有者・利用者が機械の予測できない行為から保護されるべき利益と、機械の相手方としての人間が安全に相互作用や取引を行う利益との調和を図ることができるのである。カルノーによると、ロボットの知能が高いほどリスクが高くなるので、保険料も高まることになる（同参照）。

　しかし、契約法における「万能薬」として、このような厳格責任をとる必要はない。4.3.2節で強調したように、人間が機械に認知的作業をまさに委ねているので、契約に関する行為の法的効力が精査されている場合において、ロボットの意思は重要である。人工的行為者の認知状態の法的効力は、商法・民法の既存の慣行に照らして評価されるべきであるから、行為者の過失責任は、無過失責任原理よりも効率的な方法として、機械の行為に関するリスクと責任を分配する。ロボットの誤作動により、人間の相手方が、例えば契約内容に関する誤解といった錯誤を認識すべきだったとき、当

表 6.2　民法分野におけるロボットの責任の閾値

ロボットの責任	責任	免責	厳格責任	不当な損害
法的人格として	すべての分野で	SF	SF	SF
適格な行為者として	契約法、不法行為	境界線	なぜそうではないのか？	なぜそうではないのか？
危害の源として	（…）	（…）	（…）	（…）

該状況下で通常の結果を避けられなかったのは理由のあることであると思われる。つまり、契約は解除しうる。逆に、ロボットが責任を回避できないように、例えば、ロボット側に契約を締結するつもりはなかったとの主張があったとしても、契約の申込みなど機械が実際に表示したことに対する、相手方の真摯な期待を保護すべきである。

　確かに、こうした個人的な過失責任は、不法行為法においてより問題になる。ロボットに答責性を帰属させることは、他者の行為における非契約的義務について、いくつかの難題を予防しうるものの、近い将来、厳格責任制度のほうがより効率的になるだろう。もっとも、行為者への管理責任を負う個人ではなく、第三者が、危害や損害を防ぐのに最善の立場にいることが多い。しかし、当該第三者は「最安価費用回避者」とみなければならない。5.2.2 節と 5.4 節で述べたが、ロボットが不規則な行為をしており誤作動していることが明らかだと気付いていたはずの第三者について考えてみてほしい。例えば、第三者の過失や故意の不正行為によって引き起こされたか、または少なくともロボットによる行為に第三者が同意していたと被告側は主張できるのである。以上の議論をもとに、モデルを更新することができる。後ほど 6.3 節で検討するが、免責、厳格責任、損害発生源としてのロボットによる不当な損害の場合を除いて、表 6.2 は表 6.1 の SF シナリオを補完するものである。そこでは、契約法と不法行為法における適格な行為者として認められた機械によってもたらされた、ロボット法への課題が伴っていた。結論は、表 6.2 の 2 行目に太字でまとめている。

　これまで、ロボットの行為に関する法的責任についての 27 のシナリオのうち 18 を検討してきた。そのうち 10 の仮説事例は、ロボットが刑事上の答責性を負わず、また、独立した法的人格がないことから、前節で除外された。契約法と不法行為法における免責に関する仮説事例の大部分、つまり、I-2 を却下することによって、本節では 4 つの事案に焦点を当てた。つまり、厳格責任と不当な損害の場合の関係で表 6.2 が要約するところの、契約上および非契約的な義務に関するロボットの直接責任である。

もっとも、この枠組みは不完全である。なぜなら、民法上の厳密な意味での行為者としてのロボットの個人的な答責性と責任は、当該ロボットが権利を享有する可能性を排除するものではないからである。これらの機械の自律性と予測不可能性の増加によって、おそらくその行為に関する信頼・信用の問題を優先させることになるだろう。しかしそれでも、そうであるからといって、保険メカニズムやそれ以外の形での保証の必要性が、逆転した形で適用されるべきではないことを意味しない。人工的行為者の独立型法的人格について言及したものの、チョプラおよびホワイト（2011：188）は、「電子商取引の状況においてさえ、より深い商業上の関係性を形成するにあたって重要なのは、人間と人工的行為者の間に信頼が生じるかどうかである」と適切に強調する。「オンラインにおける信頼の確保（Securing Trust Online）」（2001）を著したヘレン・ニッセンバウム（Helen Nissenbaum）などは、信頼は必然的に、社会の相互作用、すなわち人間の相互作用を制約する、共有された規範と倫理的価値に依拠すると主張している。信頼は、必ずしも特定可能で直接的な人間の相互作用を伴わないと主張する者や、さらに、クリスティアーノ・カステルフランチ（Cristiano Castelfranchi）およびリノ・ファルコーネ（Rino Falcone）が「マルチエージェントシステムにおける信頼原理（Principles of Trust for MAS）」（1998）で主張するように、人工的行為者間で信頼を築くことは可能であると主張する者もいる。「委任をする」との決定、さらには、信頼による利益の期待を含めるとしても、それでもなお必然的に時間を要する問題である。それは、信用がさらに信用を呼ぶ限りにおいて好ましい結果が増大するからである。このような再帰的効果は、過去数年の間に、ロボットが権利義務を有し完全な法的主体性を享受する「特別な規範システム」などの中間的な解決策がなぜ提案されてきたかを説明する。こうした状態が法制度によって直接認められることはないだろう。それでも、契約当事者間には拘束力が及ぶ。これは、ソフトウェア・エージェント分野において、ジョバンニ・サルトルが「認知オートマンと法」（2009：283）で示したメカニズムである。

　このメカニズムの車輪に潤滑油が供給され、信頼の再帰的な作用効果がひとたび生じれば、当該枠組みが徐々に拡大する可能性が高い。ちょうど、古代ローマの法律家が奴隷の私有財産制度によって行ったのと同様である。完全に自律化されたロボ・トレーダーが、自らの資産とポートフォリオを有するというシナリオは、当該ロボットの取引相手方に対して、義務を果たすべきロボットの所有者および利用者の利益に適合する。同様に、法制度は、ロボットおよびその利益のための保護形態を確立するこ

とができる。例えば、人間がロボットに対して不法行為を行った場合に支払われる、または機械が直接被った被害を保障する保険契約のような形である。上記 4.5.1 節で示された AI 運転手の例は、技術の発展、経済的利益、政治的ロビイングおよび法的メカニズムなどの複雑な相互作用を要約する。ネバダ州知事が 2011 年 6 月に自動運転車の公道での利用を認める法案に署名してこれを法律にしたが、AI 運転手の私有財産が伝統的な保険形態に加えられるのは時間の問題にすぎない。このポートフォリオは、道路上のありえる災難から第三者を保護するだろう。保険契約もまた同様に、第三者によって生じた事故において、ロボットを保護するだろう。この解決策は、ニューハンプシャー州のように義務的自動車保険制度が廃止された地域では特に適切なように思われる。

6.3 善悪の発生源

　過去十年間における軍事部門の劇的な膨張と歩調をあわせるように、ロボットは、産業およびサービスの両分野において普及してきた。今日において我々は、多数のロボットの掃除夫、測量技師、検査官、芸能人、介助者、宇宙旅行者、飲食物製造者、織物、皮革製造者、猟師、漁師、鉱山労働者、農家、医師、看護師、科学者、学術的アシスタントおよび広報アシスタントなどを取り扱っている。これまでのところ、法制度は、従前の技術イノベーションと同様の方法でこの大量の種類のロボット応用を規律してきた。法の領域において、行為者ではなく、もちろん人格享有主体でもない者として、ロボットは、設計者、製造者、供給者そして利用者の責任の発生源として規制されてきた。したがって、法の規範に服せしめる努力は、刑法および民法の双方において、社会の基本的要素を危険にさらす可能性があるロボットの行為に対する責任、または、違法行為によって生じた損害賠償に注がれてきた。予防原理と規制当局の行政権限に加えて、法がロボットの課題に取り組んできた観点のほとんどが、厳格責任の論法の利用を中心に展開している。これは我々が、チンピラロボットの現象学の様々な段階を通じて、契約法と不法行為法の双方の分野において確認したものである。そこで、人々は、違法または有責な行為の有無にかかわらずこれらの機械によって引き起こされた危害や損害の責任を負う。そのため、伝統的な法的見解は、動物や子どもの危険な性向、または逆に、危険な行為や潜在的に危険な害の原因をロボットに帰属させる。

今日の法制度の原則的ルールとしての厳格責任の規範に照らすと、重要な例外は刑法上の免責規定において現れている。ここにおいて、黄金律は、罪刑法定主義と「法の支配」の名の下に、個人が責任を免れることを可能にする。ほとんどのロボット犯罪は、人間の犯罪意思の下で、それ自身は責任を負わないロボットを利用して、伝統的な類型の犯罪が遂行されたにすぎない。しかし、私は本書全体において、最初に1990年代において導入された新世代のコンピュータ犯罪との類似性を主張し続けてきた。ロボットが刑法分野において新世代の抜け穴を創り出し、国内および国際的レベルの立法者の介入が求められるようになる可能性は確かに高い。それでも、罪刑法定主義の原則に従う免責の条件は、正統な場合もある。3.3節では、国際人道法や国際人権法と同様に、戦時国際法に関する国際合意にも焦点を当てていた。3.5節では、憲法上の規範と制定法上の権利に注意を払った。その双方の場合において、ロボットの利用が、例えば憲法上の保護措置などの制度の根本規範に違反しない限り、法執行当局者、政治当局者および軍事司令官が、一般的に保護されていることを強調した。

　制度内の他の主体に対する損害と個人責任の発生源としてのロボットについて、伝統的な枠組みは、3つの懸念を生じさせる。第1に、今日の厳格責任制度に関して、前章で検討した過失を基礎とした責任形態や、ロボットの直接的な答責性など、政策変更すべきことを示唆する欠点がいくつか存在する。誤作動における多くの事案において、第三者がリスクの最安価費用回避者となることが多いため、無過失責任条項は、リスクと責任を非効率的に配分するかもしれない。さらに、厳格責任原理は、家庭用や個人用のサービス・ロボットといった有意義な応用の数々について、製造・利用を妨げる可能性がある。新しい技術は危険を伴いがちであるため、厳格責任原理は適格な技術をよく萎縮させる（Posner 2007）。しかしながら、こうしたルールの一部がロボット分野に適用されるとき、費用便益分析の合理的な成果というよりも、過去の遺物のようにみえる[92]。

　第2に、今日の刑法上の免責規定について、我々は、ロボットに損害を与え、または破壊した際、時に人間が告発されうる新しい犯罪と、戦時国際法や国際人道法のような分野における今日の免責規定を区別しなければならない。3.3.3節で述べたとおり、ロボット兵士の利用が批判を招くのは、友軍敵軍の区別や、比例原則に基づく戦力の利用や、戦闘員と非戦闘員の区別といった軍事活動ルールの遵守をできるようそれらの機械を設計することの技術的困難性に基づく。化学兵器、生物兵器、核兵器に

92　4.3.2節および5.4.2節を参照。

おける従前の技術的発展と同様に、喫緊の国際的な合意が求められている。それは、自律型兵器のすべてを違法とみなすべきかを判断するには類推が不十分であるためである。本書の刊行日現在、国連総会と潘基文事務総長の双方が休止していることとは対照的に、今日のロボット兵士の利用に対する免責条件と、民間の産業用およびサービス用ロボットの投入に関する無過失責任が関連していることは評価できる。このような観点からすると、現在の刑法上の免責規定は、恣意性からの穏当な保護というよりも、特権のようにみえる。

第3に、機械を悪用する人間の訴追を提案するロボット解放前線の支持者の主張に従うべきかもしれない。しかし実際には、器物損壊や故意の職権濫用などの場合における現在の制裁を、機械の保護と関連付けるには、類似性が不十分かもしれない。ロボット解放前線には失礼ながら、原理は逆にも適用されるべきだ。技術の利用が違法であるとみなされたら、例えば、監視および修正、消去またはバックアップなしでの削除といった措置をとるなどの、ロボットが人間の管制の意味ある標的となる[93]。こうした懲罰的制裁は、ロボットの所有者に直接関係するものではないものの、それでもなお、ロボットが学習と適用の問題として、人間との相互作用に関する心理的課題をますます提起することから、所有者にも影響を与える。5.2節で強調したことだが、子どもおよび動物との類似性を思い出してほしい。それによって、個人用および家庭用のロボットの場合において、その内的要求に応じることにより、人は機械の社会的衝動を満たさなければならない。時に、それらのロボットの合法的な撤去または無効化は、コンピュータ犯罪分野で今日用いられている「スリー・ストライク」原則よりも劣悪であろう。後者の場合において、著作権侵害の疑いで3回警告を受けると最終的に回線の切断を招く段階的制度の一部として、人間は一時的にインターネットから閉め出されることになる。ロボットの場合において、個人用または家庭的ロボットの監視、修正、撤去、削除は、3章の冒頭で引用したドストエフスキーの言葉を思い起こさせる。「良心がある者は、（ロボット自身の）あやまちを自覚したら、苦悩するでしょう。これがその男にくだされる罰ですよ、——苦役以外のですね」。

制度内の他の主体に対する損害や責任の発生源としてのロボットについて検討すると、今日のロボット法の課題は最後の表のとおり整理することができる。これは、表6.1のSFシナリオおよび表6.2で示した契約法や不法行為法において適格な行為者とみなされる機械に関する問題も補完する。表6.3の一番下の行を参照してもらいた

93　2.3.1節を参照。

表6.3 損害の源としての今日のロボット法への課題

ロボットの行為	責任	免責	厳格責任	不当な損害
法的人格として	すべての分野で	SFシナリオ	SFシナリオ	SFシナリオ
厳密な意味での 行為者として契約	不法行為	閾値	なぜだめなのか？	なぜだめなのか？
危害の源	すべての分野	イノベーション	現状	イノベーション

い。

　要するに、伝統的アプローチと新しいロボット政策の必要性との区別は、我々が今日の制度の柱としての無過失責任原理を維持すべきであるものの、刑事免責を縮小しつつ、過失責任に関する新たな条項を挿入することで修正すべきであることが示されている。この考えは、民法分野において新たな免責の原理が不要であるという点において、前節の結論に収斂するが、契約上および非契約的義務の双方について、新しい責任のメカニズムが必要なように思われる。その意味は、ロボットの行為の責任に関する9つの事案のうち4つの事案を詳細に検討されなければならない。

(a) ロボットとその行為に対する注意について責任を負う人間に対する免責（表1.1のI-3）

(b) 契約法における適格な行為者としてのロボットに対する厳格責任（表1.1のSL-2）

(c) 契約上の行為者としてのロボットに関する不当な損害（表1.1のUD-2）

(d) 法制度内の他の行為者の責任の発生としてのロボットに関する不当な損害（表1.1のUD-3）

　より具体的には、刑法、契約法、不法行為法の間の具体的な差異に照らして、27のありえる事例のうち8つの事例を精査すべきである。すなわち、政治当局者や軍事司令官の刑法上の免責と、新世代のロボット犯罪についてのI-3、ロボットの契約上および非契約的義務に関するSL-2とUD-2、そしてすべての法分野における人間に関するUD-3である。次節では、こうした事例について別途分析してみたい。

6.4 複雑性のレベル

　複雑性は、それ自体が複雑な概念である。1999年にマサチューセッツ工科大学とサンタフェ研究所が共催した複雑工学のカンファレンスでは、セス・ロイド（Seth Lloyd）が、バクテリアや投資スキームと同程度に複雑であるとみなすことができるかという組織化度合いについて、説明し再生し判断するための31の複雑性基準を挙げた。そして2年後、論文が「IEEE制御システム（IEEE Control System Magazine)」誌（1999, 2001）に掲載されたときは、複雑性基準は42種類まで増加した。しかしこの文脈において、技術開発とイノベーションの正統性の条件を確立するという法の目的に関する3つの異なる側面を明らかにするためには、グレゴリー・チャイティン（Gregory Chaitin）のいう情報の観点からみた複雑性という概念を引けば十分である。メタ技術として法を扱うと、情報量が増え、理論的圧縮が減るにつれ、現象はより複雑になる（Chaitin 2005）。情報圧縮の観点から法の複雑性を理解したら、法の単純化と、情報の観点から法を理解しうる3つの異なる方法に関する今日の論争を分析することは有益であろう。本節の目的は、今日の法制度が規律を試みる対象であるロボット技術の複雑性が、いかに法の複雑性に影響を与えているかを判断することである。3つの異なるレベルの複雑性を図6.2に示した。

　まず、「法の複雑性」という定式は、単純な法、さらにはイデオロギー的意図を引き受けた法の対義語として理解される。例えば、『複雑な世界の単純なルール（*Simple Rules for a Complex World*)』（1995）において、リチャード・エプステイン（Richard Epstein）は、「法的ルールの複雑さによって、必要な情報を得られず、社会的に破壊的な方法で情報を用いる他者の手に決定権を与えがちである」と主張している。単純化とは対照的に、不安やパニックの観点から複雑立法の弊害を強調するために、公的組織や機関でさえも、複雑性に言及することが多い。このような、特にフランスで支持を集めている見解は、フランス国務院（Conseil d'État）による「公式報告（Public Report)」（2006）における法、複雑性およびグローバル化に焦点を当てた言及の中で以下のとおり要約されている。「法の複雑化は、我々の社会と経済が脆弱化する主たる原因となっている（la complexité croissante de notre droit est devenue une source majeure de fragilité pour notre société et notre économie.)」。

　こうした主張は、法のアクセシビリティにとって重要である。そして、だからこそ、

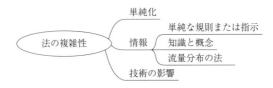

図6.2　ロボット技術の規律における複雑性のレベル

規制の複雑さが法的迷路を生じさせる結果に終わると、罪刑法定主義は危険にさらされる。このような複雑で破壊的な規制の見本として、イギリスの格付評価法（1925）67条(1)について考えてみよう。そこでは「例外的な地域に対するまたはいずれかの地域に対する最初の評価リストの準備において、本法の適用に関して困難が生じた場合には……［保健］大臣は、命令により、当該支障を取り除くことを命じ、評価委員会を召集し、もしくは評価委員会が適切に召集されるべきであると宣言し、または、評価リストの準備を確保するために必要もしくは適切であると思料されるその他の事項を行う」と規定されている[94]。また、重大なことに、1988年3月24日、イタリア憲法裁判所がイタリア刑法5条の一部無効の判決を下した。そこでは、漠然不明確で矛盾した帰結をもたらすような法が策定されたとき、法の不知をもって市民は責任を免れられると判示された（判決番号364/88）。

　しかし、エプスタインには失礼ながら、だからといって法の病理を理由に、単純なルールが制度の透明性を担保するとは言い切れない。立法者は、単純な規定を是認することができるが、それでも、制度の構成要素間の動的接続に関する知識の限界と同様に、法的発展に係る予測可能性の限界という事態に陥る。複雑性は、出口のみえない驚異的な複雑さの類義語というよりはむしろ、洗練されたシグナリングや情報メカニズムなど、学習と発展の過程を通じて環境に適応するマルチエージェントシステムの特性を指すことがある。こうしたシステムは、中央制御や単純な操作ルールによる命令がなくても、個々の構成要素の大きなネットワークから生じる集合的な行為によって特徴付けられている。人工知能と法の複雑性に関する現在の研究は、ネットワーク理論、法のナレッジマネジメント、情報と交渉システム、法の領域におけるオントロジー、ソフトウェアエージェントシステムなどの分野に関連付けて、この点を明らかにしている（Casanovas et al. 2010）。メタ技術としての法の3つの根本的な側面は、情報という観点から法の複雑性を考慮すること、およびその逆によって強調される。

94　Bingham（2011：48-49）、強調は著者による。

(a) 他の情報目的を決定するための一連のルールや指示としての法の規範的複雑性

(b) 共有される法律用語の機能および表現を構成する知見および概念

(c) ネットワークの角と直径のような量の統計的属性に依存する法的情報の分配法則

　全体的な考え方としては、複雑性は必ずしも不確実性や法的混沌を伴うとは限らないということである。『法と立法と自由』の言葉を借りれば、複雑性は、人間的配置と、自生的秩序の出現の間にある大きな違いを理解するための鍵となる（Hayek 1982）[95]。これについては後ほどまた検討する。

　法の複雑性に関する分析の最終段階は、法が規律することを目指すものに関する。すなわち、ロボット技術の複雑性である。ロボットの設計、製造、利用の正当性の条件を設定する概念および法的推論の方法は、技術が法的ノウハウにどのように影響を与えるかという観点からさらに検討される。本書では、3つの仮説事例についてさらに検討する。

(a) ロボット技術の進歩が今日の法制度の原理やルールに影響を与えない場合。例えば、表1.1 の I-1、SL-1 および UD-1、さらに SL-3 の一部など。

(b) ロボット技術が現在の法的枠組みの支柱に影響を及ぼすものの、制度の原理と同様に、類推によって法律家が明確な解決を提供できる場合。例えば、表1.1 の I-2 および SL-3 と UD-3 の一部など。

(c) 「分類用語の適用について一般に判断の一致」がない場合（Hart 1994：123）。このようなハードケースについては、表1.1 の仮説事例 I-3、SL-2、UD-2、UD-3 を用いて示した。法的専門知識というよりむしろ政治的決定が、この文脈において決定的に重要なことがある。

　次の6.4.1節では、法は社会的制御の手段であるという伝統的見解と、技術の進歩やイノベーションを規律するという法の目的について本書で採用した抽象化のレベルとの間にある差異に焦点を当てる。6.4.2節では、今日の法制度にロボット技術が与

95　［訳注］ハイエク（西山千明翻訳）『法と立法と自由 I（ハイエク全集 I-8 新版）』（春秋社、2007）54頁。

える影響を考慮に入れつつ、この影響に関係する様々なレベルの複雑性をより深く描写する。

6.4.1 社会制御の技術

適切な抽象化のレベルを設定するために「メタ技術としての法」という定式を主張してきた。すなわち、技術を規律するという法の目的に関する分析の一連の特徴や観察事項である。この分析は、法現象の本質を扱うというよりむしろ、制度の権限分配、原理、規定がおりなす一連の複雑性について深く論じている。そしてこれらによって、技術的人工物の設計、製造、供給、利用に関する正統性と責任の条件を法が定めるのである。このような観点からすると、個人が法的責任の問題に直面する条件と、ロボットの応用が、人格、適格な行為者、制度内の他の主体の責任発生源のいずれかとして把握される方法について、特別な注意を払うべきである。免責条項、厳格責任、過失に基づく責任と関連して、この抽象化のレベルは、ロボットの応用の行為に関する27の観察事項、そして、さらに詳細に検討されるべき刑法、契約法、不法行為法における特定の事例を識別した。因果関係の概念と「AならBである」という定式で要約できる形式的答責性の概念に戻ると、表1.1のI-3、SL-2およびUD-2、UD-3の場合、制度の規範的帰結は最終的には難しく、課題があるように思われる。

しかしながら、メタ技術として法を捉える立場は、物理的制裁によって強制される命令によって法が構成されているという捉え方と混同すべきではない（Kelsen 1945/1949）。ロボット応用（A）によって生じる危害や損害の仮説事例において生じる法的結果（B）を検討することによって原理と条項——それによって法が技術の発展とイノベーションを正統化する条件を定めようとする——は、法的秩序の重要な部分ではあるものの、一部にすぎないことがわかる。前節で言及した複雑性の考え方に対する様々なアプローチに立ち戻り、『法と立法と自由』（1973）の第1巻第2章について考えてみよう。そこにおいて、ハイエクは、立法者の規制に向けた努力またはタクシス[96]を、発展の過程と自生的秩序の双方としての法——すなわちハイエクが「コスモス」として識別したもの——から区別していた。例えば、ロボット法のような、法的発展の過程で立法者が必要とする情報は、いかなる政治的計画の能力をも遥かに超えていることから、この相違は極めて重要である。ハイエクの表現を借りれば、

96　［訳注］「タクシス（taxis）」は、例えば戦場における兵士の整列のような、設計によって作り出された秩序のこと。

図6.3 メタ技術としての法に対する4つのロボット技術への課題

「われわれの主な主張の1つは、人間の頭脳が確かめたり操作できる以上に数の多い特定事実から構成される非常に複雑な秩序が、自主的秩序の形成を誘う諸力を通じてのみもたらされうるという点である」（前掲書38）[97]。この二重のレベルの複雑性については、予防原則およびその補完性と開放性について精査した5.4.2節で検討した。この文脈において、法におけるコスモスからタクシスへの還元不能性は、1997年6月からの米国連邦最高裁の通信品位法（CDA）判決で示された。そこでは、科学研究と技術的応用開発に従事すべき強力な論拠が示唆されていた[98]。

　原則的ルールとして、特定の技術が合法的利用をすることができない、またはその脅威と危険が潜在的便益を上回ると考える者が立証責任を負うべきである。戦闘にロボット兵士を投入することの正統性についての現在の議論は、この立証責任の分配を中心に展開されている。

　技術発展の正統性と責任の条件を、いかに法制度が確立するかに焦点を絞ると、なぜ「メタ技術としての法」という定式が、法が社会制御のための方法または技術であるという考え方の変数として把握することができないのかについてのさらなる理由が強調されることになる。法は技術の発展とイノベーションに影響を与えることができるが、技術は法の原理や支柱にも影響する。これまで、我々は、ロボットの行為の責任に関して27の事例のうち8事例について、さらなる検討が必要であることをみてきた。刑法、契約法、不法行為法における具体的な相違点や類似性を考慮に入れることで、これらは9事例のうちの4事例であることが判明した。上記の6.3節および表6.3を参照してもらいたい。SFのシナリオと「従来の法律事務」、すなわち、ロボット技術の発展が今日の法制度における原理やルールに影響を与えない場合を除くと、

97　［訳注］ハイエク（西山千明翻訳）『法と立法と自由Ⅰ（ハイエク全集Ⅰ-8新版）』（春秋社、2007）54頁。

98　5.4.1節を参照のこと。

緊張関係にある法的事例は図6.3のように示すことができる。

第1に、刑法上の免責条項についてみてみよう。戦闘におけるロボット兵士の投入を別とすれば、刑法上の免責条項の改正は、ロボットの犯罪行為を介した新種の犯罪、そしてさらにはその機械に対して犯され、犯罪に関する人間に対する訴追さえも関係する。こうした問題については、3.4.1節および前節において検討した。

第2に、厳格責任原理の承認は、現在の免責条項を修正する要請から必然的に生じるわけではない。既に3.5節、4.3.2節、5.2.2節でみてきたように、無過失責任というよりも、過失に基づく責任に関する新たな規定や、人間に対する個人的な責任類型が、すべての法分野で必要とされているように思われる。

第3に、不法行為法における過失に基づく責任の事例は、人間の産業活動の手段としてのロボットによる単純な事例と、民法上の行為者としてのロボットによって招来される法的難問とを区別すべきことを示唆している。そして、デジタル特有財産、登録制度、保険モデルなど、契約の権利義務に関するロボットの答責性のための多くのスキームは、4.4.1節および4.5.1節で検討した。これは、現在の刑法上の免責条項の改正とともに、立法者による介入が最も喫緊に求められる領域である。

第4に、5.3節および6.3節で取り上げたように、業務活動外で第三者に危害を加えるロボットに関する仮説事例は問題があることから、ロボットの行為に対する厳格責任と過失に基づく責任の条項は、不法行為法におくことが合理的である。さらに、そのような事案は、頑具ロボットや子守りロボットなどの家庭用および個人用の多数のロボットの応用と関連して考慮すべきである。不法行為分野において、そのような機械によって引き起こされた不当な損害に対処するための新しいロボット保険の必要性については5.4節および6.2節で強調したとおりである。

しかしながら、最後の区別が必要である。すなわち、他の解釈原理と同様に、法律家が類推適用によって解決できる場合と、法的専門知識ではなく政治的意思決定が必要な場合との区別である。この区別は、法の存在と内容が、その法源に基づいて常に決定できるかどうか、そして、どのように決定できるかという議論を我々に思い出させる。ロボットの自律性が法に及ぼす様々な影響は、最終的には我々が技術によって生じた法的難問をどう把握すべきかにも影響を与える。

6.4.2 政治的な要求

ロボット技術の法への影響によって生じる、異なるレベルの複雑性に関する分析は、

表6.3および図6.3の法的な観察事項によって要約された。言うまでもなく、5.4.1節でみてきたように、ロボット犯罪、契約法、不法行為法に関する研究について、例えば、行政法と民間無人航空機に免許を付与する規制当局の法的責任のようなさらなる研究分野を与えることで、分析の複雑性、すなわち、モデルの複雑性はさらに向上する。しかしながら、現状の観察事項でも、単純な事例と、分類条件の適用が一般的な不一致を引き起こすような法的難問とを区別するには十分である。それは、刑法上の免責の一部、刑法および不法行為における過失、不法行為におけるロボット行為者の不合理な行為、ビジネスと合意に対して答責性を負うロボ・トレーダーなどの場面で生じている。では、こうした難しい事例に法律家はどのように対処すべきだろうか。

　例えば、ハーバート・ハート（Herbert Hart）の『法の概念（*The Concept of Law*）』（1961：128）のように、「多様な事例によって提起される問題を、発見されるべき唯一の正答——多くの衝突する諸利益の合理的妥協としての答えではない正解——がある問題であるかのように扱うことは不可能である」と考える者がいる[99]。目的論的というよりも義務論的な意味を持つ規範的命令として想定される制度原理に基づく解決を提案する者もいる。例えば、ロナルド・ドゥオーキン（Ronald Dworkin）は、イエス・ノーの論理や、すべてにとってよいものという論理を支持することにより、目前にあるすべての事例において「正答」をみつけられると主張している。法学者は確立された法と適合する制度の原理を特定すべきであり、それによって、可能な最善の光の下に事案を解釈するような方法でそれらの原理を適用すべきであろう。2.1.1節で強調したとおり、ドゥオーキンは『原理の問題（*A Matter of Principle*）』（1985）において、法と文学の類似性について述べている。我々は「他の裁判官たちが過去において書いてきたことを通読するが、それはこれらの裁判官が言ったことや言った時の心理状態を発見するためだけではなくて、彼らが集合的に行ったことに関する見解に達するためであってその仕方は連鎖小説に参加する個々の小説家がそれまでに書かれた集合的な小説に関する見解をもつようになるのと同じである」（前掲書159）[100]。さらにドゥオーキンは、『裁判の正義（*Justice in Robes*）』（2006：266）において、「ブライアン・バリー（Brian Barry）とジョセフ・ラズ（Joseph Raz）を含めて一部の批判者は、私がただ１つの正答という主張がもつ性格と重要性に関する考えを変えてきたと示唆している。だが、良きにつけ悪しきにつけ、私は考えを変えた

99　［訳注］H. L. A. ハート（長谷部恭男翻訳）『法の概念〔第３版〕』（筑摩書房、2014）213 頁。
100　［訳注］ロナルド・ドゥオーキン（森村進翻訳）『原理の問題』（岩波書店、2012）216 頁。

ことがない」と振り返っている[101]。

　ドゥオーキンが心変わりしたかはさておき、正答が多数存在するという事実に、一般的な見解の不一致が左右される状況が存在する。類推適用と原理に基づく法的推論が、ときとして明確な解決策をもたらすのに対して、刑法上の過失、契約法上の行為者適格性、不法行為法における政策などの事例が示すように、ロボット法には多くの未解決の課題が残っている。例えば、「過失に基づく答責性の形態」対「伝統的な無過失責任政策」など、アメリカとイタリアのモデルの比較について、不法行為責任の分野において示したとおり、解決策は、伝統、習慣、法文化の相違に応じて変化する。このことは、結局のところ、『法の帝国』が示しているようである。「一般的な概念から出発して特定の判決に到達するまでにハーキュリーズ[102]が辿る道筋の各々に対してこれと異なった道筋が存在し、当初はハーキュリーズと同じ観念でもって出発した他の法律家や裁判官が彼とは異なったこのような道筋を発見して——我々が例として挙げた裁判官のうち幾人かがそうしたように——結局はハーキュリーズとは異なった場所に到達することもあるだろう。他の裁判官がハーキュリーズと異なった結論に達するのは、議論の中で遅かれ早かれ何らかの分岐点にさしかかったとき、彼が自分自身の見解に従うことによってハーキュリーズに別れを告げたからである」（Dworkin 1986：412)[103]。

　それでもなお、法的専門性の細部よりも、道徳的および政治的な前提の違いによって、一般的な不一致が左右されるさらなる一連の事案も存在する。クリストフ・ヘインズ（Christof Heyns）による 2010 年国連総会報告書に基づく「致死性武力を完全に自動化することが許されるべきかという根本的な問題」に加えて、新しいロボット犯罪を確立すべきか、またどの程度までか、について考えてみよう。これは、2001 年 11 月のブダペストでサイバー犯罪条約を締結した国際的立法者が採用した選択肢であった。軍事ロボット技術分野における特定の種類のドローンの設計が適法か、そしてさらに、そのような人間とロボットの相互作用の新しい環境の設計はどうあるべきかに関する現在の議論を鑑みれば、正答の探求というよりはむしろ法的専門性に基づく妥当な歩み寄りが問題となっている。

　確かに、例えば NAO や HRP-4C といった、「ジョーのガレージ」でザッパが賞賛

101　［訳注］ロナルド・ドゥオーキン（宇佐美誠翻訳）『裁判の正義』（木鐸社、2009）327 頁。

102　［訳注］ギリシア神話の英雄。ヘラクレス。

103　［訳注］ロナルド・ドゥオーキン（小林公翻訳）『法の帝国』（未来社、1995）628 頁。

するテレフンケン U-47 のデザインと同じくらい愛らしいロボットもある。しかしそれでも、ロボットや人工的行為者で溢れる世界において、多くの政治的意思決定を行わなければならない。このことは、既に伝統的な分野で生じており、そこでは、ゲームのプレイヤーの責任だけでなく、ゲームのデザイナーの責任も焦点となっている。この新しい環境に関する法のデザインは、データ保護法、著作権、コンピュータ犯罪などの分野で、これまでも問題となってきた。ウェブのフィルタリング、スマート環境（smart enviroument）[104] の透明性、パーソナルデータと知的財産の保護、IoT の自由、そして環境知能（ambient intelligence）による監視など、今日の論争を少し検討してみればよい。オンライン上の人間同士のやり取りに関する環境を立法者が形成した方法は、人間がそのロボットと相互作用する方法に必然的に影響を与える。うまくいかなかったときに誰が責任を負うかを判断するために（ケルゼンの B）、技術の生産および利用に関する正統性の条件を法が確立する方法（すなわち、ケルゼンの A）は、人間とロボットの新しい相互作用の環境がどのようになるかと同じくらい重要である。そこで、本書の終章においては、この最後の問題に取り組む。

104　［訳注］IoT を生活空間に応用することで、効率化、省資源化、生活の質の向上などを図るものをいう。近年では特に都市設計に係る「スマートシティ」などが注目されている。

終 章 まとめ

人間としての経験の理解が広ければ広いほど、良いデザインができる。

スティーブ・ジョブズ「これから起こるとてつもなくすごいこと」

(WIRED、1996 年 2 月号)

　「ロボット法（laws of robots）」はその定型句の所有格をどのように理解するかにより、客観的方法と主観的方法という二重の方法で解釈されうる。それを客観的属性として理解する場合、この定型句は我々に伝統的観点を思い起こさせる。すなわち、それらの機械によって引き起こされた損害や危害に関する人間の責任の条件を確立する法的規制の対象としてロボットのことを理解するという観点である。逆に、主観的属性として理解する場合には、この定式は、法により規律される行動の主体たるロボットに特徴的なものを強調する。ロボット解放前線や、これらの機械に十全たる人格を認めよとの主張を別にしても、我々は実際的な理由から民法分野において一定の制限された人格をロボットに認めることが合理的な状況をみてきた。ロボットの行為に対する新たな答責性の形式は契約当事者同士の、そして非契約的義務の分野における均衡を達成することができる。このような「ロボット法」という定型句の客観的そして主観的属性に加えて、法的枠組みにおけるゲームのプレイヤーとして描かれる人と機械に力点が置かれた。人間とロボットの相互作用における責任の条件を精査した結果、27 個の仮説事例が、刑法、契約法そして不法行為法の分野で分析された。その目的はロボット法において詳細に検討されるべき事案を抽出することにある。

　しかし、それでも技術を規律するという法の目的は、法分野における行為者のみと関係するわけではない。それは、この目的が人間とロボットの相互作用の環境を形作る条項や規範とも関係するからである。ゲームプレイヤーとゲームデザイナーの間の区別は法分野においてはあまり顕著ではない。例えば車の速度を減速させる手法として、道にスピードバンプを設置する（速度を下げなければ自分の車を壊す事を選択す

208

ることになる）等の伝統的な執行形態を省察してみよう。さらに、現在の情報革命の結果、法制度は、空間と場所の構造と同程度に、結果と過程のデザインを通じたより洗練された執行方法に訴えざるを得なくなっている。1999年にローレンス・レッシグ（Lawrence Lessig）は『CODE——インターネットの合法・違法・プライバシー（*Code and Other Laws of Cyberspace*）』の中で、社会的関係と法制度の機能に関するデザインの影響についての研究の欠如を嘆いていたものの、その後数年足らずで（研究の）穴が埋められたことは重要である[105]。プライバシー、ユニバーサルユーザビリティ、インフォームドコンセント、犯罪抑制、自動執行技術その他について考えてみよう[106]。当然のことながら、今日では、データ保護法（例えばプライバシー・バイ・デザイン）、著作権（例えば2010年以降の英国デジタル経済法（Digital Economy Act）または「DEA」において構築されたフィルタリング制度）、コンピュータ犯罪（例えばサイバー攻撃に対する情報セキュリティシステム）等々、様々なデザインアプローチがある。これらのメカニズムは現在のオンライン上における相互作用の環境を枠付けることを意図しているが、これらはロボットと人工的行為者が多数存在する世界をどのようにデザインするかとも関係する。ノーマン・ポッター（Norman Potter）の『デザイナーとは何か（*What is a Designer*）』（1968、新版2002）における独創的な言明によれば、我々の世界の形態を理解するためのデザインの概念の把握方法として3種類が存在し、これらは区別されなければならない。すなわち、空間（環境デザイン）、対象物（製品デザイン）、そしてメッセージ（コミュニケーションデザイン）である。これらのデザインの異なる側面は図A.1において示されている。

環境デザインの例として、人々の匿名性と公共空間におけるプライバシーの保護について考えよう。例えば監視カメラまたはCCTVの利用は急増し、それを止めることは困難であると思われるものの、公共交通ネットワークにおけるビデオ監視システムをそれぞれの個人の顔を認識不可能とする形でデザインすることは実現可能である。3.4.1節および4.5節においてみられるように、データ保護についてのヨーロッパのデータ保護機関が「プライバシーの未来（The Future of Privacy）」（WP29 2009）という報告書の中で提言した内容は、民生用ドローンのビデオカメラにも拡張可能で

---

105 ［訳注］ローレンス・レッシグ（山形浩生ほか翻訳）『CODE——インターネットの合法・違法・プライバシー』（翔泳社、2001）。

106 例えばShneiderman（2000）、Friedman et al.（2002）、Katyal（2002, 2003）、Borning et al.、Zittrain（2007）を参照。

図A.1　3種類のデザイン

ある。

　製品デザインは、製品がそのユーザーの行為とその権利保護について影響を与えられるやり方と関係する。パーソナルデータの匿名化が最優先事項と考えられ、その結果、デザインの問題にデータ処理と製品をいかに整理するかが含まれる事案を考えよう。典型的な事例としては、情報システムを通じて病院における患者名を処理する方法が挙げられる。ここでは患者名は例えばスマートカードの利用等を通じて治療歴または健康状況に関するデータとは分離されなければならない。法的観点からはデザインの問題は欠陥品に関連して発生する。加えて、原告が被った被害と相当因果関係がある原因として嘆かわしい欠陥が当該製品の製造者のコントロール下において発生した場合である。これらは、ダ・ヴィンチ・ロボットの誤作動が生じた際にマラケク対ブリンマー病院事件で問題となった製品デザインの問題であった。

　最後に、コミュニケーションデザインの例として、フェイスブックのデータ保護ポリシーに対する世間からの不評について考えよう。何年か前のことになるが、フェイスブックは2010年5月26日に、これまでは170もの異なるオプションと50ものデータ保護関係の設定があった「プライバシーコントロールを劇的にシンプルにし、かつ改善する」と宣言した。フェイスブックの初期設定が名前、プロフィール、ジェンダーそしてユーザーのネットワークのみを記録するよう効果的に設定されたかはともかく、ここで強調に値する重要なことは、いかに相互作用とコミュニケーションがインターフェースのデザインに依拠しているかである。フェイスブックの事案において「友だち」はもはや自動的には情報の流れには入らず、ユーザーはついにゲーム、ウィジェット等のプラットフォームアプリを無効にすることができた。ロボットの事案における、コミュニケーションデザインの例は、5.2節で精査したケアテーカーパラダイムに関するHRIの成果によって示される。このロボット中心アプローチによれば、ロボットを人が反応することのできる感情的そして社会的な必要性を含めてデザインすることが目的である。

　さらなる区別は、デザインの対象、すなわち、場所、製品そして生物に関係する。

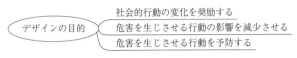

図A.2　デザインへの技術的アプローチ

この後者の事案は遺伝子組換技術により育てられた植物、ノルウェーサーモンのような遺伝子組換動物、または人間、ポストヒューマンそしてサイボーグに関する現在の論争と関係する。このような技術は5.4.1節と6.5.1節で検討された。一方で、法制度は高度に繊細な技術のリスクと脅威に対し、次第に予防原則による対応をするようになっている。他方で、我々はロボット解放前線の命題を我々の生物学的デザイン並びに社会的条件付けの組合せおよび一部のスマートロボットのプログラミングの間の類似性として論じた（Chopre and White 2011：176）。

　この文脈においては、デザインのもう1つの側面が特に深く関係する。すなわち、異なる目的であり、人間とロボットの相互作用の環境が枠付けられる。法的制約を技術に埋め込むことによって、その目的は社会的行為の変化の奨励、加害行為の影響の減少または予防のいずれかとなりえる。図A.2はこのさらなるデザインへのアプローチを要約する。

　デザインの1つ目の目的は、ロボ・トレーダーの事例、および、信頼（例えばレピュテーションメカニズム）または取引（例えば見返りとしてなされるサービス）に基づく動機付けによってどのようにその行為を位置付けようと意図したかを考えよう。また、ユーザーフレンドリーなインターフェースやトランスペアレントな設定オプションのように利用可能なオプションの幅を広げることを通じても、デザインの変化を促進することができるかもしれない。これはユーザーが自ら適切だとみなす方法でソフトウェアを設定して利用できるようにするため、デフォルトの設定の目立ち方の程度を上下させるというインターフェースの変更によって生じるものである。

　デザインの2つ目の目的は、セキュリティ対策について考えよう。ここでは人やロボットに対して行為の変更（例えば道にスピードバンプを設置し、AI運転手に速度を落とさせる）を促進したり誘発したりすることは目的とされていない。そうではなく、損害を発生させる行為の影響を減少させるエアバッグについて考えよう。このようなメカニズムは積極的なものの可能性がある。例えば、ICTインターフェースの初期設定はデザインの価値が素人のユーザーに対しても適切であることを保証しなが

ら、それでも、システムの効率性を改善することができる。

　最後のデザインの目的は、この文脈において最も関係が深いものである。立法者及び私企業の双方が自動執行技術を利用して一定の社会的行為の発生を防止しようと意図する事案が多く存在する。例えば、著作権や知財の分野においては、デジタル著作権管理（DRM）システムの開発を通じて、いかにこれらの独占権を保護するかという点にほとんどの取組みの力点が置かれてきた。権利者が、自らの著作権で保護された作品の利用を厳しく規制することを可能とすることで、会社は国家的規範の執行可能性と国際レベルにおける法の抵触に関する解決不能な問題を予防しようとする。特に、スティーブ・ジョブズ（Steve Jobs）は 2007 年の「音楽に関する考察（Thoughts on Music）」の中で、DRM 準拠システムは相互運用性に関する困難な課題を生じさせているため、独占禁止法の問題を生じさせると認めた。さらに、（この場合においては）個別の行為は関係する政治的機関の選択によらず、一方的に技術に基づいて決定される。

　この種類の環境デザインは現在のインターネットの政策によって促進された。例えば中国のような一部の国は、国が認可したオンライン上のパスのみを通るよう、フィルター、リルーター、デトアー、そしてデッドエンドのシステムを構築した。それ以外の国は、西洋における民主主義国も権威主義国家も同様に、ユーザーに対する 3 回の著作権法侵害主張に関する警告の後、最終的にはインターネット接続を切断する「スリー・ストライク」原則を承認している。2010 年 12 月に、欧州委員会の委員の一部がオンライン上の情報の流れを制御するためのフィルターシステムの採用を提案しているが、立法者も存在する市民を保護する際に、市民自らの行為からの保護さえも実施しようとするため、パターナリズムのリスクもある。「プライバシー・バイ・デザイン」の原則の一部のバージョンやすべての ICT システムの初期設定として自動的にパーソナルデータを保護する意図について考えてみよう。これは、1 ビットの情報すら収集される以前において、プライバシー保護措置が働いているべきだという考えである（Cavorkian 2010）。それでも、データ保護がデジタル環境における情報に対するアクセスと制御に関する選択の間での自動的な「ゼロサムゲーム」を示さないことから、そのような自動的制御はデジタル著作権の保護と執行のための DRM 技術よりも問題が多い様に思われる。確かに個人が文脈とその状況に応じて様々なレベルのアクセスとコントロールを調節する際においては、個人の選択が主な役割を果たす。さらに、規範、権利または義務の形式化を通じて法律家によって伝統的に利用さ

れた概念を機械に適用することには技術的な困難性が存在する。この困難性はこの本において、第2章でアシモフの小説について、第3章で軍事ロボットに関する現在の研究について、第4章で一部の種類のロボ・トレーダーについて扱う等する際に何度も強調されている。実際、規範的保護措置は頻繁に高度に文脈に依存しており、概念と関係が進化の対象となる場合にシステムの複雑さを減らす際において重要な問題を生じる。私が知る限り、名誉毀損といった単純な加害行為の形式さえ、それを予防するようにソフトウェアをプログラムすることはいまだに不可能である。これらの制約は、完璧な自動執行技術とされるものの利用にまつわる重要なデザインの側面を際立たせる。この問題の3側面について、省察してみよう。

第1に、個人の行為が情報に関するアクセスと制御のレベルについての個人の選択ではなく自動技術に基づいて一方的に決定されうる点においてパターナリズムの伝統的形態を更新するリスクがある。「コンテンツへのアクセスに対するコントロールは、法廷が認めるコントロールじゃない。コンテンツへのアクセスに対するコントロールは、プログラマがコード化したコントロールだ」(Lessig 2004)[107]。

第2に、そのような完全なコントロールを達成することの困難さに注目すべきである。「『伝統的』な規則ベースの規制に関する理論と実務についての豊富な学術的議論の集積によって」呈された疑問は「完全な正確性をもってその目標に的中する法的ルールの形式における規制的基準のデザインの不可能性の証人となる」(Yeung 2007)。

第3に、特定のデザインの選択は、価値同士の対立を生むかもしれず、またその逆に、価値どうしの対立はデザインの特徴に影響を与えるかもしれない。「一部の技術的人工物は直接的にかつ組織的に特定の社会的、倫理的そして政治的価値の構造の現実化または抑圧に影響を与えている」(Flanagan et al. 2008)。法制度が多数の価値間の対立を乗り越えることを助けるとしても、データ保護や著作権の分野における自動執行技術の利用は価値間の争いをより悪化させる可能性が高い。特定のデザイン選択——例えば情報システムのユーザーの設定に関するオプトインとオプトアウトについて——の影響を考えてみよう。

いかにデザインがオンラインでの相互作用に影響するかに関する今日の議論に照らし、我々のこの分析の焦点を限定し、ロボット法におけるデザインの役割について分析しよう。行為者に対しその行為を変えることを促し（スピードバンプ）、または、

---

107 ［訳注］原著、出典の誤りと思われ、正しくはローレンス・レッシグ（山形浩生ほか翻訳）『Free Culture』（翔泳社、2004）184頁。

加害行為の影響を減らす（エアバッグ）プロジェクトに加え、自動運転車のデザインを考えてみよう。それは、周囲の環境のインプットに応じて止まるか減速できなければならない。ここにおいては、ドライバーチェックメカニズム、クルーズコントロール、死角のモニタリング、交通信号認識、衝突安全スキームその他の利用を通じて加害行為がロボットシステムのセキュリティに影響を与えることを防いでいる。このようなシステムはロボットが対象認識、ナビゲーションそして現実世界でのタスクの完了に必要な情報の共有を可能とするインターネット上のネットワーク化されたレポジトリにますます接続される。自動運転車の行為の環境は、このようにして複雑な複数行為者システムとしてデザインされ、そこにおいてはメンテナンスと安全を担当する業者、交通オペレーター、インターネットコントローラーが自律的または半自律的準自律的機械との間で、衝突、通信障害、環境上の懸念を回避するために相互作用を行う。このシステムの複雑さを考えるうえで、一部の人は法的因果関係の失敗が結果として生じるだろうと考える（例えば Karnow 1996）。最高の事故制御の方法は、厳格責任政策により行動の規模を縮小することだという人がいる（Posner 1973：180）。人工的行為者によって行われる社会的そして技術的交流は人の制御下に置かれるべきだとする人もいる（Teubner 2007：21）。しかし、広範な一般化はほとんどロボット法にはそぐわない。一部のロボット工学上の応用、例えば自律型致死兵器や一部の種類のロボ・トレーダーについては確かに法の基本原理にとっての課題となるが、それはダ・ヴィンチ・ロボットや NAO や HRP-4C のようなその他の応用には当てはまらない。そして、この本の目的は非専門家に対してわかりやすいロボット法の事案を紹介し、一般的な合意が可能な単純なケースとロボット兵器やロボ・トレーダー、そして AI 運転手によって生じるハードケースを区別することにある。

　伝統的には、事実対価値、描写対規定の問題として提起されてきたところ、これらの異なる分析のレベルはマックス・ヴェーバー（Max Weber）の価値自由（Wertfreiheit）によって権威をもって要約された。彼の言葉によれば、「認識と価値判断とを区別する能力、事実の真理を直視する科学の義務と自分自身の理想を擁護する実践的義務とを果たすこと、これこそ、われわれがいよいよ十分に習熟したいと欲することである」（Weber 1904、1949 年版：58）[108]。その結果、本書の表現的側面については、ロボットの設計、製造そして利用、さらには法的責任について規律するルールに関す

108　［訳注］マックス・ヴェーバー（富永祐治ほか翻訳）『社会科学と社会政策にかかわる認識の「客観性」』（岩波書店、1998）43 頁。

る比較的強い意見の一致が依然として存在することを示すことを目的とした。ロボットの応用とその周囲の環境のデザインの複雑性にもかかわらず、刑法における共犯事件の責任モデル（第3章）、民法分野の私人間の任意の合意に依存する責任（第4章）、または不法行為法における危険責任の考えに依存する厳格責任（第5章）について、法律家はどのように責任について対応するかについて一般的に合意している。これらのすべての事案において、ロボットを再度人のコントロール下に置くべきことを示唆する法的因果関係の失敗などというものは存在しないのである。

　他方、本書の価値判断についてみると、この判断には2つの異なる段階が関係する。まず、分類用語の適用可能性が一般的な不一致を引き起こす事案の識別である。順を追って説明すると、3.3.4節のロボット兵士についての分析、3.5節の法的因果関係の問題と絡み合った過失犯罪の問題、4.3.2節の契約の問題、5.3節の厳格責任政策等である。これらのハードケースは、第6章の表6.3と図6.3において要約された。原理、概念、そして法的推論の方法といった法の支柱が緊張状態にあることに関する異なる理由を描写することにより、分析の第2段階は1つの正答がありえるのか、それともそうではなく法制度が代替的解決に対して開かれているのか、または例えば国際的合意を経て政治的決定が下されるべきではないかについて決定することである。これを基礎に、以下、ハードケースのうちどの事案が優先的に取り扱われるべきかを強調することを通じて、今日の議論における私の立場を説明させてほしい。

　第1に、環境と人類に対する悪影響のため、戦場におけるロボット兵器の規制こそが最優先とされるべきである。今日の戦時国際法、国際人道法および人権条約の原理と規定は、致死性武力を完全に自動化することが許されるべきかや、これらの機械の利用を規制すべきパラメータや条件は何か——例えば米国空軍はそのドローンが人間と同様に攻撃に対する自衛の権利を有すると主張している——といった重要な問題を規制していない。1つの解決方法は、兵器のみを標的とするかまたは特定の状況下でのみ活動するようロボットをデザインすることかもしれない。さらに、監視および認証メカニズムによって政治的・軍事的決定の軌跡の判断を確定することができるようにしなければならない。これらは、ネットワーク中心の活動の複雑性の増加や致死兵器の小型化のため、そのようにしなければ、検知することが非常に困難である。約40の国が現在自律兵器やその他の種類のロボット兵器を開発しているところ、これは1つの正答があるわけではなく、むしろ、多くの対立する利害の間の合理的妥協点が模索されるべき典型的な事案である。過去の国際的合意が化学兵器、生物兵器そし

て核兵器、地雷等についての過去何十年もの間の技術的進歩を規制したように、国連の支援の下でのロボット兵士の利用が正統化される条件を定義する同様の合意が迅速に達成される必要がある。

　第2に、契約法分野におけるロボットの答責性について一連のハードケースが存在する。ロボットを利用主体の単なる道具にすぎないとし、その結果、人が自動的に人工的行為者のすべての活動に拘束されるべきとする伝統的な観点とは異なり、新たな責任政策が検討されなければならない。実際、多くの事案が、その行為者に対する注意に関して、責任を負う個人よりも、第三者のほうが危害や損害を予防するための最も適切な立場にあり、その結果、当該第三者こそがリスクの最安価費用回避者であることを示してきた。さらに、特定の種類のロボットを契約法の分野の適格な行為者と考えることには強い合理性がある。それは、これらの機械に法的な行為者性を認めることによって人間が確かに重要な認知タスクをそのロボットに委ねていることを明確化するからである。この解決は、例えば、ロボットは特定の法的権限の範囲内で行動しているのか、誰が当該権限を授与したことについて責任を負うべきか、または、利用者や操作者が機械のありえる誤作動を理由に責任を回避することができるか、といった伝統的な解決の有するいくつかの欠点が関係なくなるだけではない。それだけではなく、ロボットの個人的答責性は関係する人間の異なる利害——すなわち、ロボットの相手方にとっての彼らと安全に取引を実行し相互作用を行うことに関する利害やロボットの利用者や所有者にとっての高度化する自律性とその行為の予測不能性によって破滅させられたくないとの主張——を均衡させるための有効な方法を示している。

　第3に、過失を基礎とした答責性の条項と同様に新しいロボットについての個人的答責性は不法行為の分野にも適切に拡張されうる。ここにおいては、当分の間、人が扱うであろう異なる種類のロボットを区別することが重要である。例えば、ロボ・トレーダーの行為に関する個人的答責性は不法行為法の分野で意味をなす。それはロボットが当該業務活動以外において第三者に被害を与えるという仮説事例は問題と思われるからである。逆に、第三者こそがリスクの最安価費用回避者の場合においては、今日の厳格責任のルールの一部を過失を基礎とした責任のルールによって代替することができるだろう。それでも、個人的な、そして家庭内のサービス・ロボットを扱う際に、これらの機械の行為に対する責任に関する問題の大部分がまだ未解決であることを認めざるをえない。法制度は、アメリカの両親の責任に基づいてロボットを考えることができるだろう。その場合には、被告自身が、その機械が類似の応用において

典型的ではない危険な特質や特徴を示さなかったことを証明しなければならない。これと異なり、イタリアの両親の場合の非契約的義務に関する責任のモデルによれば、彼らがロボットの加害行為を防止することができなかったこと、または、偶然の介在事象が起こったことについての証拠を示すことによって、被告は責任を免れることができる。いずれにせよ、ドゥオーキンには失礼ながら、複数の正答がありえるのである。

　第4に、ロボットは人の犯罪意思の実現のための単なる道具として利用されることにも注意するべきである。2012年4月に南コルドファンのヌバ山において民間人を急襲したイラン製ドローンを操作するスーダン政府のような戦争犯罪や人道に対する罪の問題に加え、米ドルを物理的に変更するために利用されるロボットや、宝石盗に用いられる小さなドローン、コロンビアの薬物密輸者に利用される無人潜水艦などますます増加するロボットのことを考えてみよう。これまでのところ、このようなロボットの犯罪行為は、現在の刑法の条項によって訴追することが可能であるが、それでも、立法者が1990年代初期に新たなコンピュータ犯罪類型について行ったのと同様に、立法者に介入を強いる新世代のロボット犯罪を思い描くのに、SFの想像力は必要ないのである。これらの新しいロボットの犯罪がどのような姿を見せるのかを予想することは困難であるものの、自動的に情報を収集してクラウド・サーバーに送信し、それによって現在のプライバシー保護、著作権条項、営業秘密等と衝突するデータを複製し、拡散する複雑なネットワーク中心のロボット工学の応用を想像することができる。しかしながら、これらの犯罪の特定の内容にかかわらず、これらのシナリオが上記の人間とロボットの相互作用の環境デザインと関係する可能性が高い。

　1つの解決策は、ロボット兵器の事案において提案されているのと同様の危害を生じさせる行為そのものの発生自体を防止する自動執行技術の利用である。ロボット解放前線の支持者に対しては失礼ながら、このようなデザインポリシーに対する批判——パターナリズムのリスクやその他の個人的自律への倫理的脅威のような——のうち、実際にロボットに当てはまるものは存在しない。さらに、多くの西洋の立法者が自動的なプライバシー・バイ・デザインやフィルタリングシステムといった措置がオンライン上の相互作用に秩序を与えるうえで適切であると考えている。結局のところ、今日の人間の相互作用について一部の政治家が提案する環境デザインを明日のロボットに適用することができない理由はあるのだろうか。危害を生じさせる行動の発生を防ぐような形でロボットを設計することはよくないのだろうか。

確かに、これらの政策が偶発的な戦争、経済のメルトダウンまたは道路交通上の緊急事態を引き起こす事態を予防するために必要となるケースがますます増加するだろう。しかし、そのような全体的な統御を達成することの技術的困難性はさておき、サービス・ロボットの家庭および個人的な利用、例えば第4章で言及されたi-Jeeves 2.0を考えよう。ここでは、自動執行技術の利用が単にロボットの行為を未然に防ぐだけにとどまらない可能性が高い。このようなデザインポリシーが、人工的行為者が人間とロボットの相互作用や事務の遂行においてネットワーク化されたレポジトリから必要な情報を収集する際にどのように行動すべきかについて一方的に決定することにより、個人の権利や自由と衝突するかもしれない。人間の行為をそのロボットのデザインを通じて形作ることのリスクは、代替的デザイン政策や電子的私有財産のような新たな形態の法的答責性によって取り組むことができる。同様に、例えばユーザーフレンドリーな設定オプションやICTインターフェースのデフォルトメカニズムといったセキュリティ対策は、ロボットがその効率性を向上することを可能にしながらも、デザインの価値が新人ユーザーに対して適切であることを保証することができる。さらなるデザインの例が自動執行技術の利用がどのような意味で常に必要なのではなく、時には有害となりえることを示すものの、ここでは決定的な一般化は避けよう。法は自動執行技術をよりどころとすることなくして、人間とロボットの相互作用の環境を形成する規制と条項を通じて技術を規律することができる。もし我々のロボット工学の応用を人間化する必要がなければ、人間をロボット化すべきではないのだ。

監訳者あとがき

　本書は、2009 年から 2013 年まで筆者のパガロ教授が公表した論文から構成される
ロボット法に関する最初の体系的な書籍である。本書が公刊された 2013 年の時点で
は、AI を用いた自律的に動作する新時代のロボットの将来的な普及を前提にしたロ
ボットをめぐる法的課題の体系的な書籍は国内外において皆無であった。従来からの
産業用ロボットをめぐる法的な問題ではなく、ロボット法の体系的な議論の必要性を
認識させる嚆矢なった書籍として歴史的に意義ある研究成果と位置付けられる。

　折しも、2011 年から開始された EU の FP7（第 7 次欧州研究開発フレームワーク
計画）のプロジェクトにおいて、2012 年 3 月 1 日から Robo Law プロジェクトが検
討に着手しガイドラインが本書の公刊の翌年 2014 年にとりまとめられている。この
書籍における検討は、単にロボットをめぐる法的課題の検討の必要性を認識させる端
緒となったのみならず、体系的な検討の必要性を認識する礎になったといえよう。

　それから 4 年ほどが経過し、ようやく日本語版の公刊に至った。筆者であるウゴ・
パガロ教授の序文でも触れられているように、この 4 年間のロボットや人工知能をめ
ぐる動向や問題の変遷は劇的なものである。そのため、日本語版の公刊段階において
は、本書の出版当初は想定していなかった新たな問題が生じるなど大きな変容を遂げ
た後に、この日本語版の出版となる。とりわけ、その間における人工知能をめぐる社
会的な議論の変化はめざましく、企業も様々なサービスや製品で人工知能を搭載した
ものを開発し販売するようになるにつれ、現実の損害や危機を生じさせるおそれがあ
ることが一般に認識されつつある状況にある。

　本書の意義は、従来からの産業用ロボットをめぐる問題について製造物責任の問題
として従来からの議論では対応できない課題への対応の必要性を示していることのみ
ならず、ロボットを用いることによって生じた損害など、予測可能でプログラムされ
た範囲におけるロボットの利用をめぐる問題を中心に議論されてきた法的課題に当て
はまらない問題の出現を見越して議論が展開されている点にある。とりわけ、ロボッ
トの動作による様々な損害について、予見可能性を前提とした議論では対応できない
ことや、そもそも、ロボットという物理的な存在の有無についても、必ずしも、従来

の産業用ロボットのような機械としての物理的なロボットが存在しなくても、ロボット法として議論すべき問題が生ずることを本書では示している。

　つまり、人工知能の急速な進歩によって、自律的なシステムやインテリジェントなシステムの利用に伴う問題が、既存の法解釈や法理論で対応することができない問題として顕在化しつつあるということだけに着目した議論ではないことを理解する必要がある。将来的に、制御できる範囲で予測可能な問題としての検討にとどまらなくなることを説き、コントロールの喪失によって今後もたらされるリスクを理解し、どのようにロボットを監視下に置くべきなのか、制御できないことを前提にロボットをめぐる問題について議論が必要であることを繰り返し解いている。

　わが国においても総務省の AI ネットワーク推進会議が国際的な議論のための AI 開発ガイドライン案をとりまとめているが、その原則の一つとして「制御可能性の原則」を定めている。しかし、本書において論じられているロボット法は、そもそも制御できないことを前提に、制御できないものをどのように今後我々が管理し、それによって生じた問題を解決するためのロボット法がなぜ必要なのかを考えさせるものである。制御できることを前提にした従来からの法的議論ではなく、制御できなくなった時にお手上げにならないように今から我々が検討し考えなければならないことを示唆する書籍として、今後の AI 時代における自律型ロボットの普及に伴うロボット法がなぜ必要性なのか、ロボット法の必要性を提唱している監訳者も本書を翻訳することによって、その問題の本質の一端を垣間見ることができたと感じている。

　なお、この問題は、本翻訳書の公刊時点において国内においては唯一、明治大学の夏井高人教授（夏井高人「アシモフの原則の終焉　−ロボット法の可能性−」法律論叢第 89 巻第 4・5 合併号（2017））において同じ問題意識に基づく研究がなされている。

　制御可能なロボットを前提に、それらをめぐる問題について論ずることは産業用ロボット法学として議論すべきものであり、自律型ロボットをめぐる問題については、ロボットという有体物をそもそも前提とせずに議論を進める必要もあることから、制御できない人工知能という位置づけを踏まえた上で議論を進めることが不可欠であることを、本書及び夏井教授の研究成果により認識することとなった。

　そこで、ロボット工学三原則（Three Laws of Robotics）以来用いられている Robotics の訳語「ロボット工学」について、本書において論じているロボットは制御の範囲外にあるロボットも含めた考察であることから、制御可能な「工学」の範囲

内にあるとはいえないロボットも対象にしていることを踏まえ、本書では、Robotics をロボット工学ではなく「ロボット」と訳している。

　日本語版の出版にあたっては、執筆者のパガロ教授から、日本語版に寄せて新たに序文を執筆していただいた。そこでは、今後の法的責任や法的な枠組みについての検討においては、物理的な強制力を伴う法規制による解決ではなく、ガイドライン等の取り組みによって対応すべき部分があることを示し、その方法は日本の取り組みが参考になるとの意見をいただいている。さらに、今後のロボットをめぐる法的課題の議論の必要性については、序文において新たに5つの観点からの対処方法が必要であるとの新たな知見も示していただいた。

　わが国におけるロボット法をめぐる議論は、本書の訳者である赤坂と工藤の企画により、慶應義塾大学湘南藤沢キャンパスの研究成果発表の場であるオープン・リサーチ・フォーラム（ORF）において、2014年11月に最初の研究会を開催したことに端を発する。その後、2015年10月にロボット法をめぐる組織的な研究の必要性を赤坂が提唱したことを受けて、「ロボット法学会設立準備研究会」を本書の監訳者と訳者全員が中心となって開催した。しかしながら、2015年の研究会開催時点では、わが国においてロボット法を学会組織として継続的かつ体系的に研究を進めることについて十分な理解や賛同が得られる状況になく、結果的にロボット法学会の設立までには至らなかった。そのため、情報ネットワーク法学会の研究会として「ロボット法研究会」を開催し継続的に研究を行う体制を整備して現在に至っている。2013年の本書の出版時点では、わが国におけるロボット法の議論は認識される以前の状況であったが、2017年の本翻訳書の公刊段階になって、ようやく社会的にも本書が検討対象とするロボットをめぐる法的課題の検討や研究の必要性が認識されつつある状況を実感している。

　最後に、本書の出版にあたっては、ウゴ・パガロ教授に翻訳版の出版をご快諾いただき、日本語版のための序文を執筆いただくとともに訳語や内容についての拙い質問にも繰り返しお答えいただくなど、翻訳完了までのご対応とお心遣いに厚く御礼申し上げたい。

　本書がロボット法に関する最初の書籍であるがゆえに、翻訳にあたっては訳語の選定や作出に迷うことが多く、明治大学法学部の夏井高人教授には多大なるご示唆を賜り、慶應義塾大学大学院の西村友海氏、一橋大学大学院の三浦基生氏の両名にも翻訳の内容へのご助言をいただいたことに感謝の意を表したい。勁草書房編集部の山田政

弘氏には、本書の企画段階から日本語翻訳権の交渉をはじめ、複数の訳者の異なる翻訳スタイルの調整が必要な大変な労力を要する校正に至るまで、長期間に渡る忍耐とご苦労をお掛けすることとなり心より感謝申し上げる次第である。

文献

Allen, Tom, and Robin Widdison. 1996. Can computers make contracts? *Harvard Journal of Law & Technology* 9(1): 26-52.

Allen, Colin, Gary Varner, and Jason Zinser. 2000. Prolegomena to any future artificial moral agent. *Journal of Experimental and Theoretical Artificial Intelligence* 12: 251-261.

Alston, Philip. 2010. *Report of the Special Rapporteur on extrajudicial, summary and arbitrary executions*. UN General Assembly, Human Rights Council, A/HRC/14/24/ Add.6, 28 May.

Andonian, Sero, et al. 2008. Device failures associated with patient injuries during robot-assisted laparoscopic surgeries: A comprehensive review of FDA MAUDE database. *The Canadian Journal of Urology* 15(1): 3912-3916.

Andrade, Francisco, Paulo Novais, José Machado, and José Neves. 2007. Contracting agents: Legal personality and representation. *Artificial Intelligence and Law* 15: 357-373.

Aristotle. 1984. *Metaphysics*. Trans. W.D. Ross. In *The complete works of Aristotle*, ed. J. Barnes, vol. 2, 155-2-1728. Princeton: Princeton University Press.

Arkin, Ronald C. 2007. *Governing lethal behaviour: Embedding ethics in a hybrid deliberative/hybrid robot architecture*, Report GIT-GVU-07-11, Georgia Institute of Technology's GVU Center, Atlanta, GA.

Asaro, Peter. 2008. How just could a robot war be? *Frontiers in Artificial Intelligence and Applications* 75: 50-64.

Asimov, Isaac. 1985. *Robots and empire*. New York: Doubleday.

Asimov, Isaac. 1995. *The complete robot: The definitive collection of robot stories*. London: Harper Collins.

Barfield, Woodrow. 2005. Issues of law for software agents within virtual environments. *Presence* 14(6): 741-748.

Barrio, Fernando. 2008. Autonomous robots and the law. *Society for Computers and Law*. Retrieved from http://www.scl.org/site.aspx?i=ho0.

Bartneck, Christoph, Juliane Reichenbach, and Julie Carpenter. 2006. Use of praise and punishment in human-robot collaborative teams. In *Proceedings of the RO-MAN 2006 - The 15th IEEE international symposium on robot and human interactive communication*, Hatfield.

Bartolus de Saxoferrato. 1996. Digestum Novum. In *Commentaria*, vol. 6. Roma: Il Cigno, Galileo Galilei.

Beck, Ulrich. 1992. *Risk society: Towards a new modernity*. London: Sage.

Bekey, George A. 2005. *Autonomous robots: From biological inspiration to implementation and control*. Cambridge, MA/London: The MIT Press.

Bellia, Anthony J. 2001. Contracting with electronic agents. *Emory Law Journal* 50: 1047-1092.

Bingham, Tom. 2011. *The rule of law*. London: Penguin.

Borden, Lester S., Paul M. Kozlowski, Christopher R. Porter, and John M. Corman. 2007. Mechanical failure rate of Da Vinci robot system. *The Canadian Journal of Urology* 14(2): 3499-3501.

Borning, Alan, Batya Friedman, and Peter H. Kahn. 2004. Designing for human values in an urban simulation system: Value sensitive design and participatory design. In *Proceedings of eighth biennial participatory design conference*, 64-67. Toronto: ACM Press.

Breazeal, Cynthia. 2002. *Designing sociable robots.* Cambridge, MA: MIT Press.

Calude, Cristian (ed.). 2008. *Randomness and complexity. From Leibniz to Chaitin.* Singapore: World Scientific.

Canning, John S. 2008. Weaponized unmanned systems: A transformational warfighting opportunity, government roles in making it happens. In *American Society of Naval Engineers' (ASNE) Proceedings of Engineering the Total Ship (ETS) symposium*, Falls Church, VA.

Čapek, Karel. 1920. *Rossum's universal robots.* Trans. C. Novack. New York: Penguin (2004 edn).

Casanovas, Pompeu, Ugo Pagallo, Giovanni Sartor, and Gianmaria Ajani (eds.). 2010. *AI approaches to the complexity of legal systems. Complex systems, the semantic web, ontologies, argumentation, and dialogue.* Berlin/Heidelberg: Springer.

Castelfranchi, Cristiano, and Rino Falcone. 1998. Principles of trust for MAS: Cognitive anatomy, social importance, and quantification. In *Third international conference on multi-agent systems.* Paris, France: IEEE Computer Society.

Cavoukian, Ann. 2010. Privacy by design: The definitive workshop. *Identity in the Information Society* 3(2): 247-251.

Chaitin, Gregory. 2005. *Meta-math! The quest for* Ω. New York: Pantheon.

Chopra, Samir, and Laurence F. White. 2011. *A legal theory for autonomous artificial agents.* Ann Arbor: The University of Michigan Press.

Cicero. 1999. *On the commonwealth and on the laws*, ed. J.E.G. Zetzel. Cambridge: Cambridge University Press.

Clarke, Roger. 1993. Asimov's laws of robotics: Implications for information technology. *IEEE Computer* 26(12): 53-61.

Clarke, Roger. 1994. Asimov's laws of robotics: Implications for information technology. *IEEE Computer* 27(1): 57-66.

Comanducci, Paolo. 1986. Le tre leggi della robotica e l'insegnamento della filosofia del diritto. *Materiali per una storia della cultura giuridica* 36(1): 191-197.

Coudert, Allison P. 1995. *Leibniz and the Kabbalah.* Boston/London: Kluwer.

Croce, Benedetto. 1907. *Riduzione della filosofia del diritto alla filosofia dell'economia.* Bari: Laterza.

Datteri, Edoardo. 2011. Predicting the long-term effects of human-robot interaction. *Science and Engineering Ethics*, 29 July. (epub ahead of print.)

Dautenhahn, Kerstin. 2007. Socially intelligent robots: Dimensions of human-robot interaction. *Philosophical Transactions of the Royal Society B: Biological Sciences* 362(1480): 679-704.

Davis, Jim. 2011. The (common) laws of man over (civilian) vehicles unmanned. *Journal of Law, Information and Science* 21(2). doi:10.5778/JLIS.2011.21.Davis.1.

Dennett, Daniel. 1987. *The intentional stance.* Cambridge, MA: MIT Press.

Dennett, Daniel. 1997. When HAL kills, who's to blame? In *HAL's legacy: 2001's computer as dream and reality*, ed. D. Stork, 351–365. Cambridge, MA: MIT Press.

Diamond, Jared. 2005. *Collapse. How societies choose to fail or succeed*. London: Penguin.

Doorn, Neelke, and Sven Hansson. 2011. Should probabilistic design replace safety factors? *Philosophy and Technology* 24(2): 151–168.

Dworkin, Ronald. 1982. Law as interpretation. *Critical Inquiry* 9(1): 179–200.

Dworkin, Ronald. 1985. *A matter of principle*. Oxford: Oxford University Press.

Dworkin, Ronald. 1986. *Law's empire*. Cambridge, MA: Harvard University Press.

Dworkin, Ronald. 2006. *Justice in robes*. Oxford: Oxford University Press.

Elishakoff, Isaac. 2004. *Safety factors and reliability: Friends or foes?* Dordrecht/ Boston/London: Kluwer.

Epstein, Richard Allen. 1995. *Simple rules for a complex world*. Cambridge, MA: Harvard University Press.

Epstein, Richard G. 1997. *The case of the killer robot*. New York: Wiley.

Ewald, William B. 1995. Comparative jurisprudence (I): What was it like to try a rat? *University of Pennsylvania Law Review* 143: 1889–2149.

Filmer, Robert, 1991. *Patriarcha and other writings*. Cambridge: Cambridge University Press.

Flanagan, Mary, Daniel C. Howe, and Helen Nissenbaum. 2008. Embodying values in technology: Theory and practice. In *Information technology and moral philosophy*, ed. J. van den Hoven and J. Weckert, 322–353. New York: Cambridge University Press.

Floridi, Luciano. 2007. Artificial companions and their philosophical challenges. *E-mentor* 5(22): 84–86.

Floridi, Luciano. 2008. The method of levels of abstraction. *Minds and Machines* 18(3): 303–329.

Floridi, Luciano. 2013. *Information ethics*. Oxford: Oxford University Press.

Floridi, Luciano, and Jeff Sanders. 2004. On the morality of artificial agents. *Minds and Machines* 14(3): 349–379.

Foster, Caroline. 2011. *Science and the precautionary principle in international courts and tribunals*. Cambridge: Cambridge University Press.

Franklin, Stan, and Art Graesser. 1997. Is it an agent, or just a program? A taxonomy for autonomous agents. In *Intelligent agents III. Proceedings of the third international workshop on agent theories, architectures, and languages*, ed. J.P. Müller, M.J. Wooldridge, and R. Nicholas, 21–35. Berlin: Springer.

Freitas Jr., Robert A. 1985. The legal rights of robotics. *Student Lawyer* 13: 54–56.

Friedman, Batya, Daniel Howe, and Edward Felten. 2002. Informed consent in the Mozilla browser: Implementing value-sensitive design. In *Proceedings of 35th annual Hawaii international conference on system sciences*, 247. Los Angels: IEEE Computer Society.

Gogarty, Brendan, and Meredith Hagger. 2008. The laws of man over vehicle unmanned: The legal response to robotic revolution on sea, land and air. *Journal of Law, Information and Science* 19: 73–145.

Goldberg, Ken, Eric Paulos, John Canny, Judith Donath, and Mark Pauline. 1996. Legal tender. In *ACM SIGGRAPH 96 visual proceedings, August 4-9*, 43-44. New York: ACM Press.

Gordley, James. 2006. *Foundations of private law: Property, tort, contract, unjust enrichment.* Oxford/New York: Oxford University Press.

Grodzinsky, Francis S., Keith A. Miller, and Marty J. Wolf. 2008. The ethics of designing artificial agents. *Ethics and Information Technology* 10: 115-121.

Habermas, Jürgen. 1996. *Between facts and norms.* Cambridge: Polity Press.

Hall, Storrs J. 2007. *Beyond AI: Creating the conscience of the machine.* New York: Prometheus.

Hallevy, Gabriel. 2011. Unmanned vehicles - Subordination to criminal law under the modern concept of criminal liability. *Journal of Law, Information, and Science* 21(2). doi:10.5778/JLIS.2011.21.Hallevy.1.

Hanson, Randall K. 1989. Parental liability. *Wisconsin Lawyer* 62: 24-28.

Hart, Herbert L.A. 1961. *The concept of law.* Oxford: Clarendon (2nd edn, 1994).

Hayek, Friedrich A. 1960. *The constitution of liberty.* Chicago: University of Chicago Press.

Hayek, Friedrich A. 1982. *Law, legislation and liberty: A new statement of the liberal principles of justice and political economy.* Chicago: Chicago University Press.

Hildebrandt, Mireille. 2010. *Criminal liability and 'smart' environments.* Conference on the philosophical foundations of criminal law at Rutgers-Newark, August 2009.

Hildebrandt, Mireille. 2011. *From Galatea 2.2 to Watson - And back?.* IVR world con- ference, August 2011

Hildebrandt, Mireille, Bert-Jaap Koops, and David-Olivier Jaquet-Chiffelle. 2010. Bridging the accountability gap: Rights for new entities in the information society? *Minnesota Journal of Law, Science & Technology* 11(2): 497-561.

Himma, Kenneth E. 2007. Artificial agency, consciousness, and the criteria for moral agency: What properties must an artificial agent have to be a moral agent? In *2007 Ethicomp proceedings*, 236-245. Tokyo: Global e-SCM Research Center & Meiji University.

Hobbes, Thomas. 1999. In *Leviathan*, ed. R. Tuck. Cambridge: Cambridge University Press.

HSC. 2007. *The sigma and delta scans*, research commissioned by the UK Office of Science and Innovation's Horizon Scanning Centre. *Foresight Annual Review 2007*, at 23.

JCSS. 2001. *Probabilistic mode code: Part 1—Basis of design.* Joint Committee on Structural Safety.

Jin, Linda X., Andrew M. Ibrahim, Naeem A. Newman, Danil V. Makarov, Peter J. Pronovost, and Martin A. Makary. 2011. Robotic surgery claims on United States Hospital websites. *Journal for Healthcare Quality* 11 (published online on 17 May).

Jobs, Steve. 2007. *Thoughts on music.* Retrieved at http://www.apple.com/hotnews/ thoughtsonmusic/ on 22 Aug 2012.

Jonas, Hans. 1979. *The imperative of responsibility: In search of ethics for the technological age.* Chicago: University of Chicago Press.

Kahn, Peter H., Batya Friedman, Deanne R. Pérez-Granados, and Nathan G. Freier. 2006. Robotics pets in the lives of preschool children. *Interaction Studies* 7(3): 405-436.

Karnow, Curtis E.A. 1996. Liability for distributed artificial intelligence. *Berkeley Technology and Law Journal* 11: 147–183.

Katyal, Neal. 2002. Architecture as crime control. *Yale Law Journal* 111(5): 1039–1139.

Katyal, Neal. 2003. Digital architecture as crime control. *Yale Law Journal* 112(6): 101–129.

Kelly, Kevin. 2010. *What technology wants*. New York: Viking.

Kelsen, Hans. 1934/2002. *Pure theory of law*. Trans. B.L. Paulson and S.L. Paulson. Oxford: Clarendon.

Kelsen, Hans. 1945/1949. *General theory of the law and the state*. Trans. A. Wedberg. Cambridge, MA: Harvard University Press.

Kerr, Ian. 2001. Ensuring the success of contract formation in agent-mediated electronic commerce. *Electronic Commerce Research Journal* 1: 183–202.

Knight, Frank H. 1921. *Risk, uncertainty and profit*. Chicago: Chicago University Press. (reissue 2005 by Cosimo, New York.).

Krishnan, Armin. 2009. *Killer robots: Legality and ethicality of autonomous weapons*. Burlington-Surrey: Ashgate.

Krishnan, Armin. 2011. UVs, network-centric operations, and the challenge for arms control. *Journal of Law, Information, and Science* 21(2). doi:0.5778/JLIS.2011.21. Krishnan.1.

Kurzweil, Ray. 2005. *The singularity is near*. New York: Viking.

Latour, Bruno. 2005. *Reassembling the social: An introduction to actor-network-theory*. Oxford: Oxford University Press.

Lee, Seong Jae, Amy Greenwald, and Victor Naroditskiy. 2007. RoxyBot–06: An (SAA) 2 TAC travel agent. In *IJCAI'07 proceedings of the 20th international joint conference on AI*, 1378–1383. San Francisco: Morgan Kaufmann.

Lerouge, Jean-François. 2000. The use of electronic agents questioned under contractual law: Suggested solutions on a European and American level. *The John Marshall Journal of Computer and Information Law* 18: 403.

Lessig, Lawrence. 1999. *Code and other laws of cyberspace*. New York: Basic Books.

Lessig, Lawrence. 2004. *Free culture: The nature and future of creativity*. New York: Penguin.

Levy, David. 2007. *Love and sex with robots: The evolution of human-robot relationships*. New York: Harper.

Lin, Patrick, George Bekey, and Keith Abney. 2008. *Autonomous military robotics: Risk, ethics, and design*. Report for US Department of Navy, Office of Naval Research. Ethics + Emerging Sciences Group at California Polytechnic State University, San Luis Obispo, CA.

Lloyd, Seth. 1999. *31 measures of complexity*. Complexity in engineering conference, co-sponsored by MIT and the Santa Fe Institute, 19–20 Nov, Cambridge, MA.

Lloyd, Seth. 2001. Measures of complexity: A nonexhaustive list. *IEEE Control Systems* 21(4): 7–8.

Locke, John. 1988. In *Two treatises of government*, ed. P. Laslett. Cambridge: Cambridge University Press.

Lolli, Gabriele, and Ugo Pagallo (eds.). 2008. *La complessità di Gödel*. Torino: Giappichelli.

Lorenz, Karl. 1971. Part and parcel in animal and human societies. In *Studies in animal and human behavior*, vol. 2, 115-195. Cambridge, MA: Harvard University Press. (first edition 1950.).

Luck, Michael, Peter McBurney, Onn Shehory, and Steven Willmott. 2005. *Agent technology: Computing as interaction*. AgentLink III, The European Coordination Action for Agent-Based Computing (IST-FP6-002006CA).

MacKie-Mason, Jeffrey K., and Michael P. Wellman. 2006. Automated markets and trading agents. In *Handbook of computational economics*, vol. 2, ed. Leigh Tesfatsion and L. Judd. Amsterdam: Elsevier. Available at SSRN: http://ssrn.com/abstract= 974921.

McDaniels, Timothy, and Mitchell J. Small. 2004. *Risk analysis and society*. Cambridge: Cambridge University Press.

McFarland, David. 2008. *Guilty robots, happy dogs: The question of alien minds*. New York: Oxford University Press.

Michaelson, Greg, and Ruth Aylett. 2011. Special issue on social impact of AI: Killer robots or friendly fridges. *AI and Society* 26(4): 317-328.

Miller, Ross M. 2008. Don't let your robots grow up to be traders: Artificial intelligence, human intelligence, and asset-market bubbles. *Journal of Economic Behavior and Organization* 68(1): 153-166.

Moravec, Hans. 1999. *Robot: Mere machine to transcendent mind*. London: Oxford University Press.

Mosneron-Dupin, Fabrice, et al. 1997. Human-centered modeling in human reliability analysis: Some trends based on case studies. *Reliability Engineering and System Safety* 58(3): 249-274.

Nissenbaum, Helen. 2001. Securing trust online: Wisdom or oxymoron? *Boston University Law Review* 81: 101-131.

Pagallo, Ugo. 2010a. Robotrust and legal responsibility. *Knowledge, Technology & Policy* 23: 367-379.

Pagallo, Ugo. 2010b. The human master with a modern slave? Some remarks on robotics, ethics, and the law. In *The "backwards, forwards and sideways" changes of ICT*, ed. M. Arias-Oliva, T.W. Bynum, S. Rogerson, and T. Torres-Corona, 397-404. Tarragona: Universitat Rovira I Virgili.

Pagallo, Ugo. 2010c. As law goes by: Topology, ontology, evolution. In *AI approaches to the complexity of legal systems. Complex systems, the semantic web, ontologies, argumentation, and dialogue*, ed. P. Casanovas, U. Pagallo, G. Sartor, and G. Ajani, 12-26. Dordrecht: Springer.

Pagallo, Ugo. 2011a. The adventures of Picciotto Roboto: AI and ethics in criminal law. In *The social impact of social computing*, ed. A. Bissett, A. Light, A. Lauener, S. Rogerson, and T. Ward Bynum, 349-355. Sheffield: Sheffield Hallam University.

Pagallo, Ugo. 2011b. Killers, fridges, and slaves: A legal journey in robotics. *AI and Society* 26(4): 347-354.

Pagallo, Ugo. 2011c. Robots of just war: A legal perspective. *Philosophy and Technology* 24(3): 307-323.

Pagallo, Ugo. 2011d. Designing data protection safeguards ethically. *Information* 2(2): 247-265.

Pagallo, Ugo. 2011e. Guns, ships, and chauffeurs: The civilian use of UV technology and its impact on legal systems. *Journal of Law, Information and Science* 21(2). doi: 10.5778/JLIS. 2011.21. Pagallo. 1.

Pagallo, Ugo. 2012a. Three roads to complexity, AI and the law of robots: On crimes, contracts, and torts. In *AI approaches to the complexity of legal systems. Models and ethical challenges for legal systems, legal language and legal ontologies, argumentation and software agents*, ed. M. Palmirani, U. Pagallo, P. Casanovas, and G. Sartor, 40–48. Dordrecht: Springer.

Pagallo, Ugo. 2012b. Robotica. In *Manuale d'informatica giuridica e diritto delle nuove tecnologie*, ed. M. Durante and U. Pagallo, 141–155. Torino: UTET.

Pagallo, Ugo. 2013. What robots want: Autonomous machines, codes, and new frontiers of legal responsibility. In *Human law and computer law: Comparative perspectives*, ed. M. Hildebrandt and J. Gaakeer. Dordrecht: Springer.

Plato. 2006. *The Republic*. Trans. R.E. Allen. New Haven: Yale University Press.

Popper, Karl R. 1935/2002. *The logic of scientific discovery*. London: Routledge.

Popper, Karl R. 1945. *The open society and its enemies*, 2 vols. London: Routledge.

Posner, Richard. 1973. *Economic analysis of law*. Boston: Little Brown （7th ed. 2007 Wolters Kluwer for Aspen Publishers）.

Posner, Richard. 1988. The jurisprudence of skepticism. *Michigan Law Review* 86(5): 827–891.

Potter, Norman. 2002. *What is a designer*. London: Hyphen Press.

Rapp, Geoffrey. 2009. Unmanned aerial exposure: Civil liability concerns arising from domestic law enforcement employment of unmanned aerial systems. *North Dakota Law Review* 85: 623–648.

Rasmusen, Eric. 2004. Agency law and contract formation. *American Law and Economics Review* 6 (2): 369–409.

Reynolds, Carson, and Masathosi Ishikawa. 2007. Robotic thugs. In *2007 Ethicomp proceedings*, 487–492. Tokyo: Global e-SCM Research Center and Meiji University.

Rezza, Giovanni. 2006. The principle of precaution-based prevention: A Popperian paradox? *European Journal of Public Health* 16(6): 576–577.

Rosenberg, Jeffrey. 2002. Spiders and crawlers and bots, Oh My: The economic efficiency and public policy of online contracts that restrict data collection. *Stanford Technology Law Review* 3, August 19.

Sartor, Giovanni. 2009. Cognitive automata and the law: Electronic contracting and the intentionality of software agents. *Artificial Intelligence and Law* 17(4): 253–290.

Savigny, Frederich. 1979. In *System of the modern roman law*, ed. W. Holloway. Westport: Hyperion.

Scott, Samuel P. (ed.). 1932. *The civil law*. Cincinnati: Central Trust.

Sharkey, Noel. 2008. Grounds for discrimination: Autonomous robot weapons. *RUSI Defence Systems* 11(2): 86–89.

Sharkey, Noel. 2011. Automated warfare: Lessons learned from the Drones. *Journal of Law, Information and Science* 21(2). doi:10.5778/JLIS.2011.21.Sharkey.1.

Sharkey, Noel, Marc Goodman, and Nick Ross. 2010. The coming robot crime wave. *IEEE Computer Society* 43: 114-116.

Shneiderman, Ben. 2000. Universal usability. *Communications of the ACM* 43(5): 84-91.

Singer, Peter. 2009. *Wired for war: The robotics revolution and conflict in the 21st century*. London: Penguin.

Singer, Peter. 2011. A world of killer apps. *Nature* 477: 400.

Smith, Vernon L. 1962. An experimental study of competitive market behaviour. *Journal of Political Economy* 70(2): 111-137.

Solum, Lawrence B. 1992. Legal personhood for artificial intelligence. *North Carolina Law Review* 70: 1231-1287.

Sparrow, Robert. 2007. Killer robots. *Journal of Applied Philosophy* 24(1): 62-77.

Ŝtaerman, Elena M., and Mariana K. Trofimova. 1975. *La schiavitù nell'Italia imperiale. I-III secolo*. Roma: Editori Riuniti.

Sullins, John P. 2011. Introduction: Open questions in roboethics. *Philosophy and Technology* 24(3): 233-238.

Sunder, Shyam. 2004. Markets as artifacts: Aggregate efficiency from zero-intelligence traders. In *Models of a man: Essays in memory of Herbert A. Simon*, ed. M. Augier and J. Marsch, 501-519. Cambridge, MA: MIT Press.

Teubner, Günther. 2007. *Rights of non-humans? Electronic agents and animals as new actors in politics and law*. Max Weber Lecture at the European University Institute of Fiesole, Italy, January 17.

Thorburn, William M. 1917. What is a person? *Mind* 26(103): 291-316.

UN World Robotics. 2005. *Statistics, market analysis, forecasts, case studies and profitability of robot investment*, ed. UN Economic Commission for Europe and co-authored by the International Federation of Robotics, UN Publication, Geneva, Switzerland.

Veruggio, Gianmarco .2006. Euron roboethics roadmap. In *Proceedings Euron Roboethics Atelier*, 27 February-3 March, Genoa, Italy.

Wallach, Wendell, and Colin Allen. 2009. *Moral machines: Teaching robots right from wrong*. New York: Oxford University Press.

Watson, Alan (ed.). 1988. *The digest of Justinian*, vol. I. Philadelphia: University of Pennsylvania Press.

Weber, Max. 1904/1949. Objectivity in social science and social policy. In *The method-ology of the social sciences*, eds. and trans. E.A. Shils and H.A. Finch . New York: Free Press.

Wein, Leon E. 1992. The responsibility of intelligent artefacts: Toward an automation jurisprudence. *Harvard Journal of Law & Technology* 6: 103-154.

Weitzenboeck, Emily Mary. 2001. Electronic agents and the formation of contracts. *International Journal of Law and Information Technology* 9(3): 204-234.

Wellman, Michael, Amy Greenwald, and Peter Stone. 2007. *Autonomous bidding agents: Strategies and lessons from the trading agent competition*. Cambridge, MA: MIT Press.

Wiener, Norbert. 1950. *The human use of human beings: Cybernetics and society.* New York: Double-day.

Wooldridge, Michael J., and Nicholas R. Jennings. 1995. Agent theories, architectures, and languages: A survey. In *Intelligent agents, ed.* M. Wooldridge and N.R. Jennings, 1-22. Berlin: Springer.

WP29. 2009. *The future of privacy.* EU Working Party art.29 D-95/46/EC: WP 168, December 1.

Wu, Stephen S. 2012. Unmanned vehicles and US product liability law. *Journal of Law, Information and Science 21* (2). doi:10.5778/JLIS.2011.21.Wu.1.

Yeung, Karen. 2007. Towards an understanding of regulation by design. In *Regulating technologies: Legal futures, regulatory frames and technological fixes*, ed. R. Brownsword and K. Yeung, 79-108. London: Hart.

Zittrain, Jonathan. 2007. Perfect enforcement on tomorrow's internet. In *Regulating technologies: Legal futures, regulatory frames and technological fixes*, ed.R. Brownsword and K. Yeung, 125-156. London: Hart.

事項索引

著者紹介

Ugo Pagallo（ウゴ・パガロ）

イタリアのトリノ大学法学部において法律学の教授を務める。着任前には弁護士として法律実務に携わる。イギリスの Center for Transnational Legal Studies in London および Center for Internet & Society at the Politecnico of Turin のフェローを務める。11 の モノグラフ、数多くの学術雑誌や書籍の分担執筆、シュプリンガー社の AICOL シリーズの共同編集者などの研究業績を有する。EU の多数のプロジェクトや研究のメンバーの委嘱を受けており、ドローンに関する RPAS 運営グループ、欧州委員会が設置したオンライン・イニシアチブの専門家グループ、ホライゾン 2020 ロボット・プログラムの提案を評価する専門家などを引き受けている。European Institute for Science, Media, and Democracy（Atomium）と協力し、AI4People の実現を目指し、AI の社会的インパクトに関するグローバル・フォーラムを欧州において最初に開催した。現在の主な関心事は、AI と法、ネットワーク及び法理論、IT 法（特にデータ保護法や著作権）である。

監訳者紹介

新保史生

慶應義塾大学総合政策学部教授。博士（法学）。専門は、憲法、情報法、ロボット法。

訳者紹介

松尾剛行　　日本語序文、序文、謝辞、第 1 章、第 3 章、終章

桃尾・松尾・難波法律事務所。弁護士・ニューヨーク州弁護士。

工藤郁子　　第 2 章、第 6 章

マカイラ株式会社コンサルタント／上席研究員。

新保史生　　第 4 章

上記参照。

赤坂亮太　　第 5 章

国立研究開発法人産業技術総合研究所特別研究員。

ロボット法

2018年1月20日　第1版第1刷発行
2018年4月20日　第1版第2刷発行

著　者　ウゴ・パガロ

監訳者　新　保　史　生
　　　　しん　ぽ　ふみ　お

発行者　井　村　寿　人

発行所　株式会社　勁　草　書　房
　　　　　　　　　　けい　そう

112-0005　東京都文京区水道2-1-1　振替　00150-2-175253
（編集）電話 03-3815-5277／FAX 03-3814-6968
（営業）電話 03-3814-6861／FAX 03-3814-6854
本文組版 プログレス・平文社・牧製本

©SHINPO Fumio　2018

ISBN978-4-326-40345-5　　Printed in Japan

JCOPY　＜㈳出版者著作権管理機構 委託出版物＞
本書の無断複写は著作権法上での例外を除き禁じられています。
複写される場合は、そのつど事前に、㈳出版者著作権管理機構
（電話 03-3513-6969、FAX 03-3513-6979、e-mail: info@jcopy.or.jp）
の許諾を得てください。

＊落丁本・乱丁本はお取替いたします。
http://www.keisoshobo.co.jp

ダニエル・J・ソロブ　大島義則ほか 訳
プライバシーなんていらない！？
　―情報社会における自由と安全　　　　　　　　　　　　　　　2,800 円

キャス・サンスティーン　伊藤尚美 訳
選択しないという選択
　―ビッグデータで変わる「自由」のかたち　　　　　　　　　2,700 円

ジョナサン・ウルフ　大澤津＝原田健二朗 訳
「正しい政策」がないならどうすべきか
　―政策のための哲学　　　　　　　　　　　　　　　　　　　3,200 円

トーマス・シェリング　村井章子 訳
ミクロ動機とマクロ行動
　　　　　　　　　　　　　　　　　　　　　　　　　　　　　2,700 円

シーラ・ジャサノフ　渡辺千原＝吉良貴之 監訳
法廷に立つ科学
　―「法と科学」入門　　　　　　　　　　　　　　　　　　　3,500 円

マーティン・ラフリン　猪股弘貴 訳
公法の観念
　　　　　　　　　　　　　　　　　　　　　　　　　　　　　7,000 円

リチャード・J・ピアース・Jr.　正木宏長 訳
アメリカ行政法
　　　　　　　　　　　　　　　　　　　　　　　　　　　　　5,200 円

松尾剛行
最新判例にみるインターネット上の
プライバシー・個人情報保護の理論と実務
　　　　　　　　　　　　　　　　　　　　　　　　　　　　　3,700 円

勁草書房刊

＊表示価格は 2018 年 4 月現在。消費税は含まれておりません。